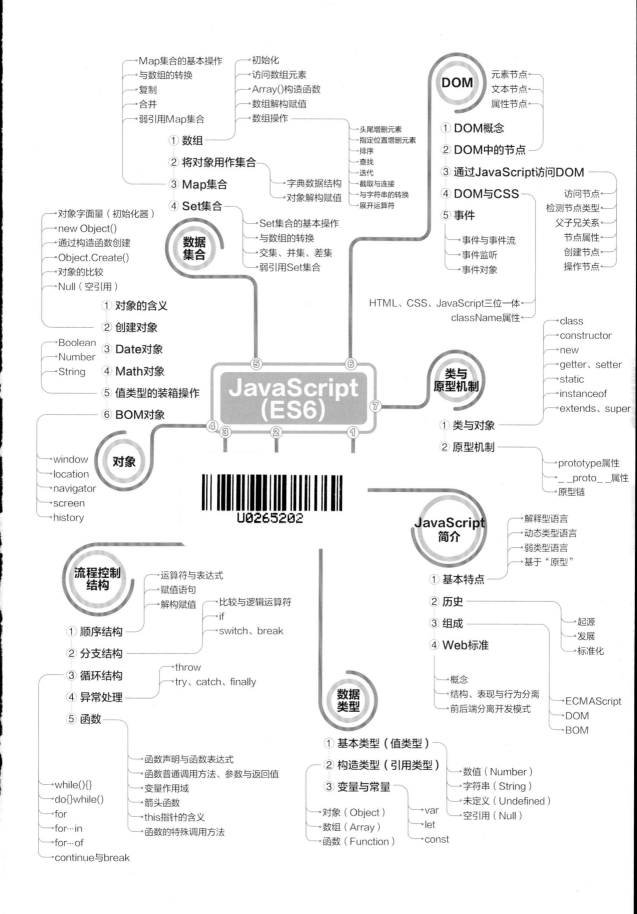

JavaScript (ES6) 思维导图

数据集合
① 数组
- Map集合的基本操作
- 与数组的转换
- 复制
- 合并
- 弱引用Map集合
- 初始化
- 访问数组元素
- Array()构造函数
- 数组解构赋值
- 数组操作
  - 头尾增删元素
  - 指定位置增删元素
  - 排序
  - 查找
  - 迭代
  - 截取与连接
  - 与字符串的转换
  - 展开运算符
② 将对象用作集合
③ Map集合
- 字典数据结构
- 对象解构赋值
④ Set集合
- Set集合的基本操作
- 与数组的转换
- 交集、并集、差集
- 弱引用Set集合

DOM
- 元素节点
- 文本节点
- 属性节点
① DOM概念
② DOM中的节点
③ 通过JavaScript访问DOM
④ DOM与CSS
⑤ 事件
- 事件与事件流
- 事件监听
- 事件对象
- 访问节点
- 检测节点类型
- 父子兄关系
- 节点属性
- 创建节点
- 操作节点

HTML、CSS、JavaScript三位一体
className属性

对象
- 对象字面量（初始化器）
- new Object()
- 通过构造函数创建
- Object.Create()
- 对象的比较
- Null（空引用）
① 对象的含义
② 创建对象
③ Date对象
④ Math对象
⑤ 值类型的装箱操作
⑥ BOM对象
- Boolean
- Number
- String
- window
- location
- navigator
- screen
- history

类与原型机制
- class
- constructor
- new
- getter、setter
- static
- instanceof
- extends、super
① 类与对象
② 原型机制
- prototype属性
- __proto__属性
- 原型链

JavaScript (ES6)

⑤ ⑥ ⑦
④ ③ ② ①

JavaScript简介
- 解释型语言
- 动态类型语言
- 弱类型语言
- 基于"原型"
① 基本特点
② 历史
③ 组成
④ Web标准
- 起源
- 发展
- 标准化
- 概念
- 结构、表现与行为分离
- 前后端分离开发模式
  - ECMAScript
  - DOM
  - BOM

流程控制结构
- 运算符与表达式
- 赋值语句
- 解构赋值
  - 比较与逻辑运算符
  - if
  - switch、break
① 顺序结构
② 分支结构
③ 循环结构
④ 异常处理
- throw
- try、catch、finally
⑤ 函数
- 函数声明与函数表达式
- 函数普通调用方法、参数与返回值
- 变量作用域
- 箭头函数
- this指针的含义
- 函数的特殊调用方法
- while(){}
- do{}while()
- for
- for…in
- for…of
- continue与break

数据类型
① 基本类型（值类型）
② 构造类型（引用类型）
③ 变量与常量
- 对象（Object）
- 数组（Array）
- 函数（Function）
- var
- let
- const
- 数值（Number）
- 字符串（String）
- 未定义（Undefined）
- 空引用（Null）

U0265202

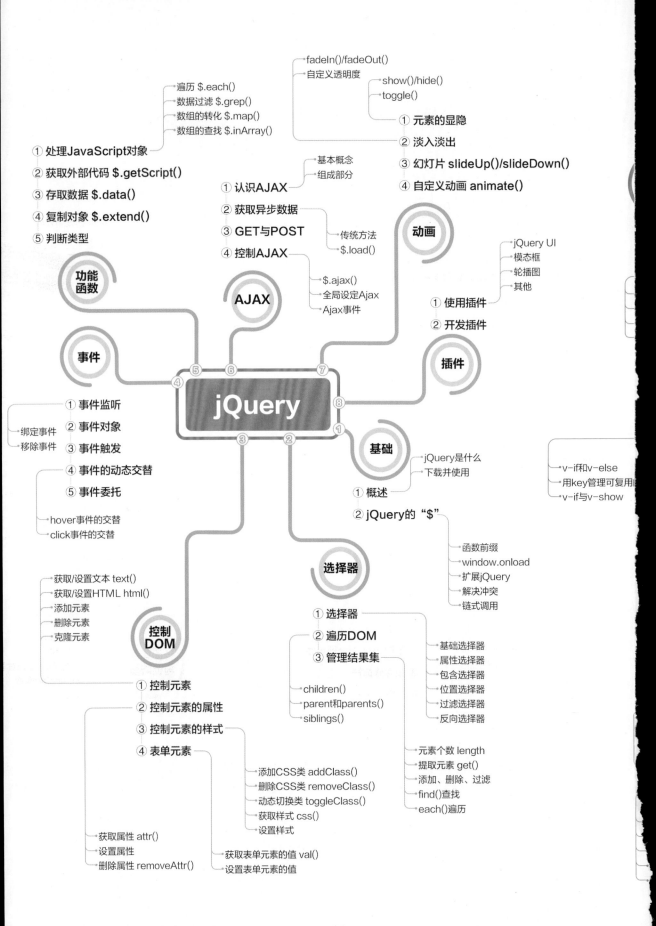

遍历 $.each()
数据过滤 $.grep()
数组的转化 $.map()
数组的查找 $.inArray()

fadeIn()/fadeOut()
自定义透明度
show()/hide()
toggle()
① 元素的显隐

① 处理JavaScript对象
② 获取外部代码 $.getScript()
③ 存取数据 $.data()
④ 复制对象 $.extend()
⑤ 判断类型

② 淡入淡出
③ 幻灯片 slideUp()/slideDown()
④ 自定义动画 animate()

基本概念
组成部分

① 认识AJAX
② 获取异步数据
③ GET与POST
④ 控制AJAX

传统方法
$.load()

动画

功能
函数

AJAX

$.ajax()
全局设定Ajax
Ajax事件

jQuery UI
模态框
轮播图
其他

① 使用插件
② 开发插件

事件

插件

⑤    ⑥    ⑦

jQuery

⑧

④

③    ②    ①

① 事件监听
② 事件对象
③ 事件触发
④ 事件的动态交替
⑤ 事件委托

绑定事件
移除事件

基础

jQuery是什么
下载并使用

hover事件的交替
click事件的交替

① 概述
② jQuery的 "$"

v-if和v-else
用key管理可复用[
v-if与v-show

函数前缀
window.onload
扩展jQuery
解决冲突
链式调用

获取/设置文本 text()
获取/设置HTML html()
添加元素
删除元素
克隆元素

选择器

控制
DOM

① 选择器
② 遍历DOM
③ 管理结果集

基础选择器
属性选择器
包含选择器
位置选择器
过滤选择器
反向选择器

children()
parent和parents()
siblings()

① 控制元素
② 控制元素的属性
③ 控制元素的样式
④ 表单元素

元素个数 length
提取元素 get()
添加、删除、过滤
find()查找
each()遍历

添加CSS类 addClass()
删除CSS类 removeClass()
动态切换类 toggleClass()
获取样式 css()
设置样式

获取属性 attr()
设置属性
删除属性 removeAttr()

获取表单元素的值 val()
设置表单元素的值

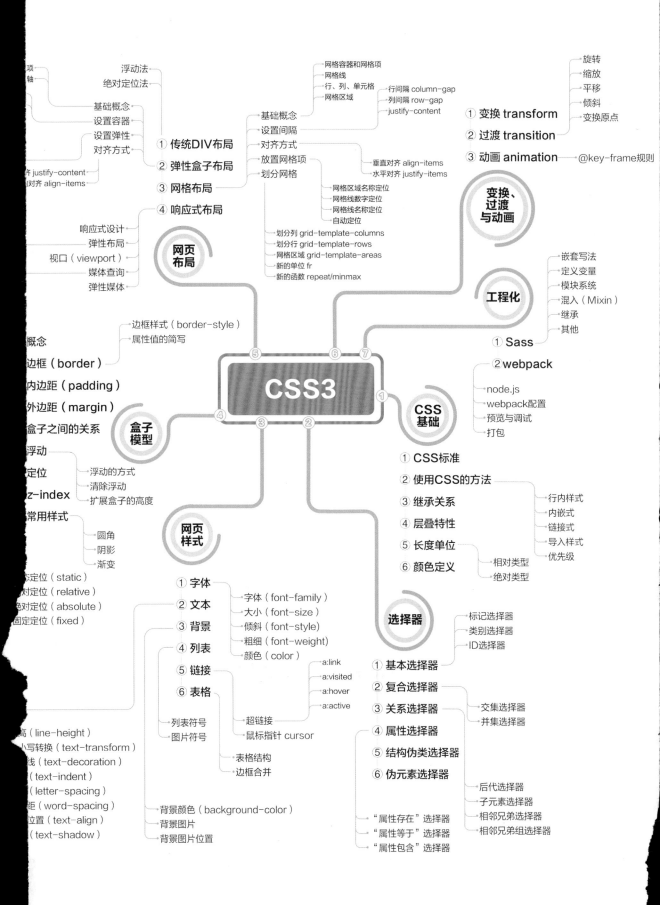

CSS3

**网页布局**
① 传统DIV布局
- 浮动法
- 绝对定位法

② 弹性盒子布局
- 基础概念
- 设置容器
- 设置弹性
- 对齐方式
  - 主轴 justify-content
  - 侧对齐 align-items

③ 网格布局
- 基础概念
  - 网格容器和网格项
  - 网格线
  - 行、列、单元格
  - 网格区域
- 设置间隔
  - 行间隔 column-gap
  - 列间隔 row-gap
  - justify-content
- 对齐方式
- 放置网格项
  - 垂直对齐 align-items
  - 水平对齐 justify-items
- 划分网格
  - 网格区域名称定位
  - 网格线数字定位
  - 网格线名称定位
  - 自动定位
  - 划分列 grid-template-columns
  - 划分行 grid-template-rows
  - 网格区域 grid-template-areas
  - 新的单位 fr
  - 新的函数 repeat/minmax

④ 响应式布局
- 响应式设计
- 弹性布局
- 视口（viewport）
- 媒体查询
- 弹性媒体

**变换、过渡与动画**
① 变换 transform
- 旋转
- 缩放
- 平移
- 倾斜
- 变换原点

② 过渡 transition

③ 动画 animation
- @key-frame规则

**工程化**
① Sass
- 嵌套写法
- 定义变量
- 模块系统
- 混入（Mixin）
- 继承
- 其他

② webpack
- node.js
- webpack配置
- 预览与调试
- 打包

**盒子模型**
- 概念
- 边框（border）
  - 边框样式（border-style）
  - 属性值的简写
- 内边距（padding）
- 外边距（margin）
- 盒子之间的关系
- 浮动
  - 浮动的方式
  - 清除浮动
  - 扩展盒子的高度
- 定位
  - 标准定位（static）
  - 相对定位（relative）
  - 绝对定位（absolute）
  - 固定定位（fixed）
- z-index
- 常用样式
  - 圆角
  - 阴影
  - 渐变

**网页样式**
① 字体
- 字体（font-family）
- 大小（font-size）
- 倾斜（font-style）
- 粗细（font-weight）
- 颜色（color）

② 文本
- 行高（line-height）
- 大小写转换（text-transform）
- 下划线（text-decoration）
- 缩进（text-indent）
- 字间距（letter-spacing）
- 词间距（word-spacing）
- 位置（text-align）
- 阴影（text-shadow）

③ 背景
- 背景颜色（background-color）
- 背景图片
- 背景图片位置

④ 列表
- 列表符号
- 图片符号

⑤ 链接
- 超链接
  - a:link
  - a:visited
  - a:hover
  - a:active
- 鼠标指针 cursor

⑥ 表格
- 表格结构
- 边框合并

**CSS基础**
① CSS标准
② 使用CSS的方法
- 行内样式
- 内嵌式
- 链接式
- 导入样式
- 优先级
③ 继承关系
④ 层叠特性
⑤ 长度单位
- 相对类型
- 绝对类型
⑥ 颜色定义

**选择器**
① 基本选择器
- 标记选择器
- 类别选择器
- ID选择器
② 复合选择器
- 交集选择器
- 并集选择器
③ 关系选择器
- 后代选择器
- 子元素选择器
- 相邻兄弟选择器
- 相邻兄弟组选择器
④ 属性选择器
- "属性存在"选择器
- "属性等于"选择器
- "属性包含"选择器
⑤ 结构伪类选择器
⑥ 伪元素选择器

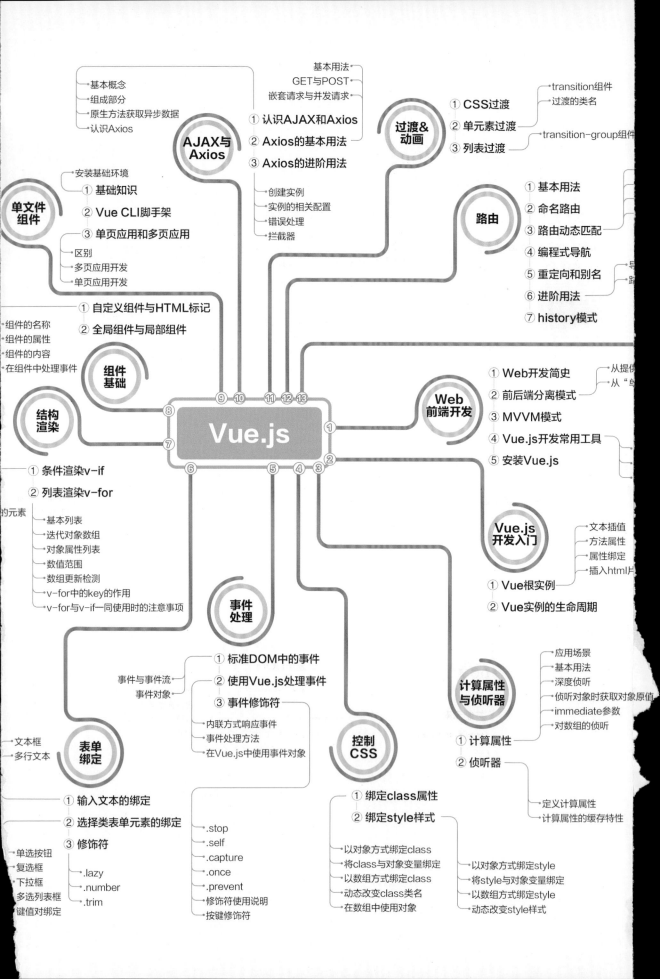

基本用法
GET与POST
嵌套请求与并发请求

基本概念
组成部分
原生方法获取异步数据
认识Axios

**AJAX与 Axios**

① 认识AJAX和Axios
② Axios的基本用法
③ Axios的进阶用法

创建实例
实例的相关配置
错误处理
拦截器

**过渡& 动画**

① CSS过渡
② 单元素过渡
③ 列表过渡

transition组件
过渡的类名
transition-group组件

安装基础环境
① 基础知识
② Vue CLI脚手架
③ 单页应用和多页应用
区别
多页应用开发
单页应用开发

**单文件组件**

**路由**

① 基本用法
② 命名路由
③ 路由动态匹配
④ 编程式导航
⑤ 重定向和别名
⑥ 进阶用法
⑦ history模式

导
路

① 自定义组件与HTML标记
② 全局组件与局部组件

组件的名称
组件的属性
组件的内容
在组件中处理事件

**组件基础**

⑧

⑨ ⑩ ⑪ ⑫ ⑬

**Web前端开发**

① Web开发简史
② 前后端分离模式
③ MVVM模式
④ Vue.js开发常用工具
⑤ 安装Vue.js

从提供
从"单

**结构渲染**

⑦

# Vue.js

①

②

**Vue.js开发入门**

文本插值
方法属性
属性绑定
插入html片

① Vue根实例
② Vue实例的生命周期

① 条件渲染v-if
② 列表渲染v-for

的元素
⑥ ⑤ ④ ③

基本列表
迭代对象数组
对象属性列表
数值范围
数组更新检测
v-for中的key的作用
v-for与v-if一同使用时的注意事项

**事件处理**

**计算属性与侦听器**

应用场景
基本用法
深度侦听
侦听对象时获取对象原值
immediate参数
对数组的侦听

① 标准DOM中的事件
② 使用Vue.js处理事件
③ 事件修饰符

事件与事件流
事件对象

内联方式响应事件
事件处理方法
在Vue.js中使用事件对象

① 计算属性

**控制CSS**

② 侦听器

文本框
多行文本

**表单绑定**

① 输入文本的绑定
② 选择类表单元素的绑定
③ 修饰符

单选按钮
复选框
下拉框
多选列表框
键值对绑定

.lazy
.number
.trim

.stop
.self
.capture
.once
.prevent
修饰符使用说明
按键修饰符

① 绑定class属性
② 绑定style样式

以对象方式绑定class
将class与对象变量绑定
以数组方式绑定class
动态改变class类名
在数组中使用对象

以对象方式绑定style
将style与对象变量绑定
以数组方式绑定style
动态改变style样式

定义计算属性
计算属性的缓存特性

# 知识导图

Web开发人才培养系列丛书共包含8本图书（具体信息详见丛书序），涉及3种语言（HTML5、CSS3、JavaScript）和3个框架（jQuery、Vue.js、Bootstrap）。这里将为读者呈现这3种语言和3个框架的知识导图。

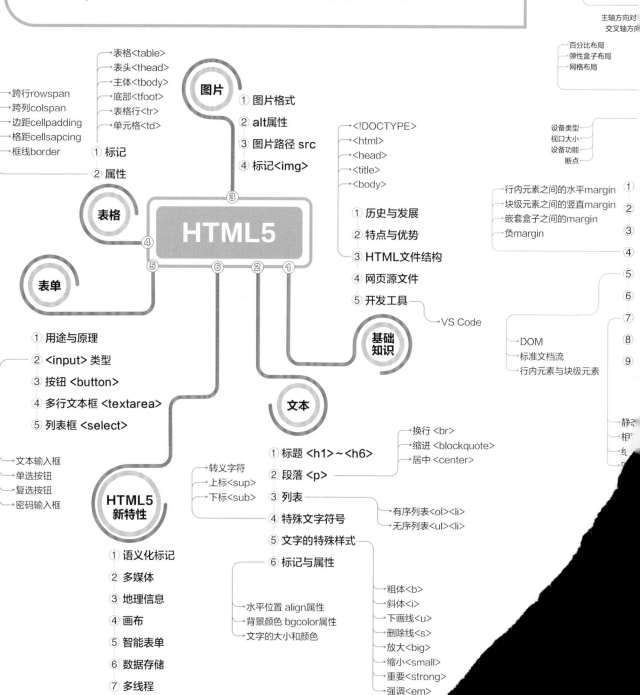

弹性容器和弹性
主轴和交叉

布局方向 flex-direction
设置换行 flex-wrap

flex-grow
flex-shrink
flex-basis

主轴方向对
交叉轴方向

百分比布局
弹性盒子布局
网格布局

设备类型
视口大小
设备功能
断点

行内元素之间的水平margin
块级元素之间的竖直margin
嵌套盒子之间的margin
负margin

## 图片
① 图片格式
② alt属性
③ 图片路径 src
④ 标记 <img>

<!DOCTYPE>
<html>
<head>
<title>
<body>

## 表格
① 标记
② 属性

表格 <table>
表头 <thead>
主体 <tbody>
底部 <tfoot>
表格行 <tr>
单元格 <td>

跨行rowspan
跨列colspan
边距cellpadding
格距cellsapcing
框线border

# HTML5

## 基础知识
① 历史与发展
② 特点与优势
③ HTML文件结构
④ 网页源文件
⑤ 开发工具

VS Code

DOM
标准文档流
行内元素与块级元素

静态
相对
绝

## 表单
① 用途与原理
② <input> 类型
③ 按钮 <button>
④ 多行文本框 <textarea>
⑤ 列表框 <select>

文本输入框
单选按钮
复选按钮
密码输入框

## HTML5 新特性
① 语义化标记
② 多媒体
③ 地理信息
④ 画布
⑤ 智能表单
⑥ 数据存储
⑦ 多线程

转义字符
上标 <sup>
下标 <sub>

## 文本
① 标题 <h1> ~ <h6>
② 段落 <p>
③ 列表
④ 特殊文字符号
⑤ 文字的特殊样式
⑥ 标记与属性

换行 <br>
缩进 <blockquote>
居中 <center>

有序列表 <ol><li>
无序列表 <ul><li>

水平位置 align属性
背景颜色 bgcolor属性
文字的大小和颜色

粗体 <b>
斜体 <i>
下画线 <u>
删除线 <s>
放大 <big>
缩小 <small>
重要 <strong>
强调 <em>

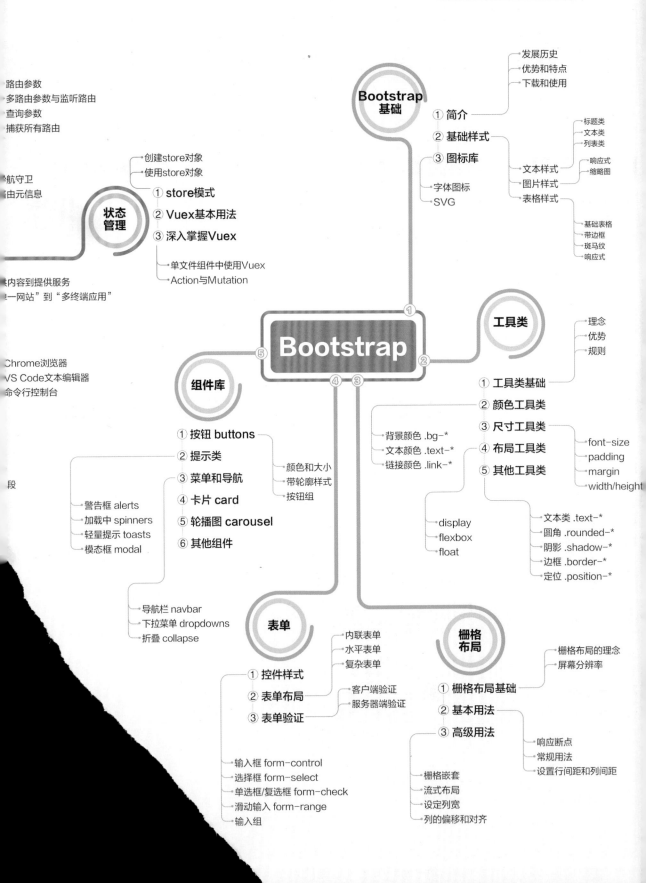

知识导图

路由参数
多路由参数与监听路由
查询参数
捕获所有路由

创建store对象
使用store对象

航守卫
由元信息

**状态管理**

① store模式
② Vuex基本用法
③ 深入掌握Vuex

单文件组件中使用Vuex
Action与Mutation

内容到提供服务
一网站"到"多终端应用"

Chrome浏览器
VS Code文本编辑器
命令行控制台

段

**组件库**

① 按钮 buttons
② 提示类
③ 菜单和导航
④ 卡片 card
⑤ 轮播图 carousel
⑥ 其他组件

颜色和大小
带轮廓样式
按钮组

警告框 alerts
加载中 spinners
轻量提示 toasts
模态框 modal

导航栏 navbar
下拉菜单 dropdowns
折叠 collapse

**Bootstrap**

**表单**

① 控件样式
② 表单布局
③ 表单验证

内联表单
水平表单
复杂表单

客户端验证
服务器端验证

输入框 form-control
选择框 form-select
单选框/复选框 form-check
滑动输入 form-range
输入组

**Bootstrap 基础**

① 简介
② 基础样式
③ 图标库

字体图标
SVG

发展历史
优势和特点
下载和使用

标题类
文本类
列表类

文本样式
图片样式
表格样式

响应式
缩略图

基础表格
带边框
斑马纹
响应式

**工具类**

理念
优势
规则

① 工具类基础
② 颜色工具类
③ 尺寸工具类
④ 布局工具类
⑤ 其他工具类

背景颜色 .bg-*
文本颜色 .text-*
链接颜色 .link-*

font-size
padding
margin
width/height

display
flexbox
float

文本类 .text-*
圆角 .rounded-*
阴影 .shadow-*
边框 .border-*
定位 .position-*

**栅格布局**

① 栅格布局基础
② 基本用法
③ 高级用法

栅格布局的理念
屏幕分辨率

响应断点
常规用法
设置行间距和列间距

栅格嵌套
流式布局
设定列宽
列的偏移和对齐

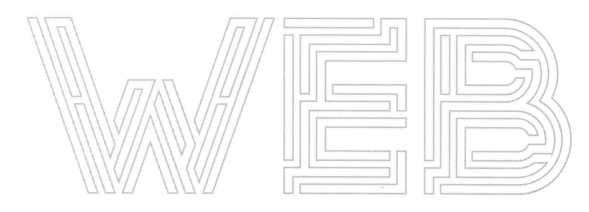

Web开发人才培养系列丛书　　全栈开发工程师团队精心打磨新品力作

# jQuery+ Bootstrap

## Web开发案例教程

**在线实训版**

前沿科技 温谦 ◉ 编著

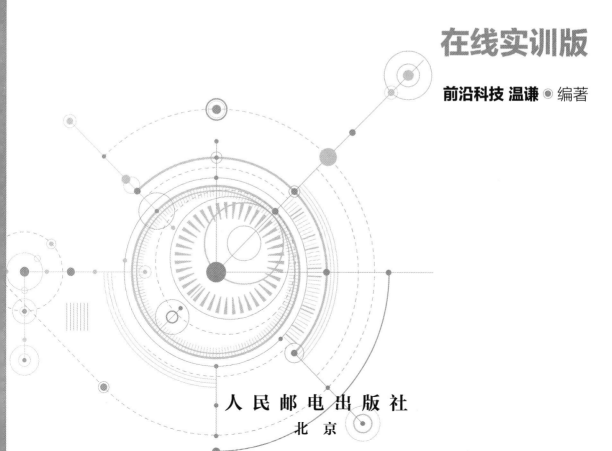

人 民 邮 电 出 版 社

北 京

图书在版编目（CIP）数据

jQuery+Bootstrap Web开发案例教程：在线实训版 /
前沿科技，温谦编著. -- 北京：人民邮电出版社，
2022.5（2023.10重印）
（Web开发人才培养系列丛书）
ISBN 978-7-115-57786-3

Ⅰ. ①j… Ⅱ. ①前… ②温… Ⅲ. ①网页制作工具－
程序设计－教材 Ⅳ. ①TP393.092.2

中国版本图书馆CIP数据核字(2021)第222828号

## 内 容 提 要

随着互联网技术的不断发展，HTML5、CSS3、JavaScript 语言以及它们的相关技术越来越受到人们的关注，前端框架层出不穷。jQuery 和 Bootstrap 作为前端框架中的优秀代表，为广大开发者提供了诸多便利，持久地占据着 Web 开发技术中的重要位置。

本书通过丰富的实例详细讲解 jQuery 和 Bootstrap 框架的相关技术。jQuery 篇主要包括 jQuery 基础、如何使用 jQuery 控制 DOM、简化 AJAX 操作、制作动画与特效以及 jQuery 插件等内容。Bootstrap 篇主要包括工具类、栅格布局、表单样式和组件库等内容。本书使用大量的案例帮助读者理解这两个框架的使用，同时演示综合使用这两个框架进行 Web 开发的方法。本书内容翔实、结构框架清晰、讲解循序渐进，并注重各章以及实例之间的呼应与对照。

本书既可以作为高等院校相关专业的网页设计与制作、前端开发等课程的教材，也可以作为 jQuery 和 Bootstrap 初学者的入门用书，还可以作为高级用户进一步学习前端框架的参考资料。

◆ 编　著　前沿科技　温　谦
责任编辑　王　宣
责任印制　王　郁　陈　犇
◆ 人民邮电出版社出版发行　　　北京市丰台区成寿寺路 11 号
邮编　100164　电子邮件　315@ptpress.com.cn
网址　https://www.ptpress.com.cn
三河市中晟雅豪印务有限公司印刷
◆ 开本：787×1092　1/16　　　　插页：1
印张：18　　　　　　　　　2022 年 5 月第 1 版
字数：524 千字　　　　　　2023 年 10 月河北第 3 次印刷

定价：69.80 元
读者服务热线：(010)81055256　印装质量热线：(010)81055316
反盗版热线：(010)81055315
广告经营许可证：京东市监广登字 20170147 号

# 丛书序

技术背景

党的二十大报告中提到："推动战略性新兴产业融合集群发展，构建新一代信息技术、人工智能、生物技术、新能源、新材料、高端装备、绿色环保等一批新的增长引擎。"

随着互联网技术的快速发展，Web 前端开发作为一种新兴的职业，仍在高速发展之中。与此同时，Web 前端开发逐渐成为各种软件开发的基础，除了原来的网站开发，后来的移动应用开发、混合开发以及小程序开发等，都可以通过 Web 前端开发再配合相关技术加以实现。因此可以说，社会上相关企业的进一步发展，离不开大量 Web 前端开发技术人才的加盟。那么，究竟应该如何培养 Web 前端开发技术人才呢？

Web 前端开发
技术人才需求
分析

丛书设计

党的二十大报告中提到："培养造就大批德才兼备的高素质人才，是国家和民族长远发展大计。功以才成，业由才广。"

为了培养满足社会企业需求的 Web 前端开发技术人才，本丛书的编者以实际案例和实战项目为依托，从 3 种语言（HTML5、CSS3、JavaScript）和 3 个框架（jQuery、Vue.js、Bootstrap）入手进行整体布局，编写完成本丛书。在知识体系层面，本丛书可使读者同时掌握 Web 前端开发相关语言和框架的理论知识；在能力培养层面，本丛书可使读者在掌握相关理论的前提下，通过实践训练获得 Web 前端开发实战技能。本丛书的信息如下。

## 丛书信息表

| 序号 | 书名 | 书号 |
|---|---|---|
| 1 | HTML5+CSS3 Web 开发案例教程（在线实训版） | 978-7-115-57784-9 |
| 2 | HTML5+CSS3+JavaScript Web 开发案例教程（在线实训版） | 978-7-115-57754-2 |
| 3 | JavaScript+jQuery Web 开发案例教程（在线实训版） | 978-7-115-57753-5 |
| 4 | jQuery Web 开发案例教程（在线实训版） | 978-7-115-57785-6 |
| 5 | jQuery+Bootstrap Web 开发案例教程（在线实训版） | 978-7-115-57786-3 |
| 6 | JavaScript+Vue.js Web 开发案例教程（在线实训版） | 978-7-115-57817-4 |
| 7 | Vue.js Web 开发案例教程（在线实训版） | 978-7-115-57755-9 |
| 8 | Vue.js+Bootstrap Web 开发案例教程（在线实训版） | 978-7-115-57752-8 |

从技术角度来说，HTML5、CSS3 和 JavaScript 这 3 种语言分别用于编写 Web 页面的"结构""样式"和"行为"。这 3 种语言"三位一体"，是所有 Web 前端开发者必备的核心基础知识。jQuery 和 Vue.js 作为两个主流框架，用于对 Web 前端开发逻辑的实现提供支撑。在实际开发中，开发者通常会在 jQuery 和 Vue.js 中选一个，而不会同时使用它们。Bootstrap 则是一个用于实现 Web 前端高效开发的展示层框架。

本丛书涉及的都是当前业界主流的语言和框架，它们在实践中已被广泛使用。读者掌握了这些技术后，在工作中将会拥有较宽的选择面和较强的适应性。此外，为了满足不同基础和兴趣的读者的学习需求，我们给出以下两条学习路线。

第一条学习路线：首先学习"HTML5+CSS3"，掌握静态网页的制作技术；然后学习交互式网页的制作技术及相关框架，即学习涉及 jQuery 或 Vue.js 框架的 JavaScript 图书。

第二条学习路线：首先学习"HTML5+CSS3+JavaScript"，然后选择 jQuery 或 Vue.js 图书进行学习；如果读者对 Bootstrap 感兴趣，也可以选择包含 Bootstrap 的 jQuery 或 Vue.js 图书。

本丛书涵盖的各种技术所涉及的核心知识点，详见本书彩插中所示的 6 个知识导图。

## 丛书特点

### 1．知识体系完整，内容架构合理，语言通俗易懂

本丛书基本覆盖了 Web 前端开发所涉及的核心技术，同时，各本书又独立形成了各自的内容架构，并从基础内容到核心原理，再到工程实践，深入浅出地讲解了相关语言和框架的概念、原理以及案例；此外，在各本书中还对相关领域近年发展起来的新技术、新内容进行了拓展讲解，以满足读者能力进阶的需求。丛书内容架构合理，语言通俗易懂，可以帮助读者快速进入 Web 前端开发领域。

### 2．以案例讲解贯穿全文，凭项目实战提升技能

本丛书所包含的各本书中（配合相关技术原理讲解）均在一定程度上循序渐进地融入了足量案例，以帮助读者更好地理解相关技术原理，掌握相关理论知识；此外，在适当的章节中，编者精心编排了综合实战项目，以帮助读者从宏观分析的角度入手，面向比较综合的实际任务，提升 Web 前端开发实战技能。

### 3．提供在线实训平台，支撑开展实战演练

为了使本丛书所含各本书中的案例的作用最大化，以最大程度地提高读者的实战技能，我们开发了针对本丛书的"在线实训平台"。读者可以登录该平台，选择您当下所学的某本书并进入对应的案例实操页面，然后在该页面中（通过下拉列表）选择并查看各章案例的源代码及其运行效果；同时，您也可以对源代码进行复制、修改、还原等操作，并且可以实时查看源代码被修改后的运行效果，以实现实战演练，进而帮助自己快速提升实战技能。

### 4．配套立体化教学资源，支持混合式教学模式

党的二十大报告中提到："坚持以人民为中心发展教育，加快建设高质量教育体系，发展素质教育，促进教育公平。"为了使读者能够基于本丛书更高效地学习 Web 前端开发相关技术，我们打造了与本丛书相配套的立体化教学资源，包括文本类、视频类、案例类和平台类等，读者可以通过人邮教育社区（www.ryjiaoyu.com）进行下载。此外，利用书中的微课视频，通过丛书配套的"在线实训平台"，院校教师（基于网课软件）可以开展线上线下混合式教学。

- 文本类：PPT、教案、教学大纲、课后习题及答案等。
- 视频类：拓展视频、微课视频等。
- 案例类：案例库、源代码、实战项目、相关软件安装包等。
- 平台类：在线实训平台、前沿技术社区、教师服务与交流群等。

## 读者服务

本丛书的编者连同出版社为读者提供了以下服务方式/平台，以更好地帮助读者进行理论学习、技能训练以及问题交流。

### 1．人邮教育社区（http://www.ryjiaoyu.com）

通过该社区搜索具体图书，读者可以获取本书相关的最新出版信息，下载本书配套的立体化教学资源，包括一些专门为任课教师准备的拓展教辅资源。

### 2．在线实训平台（http://code.artech.cn）

通过该平台，读者可以在不安装任何开发软件的情况下，查看书中所有案例的源代码及其运行效果，同时也可以对源代码进行复制、修改、还原等操作，并实时查看源代码被修改后的运行效果。

在线实训平台
使用说明

### 3．前沿技术社区（http://www.artech.cn）

该社区是由本丛书编者主持的、面向所有读者且聚焦 Web 开发相关技术的社区。编者会通过该社区与所有读者进行交流，回答读者的提问。读者也可以通过该社区分享学习心得、共同提升技能。

### 4．教师服务与交流群（QQ 群号：368845661）

该群是人民邮电出版社和本丛书编者一起建立的、专门为一线教师提供教学服务的群（仅限教师加入），同时，该群也可供相关领域的一线教师互相交流、探讨教学问题，扎实提高教学水平。

扫码加入教师
服务与交流群

## 丛书评审

为了使本丛书能够满足院校的实际教学需求，帮助院校培养 Web 前端开发技术人才，我们邀请了多位院校一线教师，如刘伯成、石雷、刘德山、范玉玲、石彬、龙军、胡洪波、生力军、袁伟、袁乖宁、解欢庆等，对本丛书所含各本书的整体技术框架和具体知识内容进行了全方位的评审把关，以期通过"校企社"三方合力打造精品力作的模式，为高校提供内容优质的精品教材。在此，衷心感谢院校的各位评审专家为本丛书所提出的宝贵修改意见与建议。

## 致　谢

本丛书由前沿科技的温谦编著，编写工作的核心参与者还包括姚威和谷云婷这两位年轻的开发者，他们都为本丛书的编写贡献了重要力量，付出了巨大努力，在此向他们表示衷心感谢。同时，我要再次由衷地感谢各位评审专家为本丛书所提出的宝贵修改意见与建议，没有你们的专业评审，就没有本丛书的高质量出版。最后，我要向人民邮电出版社的各位编辑表示衷心的感谢。作为一名热爱技术的写作者，我与人民邮电出版社的合作已经持续了二十多年，先后与多位编辑进行过合作，并与他们建立了深厚的友谊。他们始终保持着专业高效的工作水准和真诚敬业的工作态度，没有他们的付出，就不会有本丛书的出版！

## 联系我们

作为本丛书的编者，我特别希望了解一线教师对本丛书的内容是否满意。如果您在教学或学习的过程中遇到了问题或者困难，请您通过"前沿技术社区"或"教师服务与交流群"联系我们，我们会尽快给您答复。另外，如果您有什么奇思妙想，也不妨分享给大家，让大家共同探讨、一起进步。

最后，祝愿选用本丛书的一线教师能够顺利开展相关课程的教学工作，为祖国培养更多人才；同时，也祝愿读者朋友通过学习本丛书，能够早日成为 Web 前端开发领域的技术型人才。

温　谦

资深全栈开发工程师

前沿科技 CTO

# 前　言

jQuery 作为一种非常成熟的 JavaScript 框架，据统计，在高峰时全世界有 80%~90%的网站使用了 jQuery。尽管近年来出现了 Vue.js 等新框架，但是世界上仍有大量运行中的系统是基于 jQuery 开发的，因此作为一名 Web 前端开发人员，掌握 jQuery 是非常必要的。加之 jQuery "少写、多做"的理念，让前端开发人员能够非常快捷地完成很多开发工作，大大提升了工作效率，因此 jQuery 几乎受到了所有前端开发人员的欢迎。

与之配合使用的另一个 UI 层框架 Bootstrap，近年来也在不断演进，特别是在其最新的 5.0 版中大量引入 "工具类"的概念，其与 "组件化"的传统理念相配合，大大简化了开发人员在前端开发中经常会遇到的烦琐操作，进而极大程度地提高了开发效率。

本书通过大量实际案例深入讲解使用 jQuery 和 Bootstrap 进行前端开发的概念、原理和方法。

## 编写思路

本书上篇从 jQeury 的基础知识讲起，特别突出了 "先选取、后操作"的 jQuery 的基本思想，并且通过实战案例，深入讲解了使用 jQeury 控制 DOM、处理事件、通过 AJAX 获取数据等专题。下篇讲解了使用 Bootstrap 进行移动优先、响应式布局的 Web 应用的开发方法，并且通过两个综合案例，介绍了如何结合 jQuery 和 Bootstrap 进行 Web 应用开发实战。本书十分重视 "知识体系"和 "案例体系"的构建，并且通过不同案例对相关知识点进行说明，以期培养读者在 Web 前端开发领域的实战技能。读者可以扫码预览本书各章案例。

各章案例预览

## 特别说明

（1）学习本书所需的前置知识是 HTML5、CSS3 和 JavaScript 这 3 种基础语言。读者可以参考本书配套的知识导图，检验自己对相关知识的掌握程度。

（2）学习本书时，读者特别需要重视对 DOM 的理解。jQuery 最核心的功能即帮助开发人员方便快捷地操作 DOM 元素。因此，掌握了对 DOM 元素的灵活操作方法，就掌握了 jQuery 的灵魂。

（3）在 Bootstrap 篇需要理解 "原子化"的概念，以及 "工具类"的使用方法。如果先把 "原子化"的概念理解透彻，后面使用各种工具类时就会得心应手。

最后，祝愿读者学习愉快，早日成为一名优秀的 Web 前端开发者。

温　谦
2021 年冬于北京

# 目 录

# 第 4 章
# 使用 jQuery 控制 DOM

# 第 5 章
# jQuery 事件

# 第 6 章
# jQuery 的功能函数

下篇　Bootstrap篇

# jQuery篇

# 第 1 章　jQuery 基础

随着 JavaScript、CSS（cascading style sheets，串联样式表）、DOM（document object model，文档对象模型）、AJAX（asynchronous JavaScript and XML，异步 JavaScript 和 XML）等技术的不断进步，越来越多的开发者将一个又一个丰富多彩的功能进行封装，供更多的人在遇到类似的情况时使用。jQuery 就是这类封装工具中优秀的一员。从本章开始，本书将陆续介绍 jQuery 的相关知识。本章重点讲解 jQuery 的概念以及一些简单的基础运用。本章思维导图如下。

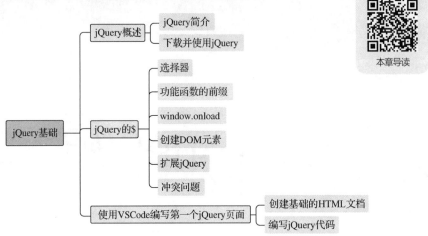

本章导读

## 1.1　jQuery 概述

知识点讲解

本节重点介绍 jQuery 的概念和功能，以及如何下载和使用 jQuery。

### 1.1.1　jQuery 简介

简单来说，jQuery 是一个优秀的 JavaScript 框架，它能帮助用户更方便地处理 HTML（hypertext markup language，超文本标记语言）文档、事件、动画效果、AJAX 交互等。它的出现极大地改变了开发者使用 JavaScript 的习惯，掀起了一场新的"网页革命"。

jQuery 由美国人约翰·瑞森（John Resig）于 2006 年创建，至今已吸引了来自世界各地众多的 JavaScript 高手加入其团队。在最开始的时候，jQuery 所提供的功能非常有限，其仅可以增强 CSS 的选择器功能。随着时间的推移，jQuery 的新版本一个接一个地发布，它也越来越受到人们的关注。

如今，jQuery 已经发展成集 JavaScript、CSS、DOM、AJAX 功能于一体的强大框架。使用它可以通过简单的代码方便地实现各种网页效果。它的宗旨就是让开发者写更少的代码，做更多的事情（write less，do more）。

目前 jQuery 主要提供如下功能。

- **访问页面框架的局部**。DOM 获取页面中某个节点或者某一类节点有固定的方法，而 jQuery 则大大简化了其操作步骤。
- **修改页面的表现**。CSS 的主要功能就是通过样式来修改页面的表现。然而由于各个浏览器对 CSS3 标准的支持程度不同，很多 CSS 的特性没能很好地体现。jQuery 很好地解决了这个问题，通过其中封装好的 JavaScript 代码，各种浏览器能很好地使用 CSS3 标准，这极大地丰富了 CSS 的运用。
- **更改页面的内容**。通过强大而方便的 jQuery API（application program interface，应用程序接口），可以很方便地修改页面的内容，包括文本的内容、图片表单的选项，甚至整个页面的框架等。
- **响应事件**。jQuery 可以更加方便地处理事件；开发者不再需要考虑令人讨厌的浏览器兼容性问题。
- **为页面添加动画**。通常在页面中添加动画都需要大量的 JavaScript 代码，而 jQuery 大大简化了这个过程。jQuery 提供了大量可自定义参数的动画效果。
- **与服务器异步交互**。jQuery 提供了一整套与 AJAX 相关的操作，这大大方便了异步交互的开发和使用。
- **简化常用的 JavaScript 操作**。jQuery 提供了很多附加的功能来简化常用的 JavaScript 操作，例如迭代运算等。

## 1.1.2　下载并使用 jQuery

jQuery 官网会提供最新的 jQuery 框架，如图 1.1 所示。通常只需要下载压缩过的 jQuery 包即可。本书的例子使用的是 3.6.0 版本。

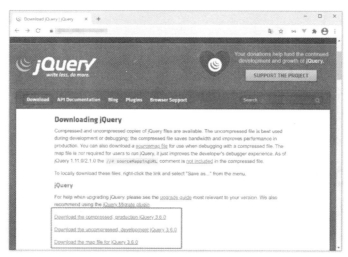

图 1.1　jQuery 官网

下载完成后不需要任何安装过程，直接将下载的 JS 文件（jQuery 框架）用<script>标记导入读者自己的页面即可，如下所示：

```
<script src="jquery-3.6.0.min.js"></script>
```

导入 jQuery 框架后，便可以按照它的语法规则进行相关开发了。

< 3 >

# 1.2 jQuery 的$

在 jQuery 中，频繁使用的莫过于符号$，它能实现各种各样丰富的功能，包括选择页面中的一个或一类元素、作为功能函数的前缀、完成 window.onload 的完善、创建页面的 DOM 节点等。本节主要介绍 jQuery 中$的使用方法，以作为后文的基础。

## 1.2.1 选择器

知识点讲解

在 CSS 中，选择器的作用是选择页面中某一类元素（类别选择器）或某一个元素（id 选择器），而 jQuery 中的$作为选择器标识，其作用同样是选择某一类或某一个元素，只不过 jQuery 提供了更多、更全面的选择方式，并且为用户处理了浏览器的兼容性问题。

例如在 CSS 中可以通过如下代码来选择<h2>标记下包含的所有子元素<a>，然后添加相应的样式：

```
1  h2 a{
2      /* 添加 CSS 样式 */
3  }
```

而在 jQuery 中则可以通过如下代码来选择<h2>标记下包含的所有子元素<a>，并将其作为对象数组供 JavaScript 调用：

```
$("h2 a")
```

下面的例子演示了$选择器的使用，文档中有两个<h2>标记，各包含一个子元素<a>，实例文件请参考本书配套的资源文件：第 1 章\1-1.html。

```
1   <!DOCTYPE html>
2   <html>
3   <head>
4    <title>$选择器</title>
5   </head>
6   <body>
7    <h2><a href="#">正文</a>内容</h2>
8    <h2>正文<a href="#">内容</a></h2>
9
10   <script src="jquery-3.6.0.min.js"></script>
11   <script>
12     window.onload = function(){
13       let oElements = $("h2 a");      //选择匹配的元素
14       for(let i=0;i<oElements.length;i++)
15         oElements[i].innerHTML = i.toString();
16     }
17   </script>
18  </body>
19  </html>
```

以上代码的运行结果如图 1.2 所示。可以看到 jQuery 很方便地实现了元素的选择。如果使用 DOM，则类似的元素选择的实现需要大量的 JavaScript 代码。

jQuery 中选择器的通用语法如下所示：

```
$(selector)
```

< 4 >

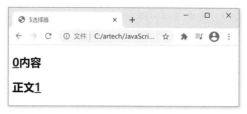

图 1.2　$选择器

或者：

```
jQuery(selector)
```

其中 selector 符合 CSS3 标准，下面列出了一些典型的 jQuery 选择元素的例子：

```
$("#showDiv")
```

id 选择器，相当于 JavaScript 中的 document.getElementById("#showDiv")，可以看到 jQuery 的表示方法简洁很多。

```
$(".SomeClass")
```

类别选择器，选择 CSS 类别为 SomeClass 的所有元素。在 JavaScript 中要实现相同的选择，需要用 for 循环遍历整个 DOM。

```
$("p:odd")
```

选择所有位于奇数行的<p>标记。几乎所有的标记都可以使用:odd 和:even 来实现奇偶的选择。

```
$("td:nth-child(1)")
```

选择表格所有的行的第一个单元格，即表格的第一列。这在修改表格某一列的属性时非常有用，因为不再需要一行行地遍历表格。

```
$("li > a")
```

子选择器，返回<li>标记的所有子元素<a>，不包括孙元素。

```
$("a[href$=pdf]")
```

选择所有超链接，并且这些超链接的 href 属性是以 pdf 结尾的。有了属性选择器，就可以很好地选择页面中的各种特性元素。关于 jQuery 的选择器的使用还有很多技巧，后文会陆续介绍。

在 jQuery 中符号$其实等同于 jQuery，从 jQuery 的源代码中可以看出这一点，如下所示：

```
1   var
2       // Map over jQuery in case of overwrite
3       _jQuery = window.jQuery,
4       // Map over the $ in case of overwrite
5       _$ = window.$;
6
7   jQuery.noConflict = function( deep ) {
8       if ( window.$ === jQuery ) {
9           window.$ = _$;
10      }
11      if ( deep && window.jQuery === jQuery ) {
12          window.jQuery = _jQuery;
13      }
14      return jQuery;
15  };
16
```

< 5 >

```
17    // Expose jQuery and $ identifiers, even in AMD
18    // (#7102#comment:10, https://github.com/jquery/jquery/pull/557)
19    // and CommonJS for browser emulators (#13566)
20    if ( typeof noGlobal === "undefined" ) {
21        window.jQuery = window.$ = jQuery;
22    }
```

为了编写代码方便，通常都使用$来代替 jQuery。

知识点讲解

## 1.2.2  功能函数的前缀

在 JavaScript 中，开发者经常需要编写一些"小函数"来处理各种操作细节，例如在用户提交表单时，需要将输入框中最前端和最末端的空格清除。JavaScript 直到 ES6 才提供类似 trim()的功能，而在引入 jQuery 后，便可以直接使用 trim()函数，如下所示：

```
$.trim(sString);
```

以上代码相当于：

```
jQuery.trim(sString);
```

即 trim()函数是 jQuery 对象的一个函数，下面用它进行简单的检验，实例文件请参考本书配套的资源文件：第 1 章\1-2.html。

```
1    <body>
2      <script src="jquery-3.6.0.min.js"></script>
3      <script>
4        let sString = "  1234567890 ";
5        sString = $.trim(sString);
6        alert(sString.length);
7      </script>
8    </body>
```

以上代码的运行结果如图 1.3 所示，字符串 sString 首尾的空格都被 jQuery 去掉了。

图 1.3  $.trim()

jQuery 中类似这样的功能函数有很多，而且涉及 JavaScript 的方方面面，后文会陆续介绍。

## 1.2.3  window.onload

知识点讲解

由于页面的 HTML 框架需要在页面完全加载后才能使用，因此在 DOM 编程时，window.onload 函数会被频繁地使用。倘若页面中有多处都需要使用该函数，或者其他 JS 文件中也包含该函数，冲突问题将十分棘手。

jQuery 中的 ready()很好地解决了上述问题，它能够自动使其中的函数在页面加载完成后运行，并

< 6 >

且同一个页面中可以使用多个 ready()而互不冲突。例如下面的代码，实例文件请参考本书配套的资源文件：第 1 章\ 1-3.html。

```
1    $(document).ready(function(){
2        console.log('加载1~');
3    });
4    console.log('加载2~');
```

对于上述代码，jQuery 还提供了简写的方式，可以省略其中的(document).ready，如下所示：

```
1    $(function(){
2        console.log('加载1~');
3    });
4    console.log('加载2~');
```

以上两种加载方式的代码的运行结果一致，如图 1.4 所示。

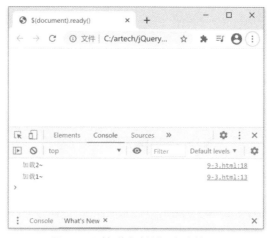

图 1.4　两种加载方式的代码运行结果

## 1.2.4　创建 DOM 元素

案例讲解

利用 DOM 方法创建元素，通常需要将 document.createElement()、document.create TextNode()、appendChild()配合使用，十分麻烦。而 jQuery 使用$可以直接创建 DOM 元素，如下所示：

```
let oNewP = $("<p>这是一个感人肺腑的故事</p>")
```

以上代码等同于 JavaScript 中的如下代码：

```
1    let oNewP = document.createElement("p");        //创建节点
2    let oText = document.createTextNode("这是一个感人肺腑的故事");
3    oNewP.appendChild(oText);
```

另外，jQuery 还提供了关于 DOM 元素的 insertAfter()方法，因此将上述代码改为使用 jQuery 创建 DOM 元素的代码如下，实例文件请参考本书配套的资源文件：第 1 章\1-4.html。

```
1    <!DOCTYPE html>
2    <html>
3    <head>
4      <title>创建 DOM 元素</title>
5    </head>
```

< 7 >

```
6    <body>
7      <p id="myTarget">插入这行文字之后</p>
8      <p>也就是插入这行文字之前，但这行没有 id，可能不存在</p>
9
10     <script src="jquery-3.6.0.min.js"></script>
11     <script>
12       $(function(){
13         let oNewP = $("<p>这是一个感人肺腑的故事</p>");      //创建 DOM 元素
14         oNewP.insertAfter("#myTarget");                    //insertAfter()方法
15       });
16     </script>
17   </body>
18   </html>
```

运行结果如图 1.5 所示。可以看到利用 jQuery 大大减少了代码长度，能节省编写时间，并能为开发者提供便利。

图 1.5　利用 jQuery 创建 DOM 元素

### 1.2.5　扩展 jQuery

从上文案例中已经可以看出 jQuery 的强大，但无论如何，jQuery 都不能满足所有用户的全部需求。而且一些特殊的需求十分"小众"，不适合放入整个 jQuery 框架中来实现。jQuery 正是意识到了这一点，才允许用户自定义添加关于$的方法。

例如 jQuery 中并没有将表单元素设置为不可用的方法 disable()，用户可以自定义该方法如下：

```
1   $.fn.disable = function(){
2     return this.each(function(){
3       if(typeof this.disabled != "undefined") {
4         this.disabled = true;
5       }
6     });
7   }
```

以上代码首先设置$.fn.disable，表明为$添加方法 disable()，其中$.fn 是扩展 jQuery 时所必需的。

然后利用匿名函数定义这个方法，即用 each()将调用这个方法的每个元素的 disabled 属性（如果该属性存在）的值均设置为 true。具体可以参考如下代码，实例文件请参考本书配套的资源文件：第 1 章\1-5.html。

```
1   <body>
2     <p>你喜欢做些什么：
3       <input type="button" name="btnSwap" id="btnSwap" value="Disable" class="btn"
       onclick="SwapInput('hobby',this)"><br>
4       <input type="checkbox" name="hobby" id="book" value="book"><label for=
       "book">看书</label>
5       <input type="checkbox" name="hobby" id="net" value="net"><label for="net">
```

< 8 >

```
6        上网</label>
         <input type="checkbox" name="hobby" id="sleep" value="sleep"><label for=
         "sleep">睡觉</label>
7      </p>
8
9      <script src="jquery-3.6.0.min.js"></script>
10     <script>
11       $.fn.disable = function(){
12       //扩展jQuery，表单元素统一不可用
13       return this.each(function(){
14         if(typeof this.disabled != "undefined") this.disabled = true;
15       });
16       }
17       $.fn.enable = function(){
18       //扩展jQuery，表单元素统一不可用
19       return this.each(function(){
20         if(typeof this.disabled != "undefined") this.disabled = false;
21       });
22       }
23     </script>
24   </body>
```

并且可在多选项旁边设置按钮，对 disable()、enable()方法进行调用，如下所示：

```
1    function SwapInput(oName,oButton){
2      if(oButton.value == "Disable"){
3          //如果按钮的值为 Disable，则调用 disable()方法
4          $("input[name="+oName+"]").disable();
5          oButton.value = "Enable";
6      }else{
7          //如果按钮的值为 Enable，则调用 enable()方法
8          $("input[name="+oName+"]").enable();
9          oButton.value = "Disable";      //然后设置按钮的值为 Disable
10     }
11   }
```

SwapInput（oName，oButton）根据按钮的值进行判断，如果值是 Disable，则调用 disable()将元素设置为不可用，同时设置按钮的值为 Enable；如果按你的值为 Enable，则调用 enable()方法。运行结果如图 1.6 所示。

图 1.6　扩展 jQuery

## 1.2.6　冲突问题

与 1.2.5 小节的情况类似，尽管 jQuery 已非常强大，但有些时候开发者还是需要使用其他的框架。这时则需要很小心，因为其他框架中可能也使用了$，从而可能会发生冲突。jQuery 提供了 noConflict()方法来解决$冲突的问题：

```
jQuery.noConflict();
```

< 9 >

以上代码便可以使$按照其他 JavaScript 框架的方式运算。这时在 jQuery 中便不能再使用$，而必须使用 jQuery，例如$("div p")必须写成 jQuery("div p")。

# 1.3 使用 VS Code 编写第一个 jQuery 页面

案例讲解

下面继续深入学习 jQuery，先把工具准备一下。学习 jQuery 的开发所需的工具非常简单，一个编写程序的编辑器加一个浏览器（用于查看结果）就可以了。但是不要小看开发工具，真正的开发者，对开发工具是非常挑剔的。读者在成为一名真正的开发者后会慢慢有自己的体会。

当前流行的前端开发工具之一是 Visual Studio Code（以下简称 VS Code），它是由微软公司开发的，深受广大开发者的欢迎。它是开源软件，拥有丰富的生态。VS Code 可以跨平台使用，例如可以在 Windows、macOS 等各种操作系统上使用，可使开发者获得相同的开发体验。

请读者先到官方网站进行下载，并安装 VS Code。本节将介绍使用 VS Code 编写 jQuery 代码的方法。

## 1.3.1 创建基础的 HTML 文档

在网页中使用 JavaScript 的方式有嵌入式和链接式这两种基本方式，具体如下：
- 嵌入式是直接在<script>标签内部写 JavaScript 代码。
- 链接式是使用<script>标签的 src 属性，链接 JS 文件。

对于特别简单的代码，我们可以直接使用嵌入式，将代码写在 HTML 文件中。而对于比较复杂的项目，则应该认真设置程序的结构，一般会把 JavaScript 代码单独作为独立文件，然后以链接式引入 HTML 文件。下面以嵌入式为例来讲解，先创建基础的 HTML 文档，再编写代码。

VS Code 是一个轻量级但功能强大的源代码编辑器，它适合用来编辑任何类型的文本文件。如果要用 VS Code 新建 HTML 文档，则可以先选择"文件"菜单中的"新建文件"命令（或者使用快捷键 Ctrl+N），这时会直接创建一个 Untitled-1 文件，如图 1.7 所示。

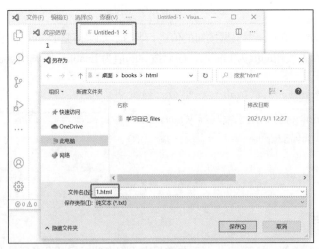

图 1.7 创建文档

此时文件还不是 HTML 类型。选择"文件"菜单中的"保存"命令（或者使用快捷键 Ctrl+S），此时会弹出"另存为"对话框，我们选择一个文件夹，并将文件命名为 1.html（见图 1.7）。此时 VS Code 会根据文件扩展名将该文件识别为 HTML 类型的文件，并且 Untitled-1 变成了 1.html。

< 10 >

创建了 HTML 文档后，我们可以快速生成 HTML 文档模板，先输入 html，VS Code 会立即给出智能提示，如图 1.8 所示。

图 1.8　给出智能提示

此时选择 "html:5"，表示用 HTML5 文档模板来生成整个文件结构，生成结果如下：

```
1   <!DOCTYPE html>
2   <html lang="en">
3   <head>
4     <meta charset="UTF-8">
5     <meta http-equiv="X-UA-Compatible" content="IE=edge">
6     <meta name="viewport" content="width=device-width, initial-scale=1.0">
7     <title>Document</title>
8   </head>
9   <body>
10
11  </body>
12  </html>
```

可以在 VS Code 中看到基础的 HTML 文档模板，而且代码有不同的颜色，这体现了 VS Code 强大的代码着色功能。下面我们正式开始编写 jQuery 代码。

## 1.3.2　编写 jQuery 代码

我们首先将 jQuery 引入刚刚创建好的 HTML 文件中，在<head>标签中插入如下代码：

```
<script src="jquery-3.6.0.min.js"></script>
```

接着创建一个<script>标签，用于编写与 jQuery 相关的代码。VS Code 对 JavaScript 提供智能提示功能，在<script>标签内的$(document)之后输入 "."，这时 VS Code 会给出一个列表，提示 jQuery 的各种方法，如图 1.9 所示。引入 jQuery 框架后，VS Code 会识别出$(document)是一个 jQuery 对象。$(document)具有 jQuery 对象的一些属性，开发者可以直接选择，这样可以避免记错或者输入错误，从而提高开发效率。VS Code 有很多类似的功能，可帮助开发者提升开发效率和开发质量。

编写完代码后要记得按 Ctrl+S 组合键进行保存。

图 1.9　VSCode 的智能提示

< 11 >

## 本章小结

本章（主要讲解 jQuery 框架）首先介绍了 jQuery 的发展历程，以及它的功能；然后通过一些案例说明了 jQuery 在网页中的使用方法，并且简单介绍了如何使用 VS Code 编写代码。后文会详细介绍 jQuery 的各个功能。

## 习题1

### 一、关键词解释

JavaScript 框架　jQuery　$　选择器　功能函数　VS Code

### 二、描述题

1. 请简单描述一下 JavaScript 和 jQuery 的关系。
2. 请简单描述一下 jQuery 主要提供了哪些功能。
3. 请简单描述一下对于不同种类的选择器，jQuery 是如何使用它们的。
4. 请简单描述一下页面加载方式有哪几种。

### 三、实操题

通过本章讲解的相关内容，实现在页面中增加目录的功能。页面中有一个输入框和一个"添加"按钮，单击"添加"按钮，会将输入框中输入的内容添加到目录列表中。需要注意以下几点：

（1）添加完内容之后，清空输入框信息；

（2）添加的内容需要将前后空格去掉；

（3）不能添加空内容。

添加效果如题图 1.1 所示。

题图 1.1　添加效果

< 12 >

# 第 **2** 章    HTML5、CSS3 和 JavaScript 基础知识

　　jQuery 是用于 Web 前端开发的、基于 JavaScript 的框架，因此学习这个框架之前必须要掌握相关的基础知识，如 HTML5、CSS3 和 JavaScript 这 3 种语言。本章将选择一些重要的知识点进行讲解，如果读者能把本章介绍的内容都基本理解，那么学习后面的知识就会比较轻松。如果读者有不清楚的知识点，则可以通过阅读和学习相关书籍详细了解。

　　本章将分别从 JavaScript（ES6）、HTML5 和 CSS3 这 3 个方面进行讲解。本章思维导图如下。

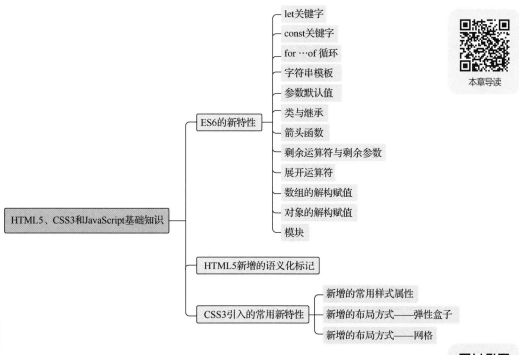

本章导读

## *2.1*　ES6 的新特性

知识点讲解

　　由于历史原因，早期的 JavaScript 存在着比较多的缺陷。经过多年的努力，2015 年 ECMAScript 2015 终于被发布了，并成为了各大浏览器厂商共同使用的标准。ECMAScript 2015 通常被称作 ES6，是 ECMAScript 语言标准的第 6 个版本。它定义了 JavaScript 实现的标准。虽然在 ES6 之后仍然发布了几个版本，但是它们都是基于 ES6 完善的。因此，ES6 是

一个革命性的版本，它对 JavaScript 语言来说，意义十分重大，即它极大地改进了 JavaScript 语言。

请读者参阅关于 JavaScript（ES6）的知识点导图，大致了解图中提到的知识。从 ES5 到 ES6 经过了将近 10 年的时间，为了帮助读者快速熟悉同 ES6 相关的知识，在本节中我们将对日常 JavaScript 编程中经常会用到的一些 ES6 中引入的功能进行简单的介绍。

### 2.1.1　let 关键字

ES6 引入了 let 关键字用于声明变量。在 ES6 之前，JavaScript 中声明变量的唯一方法是使用 var 关键字。在 ES6 中，建议优先使用 let 关键字。

let 与 var 主要有 3 个不同点。

（1）用 var 和 let 声明的变量的作用域不同。

- 用 var 声明的变量的作用域以函数为界。
- 用 let 声明的变量的作用域以代码块为界。代码中一对匹配的花括号所标识的内容被称为一个代码块。

例如下面的代码，变量 s 是在 a>0 的分支代码块中声明的，后面两处对它的访问都是错误的。

```
1    function calculate(a, b){
2        if(a > 0) {
3            let s = a + b;
4        } else {
5            s = a * b;       //错误
6        }
7        return s;            //错误
8    }
```

需要注意的是，如果 let 声明的是循环变量，则该变量的声明位置并不在循环体中，但是它的作用域正是对应的循环体，如下所示：

```
1    // ES6
2    for(let i = 0; i < 5; i++) {
3        console.log(i);    // 0,1,2,3,4
4    }
5    console.log(i);        // undefined
```

在上面的示例中，在 for 循环外无法访问块中的变量 i。

（2）let 具有"覆盖"的性质。假设有嵌套的两个代码块，那么可以在外层和内层代码块中分别用 let 声明同名变量。这两个变量是各自独立的，在内层就只能访问内层定义的那个变量，而不能访问外层的同名变量。这被称为内层变量"覆盖"了外层变量。

而 var 与 let 不同，在 var 声明的变量的作用域内，不能再次声明同名变量了。

（3）var 声明的变量可以在声明变量之前使用，即不管 var 声明变量发生在函数中的什么位置，都等价于在函数的开头声明，这被称为声明被"提升"。

而 let 声明是不被提升的，在一个代码块中，变量只有在声明之后才能被使用。

### 2.1.2　const 关键字

ES6 中引入的 const 关键字用于定义常量。常量是只读的。在声明常量的时候，必须同时对它进行初始化，此后就不能再给它赋值了。const 除了只读性质之外，其他性质都与 let 的相同。建议：能使用 const 的时候尽量使用 const，除非量的值确实会改变，此时才可使用 let。

< 14 >

需要注意的是，对于数组和对象这样的引用类型，变量其实只是一个"地址"，它指向数组和对象在内存中所占的空间。常量意味着这个"地址"禁止修改，但是数组的元素或者对象属性值，仍然是可以更改的。请注意以下代码中的对比。

```
1   // 改变对象属性值
2   const person = {name: "Peter", age: 28};
3   person.age = 30;                    //正确
4   person = {name: "Mike", age: 20};   //错误
5
6
7   // 改变数组元素
8   const colors = ["red", "green", "blue"];
9   colors[0] = "yellow";               //正确
10  colors = ["red", "green"]           //错误
```

### 2.1.3　for…of 循环

ES5 中有两种 for 循环，一种是常见的 for 循环，另一种是 for…in 循环，其用于遍历对象的所有属性。

ES6 中引入了一种新的 for 循环——for…of 循环，用于更简洁地遍历"类数组"的可迭代对象，例如下面的代码：

```
1   // ES6
2   let numbers = [0, 1, 2, 3, 5];
3   let sum = 0;
4   for(let num of numbers) {
5       sum += num;
6   }
```

如果用普通的 for 循环，上面的例子就等价于：

```
1   // ES5
2   let numbers = [0, 1, 2, 3, 5];
3   let sum = 0;
4   for(let i = 0; i < numbers.length; i++) {
5       sum += numbers[i];
6   }
```

### 2.1.4　字符串模板

字符串模板提供了一种简洁的方法来创建字符串，采用这种方法可以非常方便地将变量或表达式插入字符串。

字符串模板使用``` `` ```创建。可以使用${…}语法将变量或表达式插入字符串：

```
1   // 在字符串中插入变量和表达式
2   let a = 10;
3   let b = 20;
4   let result = `The sum of ${a} and ${b} is ${a+b}.`;
```

如果用 ES5 的方式拼接字符串会麻烦得多，而且可读性也会差很多：

```
var result = 'The sum of ' + a + ' and ' + b + ' is ' + (a+b) + '.';
```

此外，采用字符串模板这种方法可以方便地创建多行字符串：

< 15 >

```
1    // 创建多行字符串
2    let str = `The quick brown fox
3        jumps over the lazy dog.`;
```

## 2.1.5 参数默认值

在 ES6 中可以为函数的参数指定默认值。如果在调用函数时没有传入相应的实际参数，则将使用参数默认值。例如：

```
1    function sayHello(name='World') {
2        return `Hello ${name}!`;
3    }
```

在 ES5 中，要实现相同的目的，通常的写法是：

```
1    function sayHello(name) {
2        var name = name || 'World';
3        return 'Hello ' + name + '!';
4    }
```

## 2.1.6 类与继承

除 JavaScript 外的其他大多数语言，如 Java、C++等，都使用 "类-对象" 结构实现面向对象机制，包括封装、继承等，它们一般都来源于针对 C++语言最早提出的理念。

而 JavaScript 使用原型机制，只有对象，而没有类的概念，理念和实现方式是非常特殊的。它来源于 20 世纪 80 年代施乐公司帕克研究中心提出的一种 Self 语言。

JavaScript 语言的动态性（配合原型机制）体现的优势是强大、灵活、简洁，劣势是对于大多数程序员，学习、理解和掌握这套机制比较困难。因此 ES6 中引入了 class 等新的关键字，实现了与其他面向对象语言相似的语法。但是实际上只是语法层面的改变，原本的原型机制并没有改变。使用 ES6 的 class 和 extends 等关键字的好处是，在开发时可以大大简化有关面向对象和继承的代码的写法。

在 ES6 中，可以使用 "class 关键字后接类名" 来声明类。按照惯例，类名一般遵循帕斯卡（Pascal）命名习惯，即每个单词的首字母大写，举例如下：

```
1    // 矩形类
2    class Rectangle {
3        // 构造函数
4        constructor(width, height) {
5            this.width = width;     //属性
6            this.height = height;   //属性
7        }
8
9        // 方法成员，用于计算面积，使用普通函数的方式定义
10       area() {
11           return this.height * this.width;
12       }
13
14       // 方法成员，用于计算周长，使用箭头函数的方式定义
15       perimeter = () => this.height * 2 + this.width * 2;
16   }
```

上面的代码创建了一个矩形类 Rectangle，它有两个属性 width（宽度）和 height（高度），以及两个方法，分别用于计算面积（area）和周长（perimeter）。

< 16 >

ES6 中引入了 extends 和 super 关键字，用于实现继承。例如：

```
1   // 正方形类继承自矩形类
2   class Square extends Rectangle {
3       // 子类的构造函数
4       constructor(length) {
5           // 调用父类的构造函数
6           super(length, length);
7       }
8
9       //还可以定义子类自己的方法
10  }
```

在上面的示例中，正方形类 Square 通过 extends 关键字实现了从矩形类 Rectangle 进行继承。从其他类继承的类被称为派生类或子类。可以看到在子类的构造函数中通过 super() 调用了父类的构造函数。

接下来即可通过 new 关键字创建类的实例，代码如下：

```
1   //创建矩形对象
2   let rectangle = new Rectangle(5, 10);
3   alert(rectangle.area()); // 50
4   alert(rectangle.perimeter()); // 30
5
6   //创建正方形对象
7   let square = new Square(5);
8   alert(square.area()); // 25
9   alert(square.perimeter()); // 20
```

可以看到子类拥有了父类的所有方法。关于 class，有以下 3 点内容需要注意。

- 每个类的定义都离不开 this。访问任何成员属性和成员方法时，都需要用到 this，它表示的就是这个类被实例化后的对象。
- 在子类的构造函数中，必须在调用 this 之前通过 super() 调用父类的构造函数。
- 函数的声明（类似于用 var 声明变量）会被提升，因此可以在函数声明之前调用函数。但是类的声明（类似于用 let 和 const 进行声明）不会被提升，即只有在类声明的后面才能使用这个类。

### 2.1.7　箭头函数

箭头函数是 ES6 中新引入的非常好用的函数，它为编写函数表达式提供了简洁的语法。

箭头函数使用 => 进行定义。=> 的前面是函数的参数列表，=> 的后面是函数体。例如：

```
1   // 箭头函数
2   let sum = (a, b) => {
3       let s = a + b;
4       return s;
5   }
```

以上代码相当于：

```
1   // Function Expression
2   let sum = function(a, b) {
3       let s = a + b;
4       return s;
5   }
```

如果函数体中只有一个语句，并且这个语句是 return 语句，则可以省略花括号和 return 语句。这

< 17 >

可以大大简化语句，减少使用花括号所产生的"噪声"，而且会使代码的可读性提高：

```
let sum = (a, b) => a + b;
```

如果只有一个参数，则参数的圆括号也可以省略。例如求一个数的绝对值的函数可以定义为：

```
let abs = a => a>0 ? a : -a;
```

但是如果没有参数，则参数的圆括号不能省略。例如定义取一个 0～9 的随机整数的函数：

```
let randomDigit = () => Math.floor(Math.random() * 10);
```

如果省略了函数体的花括号，而返回值是一个对象，那么为了避免产生歧义，要在花括号外面加上圆括号。例如下面定义的函数根据 x 和 y 坐标值，返回一个对象，这时就要在花括号外加上圆括号，否则花括号标识的内容会被认为是函数体，从而会报错。

```
let createPoint = (x,y) => ({x, y});
```

普通函数和箭头函数的一个重要的区别是，箭头函数没有自己的 this。例如下面这段代码实现了一个类，在构造函数中，首先初始化了一个 nums 数组，保存了一些整数元素，然后声明了一个 odds 数组，最后调用 nums 数组的 forEach()函数，把 nums 数组中的奇数添加到 odds 数组中。

```
1   class MyMaths{
2       constructor(){
3           this.nums = [1,2,3,4,5];
4           this.odds = [];
5
6           this.nums.forEach(n => {
7               if (n % 2 === 1)
8                   this.odds.push(n);
9           });
10      }
11  }
```

可以看到，在对 this.nums 的元素进行操作的函数中，如果元素是奇数，则会将其插入 this.odds 数组。这里的 this 和函数外面的 this 指向同一个对象，即 MyMaths 类的对象。而如果要把箭头函数改为普通函数，就要使用如下的写法：

```
1   class MyMaths{
2       constructor(){
3           this.nums = [1,2,3,4,5];
4           this.odds = [];
5
6           let self = this;
7           this.nums.forEach(function (n) {
8               if (n % 2 === 1)
9                   self.odds.push(n);
10          });
11      }
12  }
```

可以看到，在调用 forEach()之前，会先用一个变量把 this 保存下来，然后在操作元素的函数中，用 self.odds 来访问保存奇数的数组，而不能像在箭头函数内部那样直接使用 this.odds。这是因为普通函数都会有自己的 this，它指向的就是函数的调用者。

也就是说，使用普通函数，构造函数中的 this 和作为 forEach()的参数的函数的 this 是不同的，因为它们各有一个 this；并且内层的 this 会覆盖外层的 this。为了在内层函数中使用外层的 this，一般会先用一个变量将 this 保存起来，然后在内层中使用它，例如代码中的 self 变量就是如此。

< 18 >

而如果使用箭头函数作为 forEach() 的参数，箭头函数没有自己的 this，则在箭头函数内部 this 仍然是外层的 this，因此可以直接使用 this.odds。

## 2.1.8　剩余运算符与剩余参数

ES6 中引入了剩余（rest）参数的概念，可以将任意数量的参数以数组的形式传给函数。当需要将一些参数传递给函数，但不能确定到底需要多少个参数时，利用这个特性就会非常方便。

在定义函数时，可以通过在参数前面加上剩余运算符（...）来指定剩余参数。剩余参数只能是参数列表中的最后一个参数，并且最多只能有一个剩余参数：

```
1    function sortNames(first, second, ...others) {
2        alert(`${first},${second},${others.sort().join(',')}`);
3    }
```

上面 sortNames() 函数的参数会传入第一个人的名字、第二个人的名字和其他人的名字，它的功能是保持第一个人和第二个人的名字的位置不变，把其他人的名字进行排序后，返回所有人的名字。

如果在调用时传入了 5 个人名，即 sortName("Tom", "Jerry", "Mike", "John","Kate")，那么函数实际上得到了 3 个参数，前两个是字符串，第三个是一个字符串数组，这个数组有 3 个元素。最终结果将是 Tom, Jerry, John, Kate, Mike。

## 2.1.9　展开运算符

3 个点组成的运算符（...）在 ES6 中除了可被用作剩余运算符，还能被用作展开运算符。展开运算符和剩余运算符分别用在不同的地方，且作用不同。

- 剩余运算符的作用是把一些变量组合为数组，而展开运算符的作用是将数组“展开”，将数组元素拆分为独立的变量。
- 剩余运算符通常用于函数的定义，展开运算符通常用于函数的调用。

示例如下：

```
1    function add(a, b, c) {
2        return a + b + c;
3    }
4
5    let numbers = [5, 12, 8];
6    let sum = add(...numbers);
```

可以看到，在调用 add() 函数时，通过展开运算符把数组 numbers 展开成了 3 个独立的参数 a、b 和 c。

展开运算符也可用于数组的拼接等操作，从而不再需要使用 push() 或者 concat() 等方法。例如下面的代码中 members 的结果是把 boys 和 girls 两个数组的元素都展开，然后将它们组成的一个数组。

```
1    let boys = ["Tom", "Mike"];
2    let girls = ["Jane", "Kathleen"];
3
4    let members = [...boys, ...girls, "Mr.John"];
```

## 2.1.10　数组的解构赋值

解构赋值用于简洁地将数组中的值或对象中的属性赋值到不同的变量中。本小节将讲解数组的解构赋值。

< 19 >

当我们需要把一个数组中的前两个元素分别赋值给变量 a 和 b 时，在 ES5 和 ES6 中，实现同样的功能有不同的写法：

```
1   // ES5
2   var fruits = ["Apple", "Banana", "Grape"];
3   var a = fruits[0];
4   var b = fruits[1];
5
6   // ES6
7   let fruits = ["Apple", "Banana", "Grape"];
8   let [a, b] = fruits;
9   console.log(a); //Apple
10  console.log(b); //Banana
```

可以看到，在 ES6 中可以把 fruits 这个数组变量直接以[a, b]的形式进行赋值，同时把数组元素按顺序依次赋值给 a、b 变量。如果要跳过某个或某几个元素，则可以用逗号实现。下面代码的作用是将 fruits 数组的第 1 个元素和第 3 个元素（即 Apple 和 Grape）赋值给变量 a 和 b。

```
1   let fruits = ["Apple", "Banana", "Grape"];
2   let [a, , b] = fruits;
3   console.log(b);  //Grape
```

利用这个特性，可以方便地实现两个变量互相交换值：

```
1   let a = 10, b = 5;
2   [a, b] = [b, a];
```

此外，还可以在数组的解构赋值中使用剩余运算符，将数组中后两个元素组成新的数组赋值给变量 others，如下所示：

```
1   // ES6
2   let fruits = ["Apple", "Banana", "Mango"];
3   let [a, others] = fruits;
```

## 2.1.11 对象的解构赋值

在 ES6 中，除了增加了数组的解构赋值，还增加了对象的解构赋值。从对象中提取某些特定的属性的值是非常常用的操作，在 ES5 中需要这样做：

```
1   // ES5
2   var person = {name: "Peter", age: 28};
3   var name = person.name;
4   var age = person.age;
```

在 ES6 中则可以用简洁的语法实现，如下所示：

```
1   // ES6
2   let person = {name: "Peter", age: 28};
3   let {name, age} = person;
```

## 2.1.12 模块

在 ES6 之前，JavaScript 一直不支持模块。JavaScript 程序中的所有内容（例如跨不同 JS 文件的变量）都共享相同的作用域，这对构建大型程序来说是一个很大的问题。

ES6 引入了基于文件的模块，每个模块都由一个单独的 JS 文件构成。现在可以在模块中使用 export 或 import 语句将变量、函数、类或任何其他实体导出或导入其他模块或文件。

< 20 >

例如创建一个模块，即一个 main.js 文件，并将以下代码放入其中：

```
1  let greet = "Hello World!";
2  const PI = 3.14;
3
4  function multiplyNumbers(a, b) {
5      return a * b;
6  }
7
8  // 导出变量、常量、函数
9  export { greet, PI, multiplyNumbers };
```

现在，使用另一个 JS 文件 app.js 导入上面导出的变量、常量、函数，然后就可以直接使用该模块了：

```
1  import { greet, PI, multiplyNumbers } from './main.js';
2
3  alert(greet);                    // Hello World!
4  alert(PI);                       // 3.14
5  alert(multiplyNumbers(6, 15));   // 90
```

需要注意以下两点。

- 在 HTML 文件中引入 app.js 文件时，<script>标签上必须要用 type="module"。
- 使用引入模块的方式引入 JavaScript 网页，测试的时候不能直接用浏览器打开硬盘上的文件，而是必须使用 HTTP（hypertext transfer protocol，超文本传送协议），即必须在开发用的机器上安装 Web 服务器，比如用 Windows 自带的 IIS（Internet information services，互联网信息服务），然后在浏览器中打开这个 HTML 文件。

示例如下：

```
1  <!DOCTYPE html>
2  <html>
3  <head></head>
4  <body>
5      <script type="module" src="app.js"></script>
6  </body>
7  </html>
```

## 2.2 HTML5 新增的语义化标记

知识点讲解

HTML5 中新增了很多特性，本节介绍其中和页面结构相关的一些特性（语义化标记）。此外，HTML5 中还增加了很多其他方面的特性，例如对音视频的原生支持、本地存储、画布、新表单元素及属性、地理信息、客户端缓存等，这里不详细介绍。

在早期的 HTML 版本中，没有提供用于表达页面结构的元素，每个开发人员都使用自定义的名称。但实际上页面有通用的结构，例如图 2.1 所示是一个典型的页面结构，它有页头、导航、页脚、主要内容以及侧边栏。

因此，HTML5 中引入了一致的语义元素，通过

图 2.1　典型的页面结构

< 21 >

使用语义化标记，可以帮助浏览器理解内容的含义，而不仅仅是显示内容；还可以进行 SEO（search engine optimization，搜索引擎优化），比起使用非语义化的<div>标签，搜索引擎更加重视在标题、链接等元素中的关键字，使用语义化标记可使网页更容易被用户搜索到。

除此之外，使用语义化标记更便于开发和维护，因为语义化的 HTML 文件不仅利于机器理解，而且便于人阅读；越易懂的代码越有助于团队开发。语义化的 HTML 文件比非语义化的 HTML 文件更加轻便，并且更易于进行响应式开发。

HTML5 提供了以下新的语义元素来明确 Web 页面的不同部分。

- <header>：描述文档的头部区域。
- <nav>：定义导航（链接）部分。
- <article>：定义独立的内容。
- <section>：定义文档中的节，通常包含一组内容及其标题。
- <aside>：定义页面主要内容之外的内容（如侧边栏）。
- <footer>：描述文档的底部区域，页脚通常包含版权信息和联系信息。

使用语义元素能够清晰地描述文档结构，例如：

```
1    <!DOCTYPE html>
2    <html>
3    <head>
4    </head>
5    <body>
6        <header>
7            <nav>
8                <a href="">HTML5</a>
9                ……
10           </nav>
11       </header>
12       <article>
13           <h1>标题 1</h1>
14           <section>
15               <h2>标题 2</h2>
16               <p>……</p>
17           </section>
18           <section>……</section>
19           <section>……</section>
20       </article>
21       <aside>……</aside>
22       <footer>
23           <p>© 2021 All rights reserved</p>
24       </footer>
25   </body>
26   </html>
```

HTML5 还定义了一些其他的语义元素，如下。

- <details>和<summary>。

它们可用于创建可折叠的 UI（user interface，用户界面）小部件。用户可以通过单击这些小部件来显示或隐藏内容。<details>元素包含与特定主题相关的所有内容，<summary>元素是对该内容的简要概括，例如：

```
1    <details>
2        <summary>系统需求</summary>
```

< 22 >

```
3      操作系统: Windows 10 版本 14393.0 或更高版本 <br>
4      内存: 4GB
5    </details>
```

- <figure>和<figcaption>。

<figure>元素表示自包含的内容，有可能带有描述，描述用<figcaption>元素来表示。例如图片和图片描述，它们是一个整体，从语义上来说是不可分割的:

```
1    <figure>
2      <img src="images/cup.png" alt="cup">
3      <figcaption>爱因斯坦质能方程马克杯</figcaption>
4    </figure>
```

其实 HTML 提供了 100 多个元素，要从中挑选合适的元素来表述内容颇为麻烦。过度追求语义化，会使页面语义结构过于繁杂，这样反而不易于维护。如果没有合适的语义元素用于表达内容，则可使用通用的元素，如<div>和<span>。

# 2.3　CSS3 引入的常用新特性

知识点讲解

CSS3 对 CSS 进行了全面扩充。我们在这里仅介绍关于 CSS3 中新增的常用样式属性，以及两种新增的布局方式。

## 2.3.1　新增的常用样式属性

首先介绍几个在实践中特别常用的新增属性。

### 1. 新长度单位

CSS3 中新增了长度单位 rem，它的含义是 "root em"，表示以网页根元素<html>的字符高度为单位设置长度。可以只对<html>元素设置像素大小，其他元素以 rem 为单位设置百分比大小，例如 h1{font-size:2rem}就表示设置的字体大小是<html>元素的字体大小的 2 倍。

这对于需要同时适配多种分辨率设备的响应式页面特别有用。例如，使用 rem 可以保持页面中所有不同元素中的文字的相对比例不变。

此外，CSS3 中还新增了长度单位 vw（viewport width）、vh（viewport height），它们是基于视口（viewport）的单位。1vw 等于视口宽度的 1%，1vh 等于视口高度的 1%。这两个属性可用于解决响应式页面开发中通常会遇到的问题。

### 2. 新颜色: 透明度

在 CSS3 中，关于颜色也新增了特性，支持设置颜色的透明度。一种方式是把 rgb 模式扩充为 rgba 模式，其中第 4 个字母 a 表示的就是透明度（alpha）通道。例如:

```
1    h3{ color: rgb(0,0,255,0.5); }
2    h3{ color: rgb(0%,0%,100%,0.5); }
```

以上代码设置的都是半透明的蓝色，第 4 个参数 0.5 就表示透明度为 0.5。0 表示完全透明，1 表示完全不透明。此外 CSS3 中还引入了一个独立的属性——opacity，用于定义某个元素的透明度，0 表示完全透明，1 表示完全不透明。例如:

< 23 >

```
1   h3 {
2     color: #00f;
3     opacity:0.5;
4   }
```

### 3．box-sizing

在 CSS3 中，为了更灵活地计算和设置元素的大小等集合属性，在传统的盒子模型的基础上增加了 box-sizing 属性，这个属性的作用是改变盒子模型的高度和宽度的计算方法。默认情况下，当用 width 和 height 属性设置某个元素的宽度和高度时，实际上设置的是内容的宽度和高度，但其实盒子占据的空间还包括 padding、border 和 margin，因此实际占据的面积的值大于指定的值。这样计算起来就不方便。可以使用 box-sizing 属性，将其值设置为 border-box，这样设置的 width 和 height 就会包括 padding 和 border。box-sizing 有以下 3 个值。

- content-box：默认值，width 和 height 只包括内容部分。
- border-box：width 和 height 包括内容部分以及 padding 和 border。
- inherit：继承父元素的设置。

### 4．border-radius、box-shadow、background-image

在 CSS3 中，增加了 border-radius 属性，用于设置边框的圆角半径。例如下面的代码可以将一个<div>元素设置为圆角矩形，效果如图 2.2 所示。

```
border-radius: 20px;
```

图 2.2　圆角矩形效果

灵活运用该属性，还可以方便地设置出椭圆或者圆形，如下面的代码所示，椭圆效果如图 2.3 所示。

```
border-radius: 150px/50px;
```

图 2.3　椭圆效果

此外，CSS3 中还增加了 box-shadow（阴影）属性，例如下面的代码可以给一个<div>元素设置阴影，效果如图 2.4 所示。

```
box-shadow: 10px 10px 12px #888;    //向右10px，向下10px，柔化12px，颜色#888
```

给一个<div>元素设置阴影

图 2.4　给元素设置阴影效果

< 24 >

在 CSS3 中，还可以方便地给背景设置渐变色，渐变又分为线性渐变和中心渐变两种方式。用 background-image 属性可以直接做出很多原来必须要借助图片才能产生的效果。

例如下面的代码可以给一个<div>元素设置线性渐变背景，从而产生立体的光影效果，如图 2.5 所示。

```
background-image: linear-gradient(180deg, #bbb, #555, #bbb);
```

图 2.5　给元素设置线性渐变背景效果

再如，结合 border-radius 属性，可以做出圆形效果，同时实现中心渐变背景，如图 2.6 所示。

```
1  border-radius:50%;
2  background-image: radial-gradient(circle, #bbb, #555);
```

图 2.6　给元素设置中心渐变背景效果

## 2.3.2　新增的布局方式——弹性盒子

传统的 CSS 布局方式主要依赖于浮动和定位属性。对于复杂的页面结构，使用这些属性是比较烦琐的。弹性盒子（flexbox）是 CSS3 中新增的一种布局方式，传统的布局依赖于屏幕的宽度和高度，或者依赖于计算的百分比，但是弹性盒子则是直接按照比例关系进行布局。

弹性盒子的核心逻辑是先将一个容器元素设置为"弹性容器"，然后指定其内部子元素的属性，改变它们的宽度、高度以及顺序，以便更好地分配可用空间。这样能使页面适应各种设备的屏幕尺寸。

下面的代码实现了将一个容器中的 3 个<div>元素按照 1：2：1 的宽度比例分为左、中、右 3 个部分并列的效果。

```
1  .container {
2    display: flex;        /*将元素设为弹性容器 */
3    width: 300px;
4    border: 1px solid #000;
5  }
6  .left {
7    flex: 1;              /*剩余空间占 1 份*/
8    background-color: #ccc;
9  }
10 .center {
11   flex: 2;              /*剩余空间占 2 份*/
12   background-color: #FFF;
```

< 25 >

```
13   }
14   .right {
15     flex: 1;            /*剩余空间占1份*/
16     background-color: #ccc;
17   }
```

对应的 HTML 结构如下：

```
1   <div class="container">
2     <div class="left">item1</div>
3     <div class="center">item2</div>
4     <div class="right">item3</div>
5   </div>
```

从代码中可以看出，只需要先将 container 设置为弹性容器，即 display: flex，然后将内部各元素的宽度比例设置为 1∶2∶1，此时，页面的布局就能符合我们的预期了。如果用传统的浮动和定位属性的方法来实现这样的三列布局，则要增加冗余的<div>容器，还要进行很多 CSS 设置，而用 CSS3 的弹性盒子来实现就简单、直接多了。

图 2.7 所示是一个非常简单而又常见的页面顶部的导航栏，用弹性盒子可以非常方便地实现这个效果，并且这个效果可以自动适应 PC（personal computer，个人计算机）端的浏览器和手机端的浏览器，如图 2.7 和图 2.8 所示。

图 2.7　用弹性盒子实现的导航栏（适应 PC 端的浏览器）　　　图 2.8　导航栏可以方便地适应手机端的浏览器

弹性盒子布局的优势不止于此，例如使用它可以很方便地设置垂直对齐方式。在弹性盒子布局模型中，弹性容器的子项可以在多个方向上进行布局，并且可以"伸缩"——既可以伸长以填充未使用的空间，也可以收缩以防止溢出。目前在很多前端框架（例如 Bootstrap）中大量使用着这种布局方式。

关于弹性盒子布局方式，可设置的选项比较多，本书不一一介绍，请读者参考相关书籍和资料加以学习。

### 2.3.3　新增的布局方式——网格

网格（grid）是 CSS3 中新增的另一种布局方式，它提供了一种强大的布局机制。它会将一块可用空间划分为一个个的格子，类似棋盘。这种划分方式是可以灵活定义和预测效果的，并且使用这种方式可以精确地调整元素在网格中的位置。网格布局是自适应的，可以使内容和样式"更清晰地分离"。

这里不详细介绍网格布局参数设定的具体方法，仅用一个例子说明这种布局方式可以实现的效果，对于具体、详细的使用方法，读者可以参考相关的资料加以学习。

如果要实现图 2.9 所示的计算器页面，用网格布局方式就特别方

图 2.9　用网格布局实现的计算器页面

< 26 >

便，可以看到计算器的各个按键整齐地组成了一个"网格"，只需要对特殊的几个按键设定它们各自所占据的"单元格"就可以了。

首先把按键区域的元素的 display 属性设置为 grid，并设置好相应的容器属性，代码如下所示。

```
1  .calculator-keys {
2    display: grid;
3    grid-template-columns: repeat(5, 1fr);
4    grid-gap: 20px;
5    padding: 20px;
6  }
```

接着就可以设置各个按键占据的区域了。例如，AC 键（清零键）占据的区域是从最左侧一条线和最上边一条线，到左数第 3 条线和上数第 2 条线，因此，它的 CSS 属性的设置如下。

```
1  .all-clear {
2    grid-area: 1 / 1 / 2 / 3;
3  }
```

以此类推，=键（等号键）占据的区域是从左数第 4 条线和上数第 4 条线，到左数第 6 条线和上数第 6 条线，因此它的 CSS 属性的设置如下。

```
1  .equal-sign {
2    grid-area: 4 / 4 / 6 / 6;
3  }
```

网格布局方式可以方便地应用于页面布局。比较复杂的多行多列的页面布局也可以用网格布局实现。

## 本章小结

本书作为一本主要讲解 jQuery 和 Bootstrap 的书，无法完整、详尽地介绍 JavaScript、HTML 和 CSS 这 3 种语言，因此使用一章的篇幅来介绍 ES6、HTML5 和 CSS3 中新增的常用特性。这些新特性对开发人员的实际工作有很大帮助。大多数主流的浏览器的较新版本都已经可以很好地支持这些新特性了，例如 Chrome、Firefox、Edge 以及 Safari 等。在正式学习 jQuery 框架之前，希望读者能够先把 JavaScript 语言的基本语法以及 HTML5 和 CSS3 的相关知识掌握好，这样才能为后面的学习"扫清障碍"。

## 习题 2

**一、关键词解释**

ES6　HTML5　CSS3　语义化标记　弹性盒子布局　网格布局

**二、描述题**

1. 请简单描述一下 ES6 常用的新特性有哪些，它们对应的含义分别是什么。
2. 请简单描述一下 HTML5 中新增的语义化标记有哪些，它们对应的含义分别是什么。
3. 请简单描述一下 CSS3 中新增的常用样式属性有哪些，它们对应的含义分别是什么。
4. 请简单描述一下本章介绍的布局方式有哪两种，它们分别是如何实现页面布局的。

< 27 >

# 第 **3** 章 jQuery 选择器与管理结果集

通过学习第 2 章，读者应该对 jQuery 已经有了大致的了解。本章将介绍 jQuery 选择器和管理结果集，以使读者更多地学到 jQuery 的相关知识。本章思维导图如下。

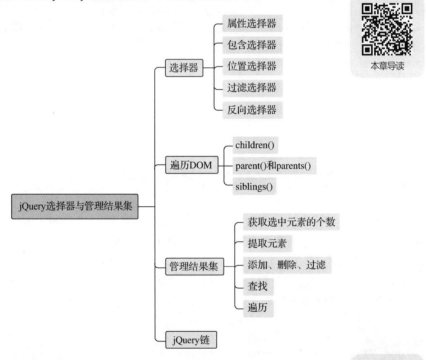

本章导读

## 3.1 选择器

知识点讲解

本节重点讲解 jQuery 中丰富的选择器，以及它们的基本用法。CSS 的选择器均可以用 jQuery 的$进行选择；部分浏览器对 CSS3 选择器的支持不全，可以用 jQuery 作为补充。因此本章介绍的选择器中有一部分会和 CSS3 选择器重复，故不详细介绍。本章将重点介绍 jQuery 扩展的选择器。CSS3 中的部分选择器会以表格的方式给出。

### 3.1.1 属性选择器

属性选择器的语法是在标记的后面用方括号添加相关的属性，然后赋予其不同的逻辑关系。jQuery 中的属性选择器的用法如下，实例文件请参考本书配套的资源文件：第 3 章\3-1.html。

```
1   <style type="text/css">
2     a {
3       text-decoration:none;
4       color:#000000;
5     }
6     .myClass {
7       /* 设定某个CSS类别 */
8       background-color:#d0baba;
9       color:#5f0000;
10      text-decoration:underline;
11    }
12  </style>
13  <body>
14    <ul>
15    <li><a href="http://www.artech.com">信息列表</a>
16      <ul>
17        <li>阿里巴巴</li>
18        <li><a href="          .sina.com.cn/">新浪</a></li>
19        <li><a href="          .baidu.com/" title="百度">百度</a></li>
20        <li><a href="          .qq.com/">腾讯</a></li>
21        <li><a href="          .google.cn/" title="google">谷歌</a></li>
22      </ul>
23    </li>
24    </ul>
25  </body>
```

以上代码定义了 HTML 框架结构以及相关的 CSS 类别，供测试使用，此时的运行结果如图 3.1 所示。

图 3.1　页面框架

如果希望在页面中选择设置了 title 属性的标记，并给这些超链接添加 myClass 样式，则可使用如下代码：

```
1   <script>
2   $(function(){
3       $("a[title]").addClass("myClass");
4   });
5   </script>
```

其运行结果如图 3.2 所示，设置了 title 属性的两个超链接被添加了 myClass 样式。

< 29 >

图 3.2　属性选择器 a[title]

如果希望根据属性的值进行判断，例如给 href 属性的值为 ▉▉▉▉.qq.com/的超链接添加 myClass 样式，可以使用如下代码：

```
$("a[href='        .qq.com/']").addClass("myClass");
```

其运行结果如图 3.3 所示。

图 3.3　属性选择器 a[href=' ▉▉▉ .qq.com/']

以上两种是比较简单的属性选择器，在 jQuery 中还可以根据属性的值的某一部分来匹配选择，例如下面的代码可实现选中 href 属性的值以 http://开头的所有超链接，运行结果如图 3.4 所示。

```
$("a[href^='http://']").addClass("myClass");
```

图 3.4　属性选择器 a[href^='http://']

既然可以根据属性的值的开头来匹配选择，自然也可以根据属性的值的结尾来匹配选择。下面的代码可实现选中 href 属性的值以 cn/结尾的超链接集合，这种方法通常用于选取网站中的某类下载资源，例如所有的.jpg 图片、所有的.pdf 文件等，运行结果如图 3.5 所示。

```
$("a[href$='cn/']").addClass("myClass");
```

另外还可以利用*=进行任意匹配，例如下面的代码可实现选中 href 属性的值中包含字符串 com 的所有超链接，并添加样式：

```
$("a[href*=com]").addClass("myClass");
```

< 30 >

图 3.5 属性选择器 a[href$='cn/']

其运行结果如图 3.6 所示。

图 3.6 属性选择器 a[href*=com]

## 3.1.2 包含选择器

jQuery 中还提供了包含选择器，用来选择包含某种特殊标记的元素。同样采用上述例子中的页面框架，则下面的代码表示选中包含超链接的所有<li>标记：

```
$("li:has(a)")
```

下面的代码可实现选中二级项目列表中所有包含超链接的<li>标记，其运行结果如图 3.7 所示。

```
$("ul li ul li:has(a)").addClass("myClass");
```

图 3.7 包含选择器 ul li ul li:has(a)

表 3.1 中罗列了 jQuery 支持的基础选择器、属性选择器和包含选择器，供读者需要时查询。

### 表 3.1 jQuery 支持的三类选择器

| 分类 | 选择器 | 说明 |
|---|---|---|
| 基础选择器 | * | 所有标记 |
| | E | 所有名称为 E 的标记 |
| | E F | 所有名称为 F 的标记，并且是<E>标记的子标记（包括孙标记、重孙标记等） |

< 31 >

续表

| 分类 | 选择器 | 说明 |
|---|---|---|
| 基础选择器 | E > F | 所有名称为 F 的标记，并且是<E>标记的子标记（不包括孙标记） |
| | E+F | 所有名称为 F 的标记，并且该标记紧接着前面的<E>标记 |
| | E~F | 所有名称为 F 的标记，并且该标记前面有一个<E>标记 |
| 属性选择器 | E.C | 所有名称为 E 的标记，属性类别为 C，如果去掉 E，就是属性选择器.C |
| | E#I | 所有名称为 E 的标记，id 为 I，如果去掉 E，就是 id 选择器#I |
| | E[A] | 所有名称为 E 的标记，并且设置了属性 A |
| | E[A=V] | 所有名称为 E 的标记，并且属性 A 的值为 V |
| | E[A^=V] | 所有名称为 E 的标记，并且属性 A 的值以 V 开头 |
| | E[A$=V] | 所有名称为 E 的标记，并且属性 A 的值以 V 结尾 |
| | E[A*=V] | 所有名称为 E 的标记，并且属性 A 的值中包含 V |
| 包含选择器 | E:has(F) | 所有名称为 E 的标记，并且该标记包含<F>标记 |

## 3.1.3 位置选择器

知识点讲解

CSS3 中还允许通过标记所处的位置来进行选择，这里的位置是指元素在 DOM 中所处的位置。页面中几乎所有的标记都可以运用位置选择器，下面的例子展示了 jQuery 中位置选择器的使用，实例文件请参考本书配套的资源文件：第 3 章\3-2.html。

```
1   <style type="text/css">
2     div{
3       font-size:12px;
4       border:1px solid #003a75;
5       margin:5px;
6     }
7     p{
8       margin:0px;
9       padding:4px 10px 4px 10px;
10    }
11    .myClass{
12      /* 设定某个CSS类别 */
13      background-color:#c0ebff;
14      text-decoration:underline;
15    }
16  </style>
17  <body>
18    <div>
19      <p>1. 大礼堂</p>
20      <p>2. 清华学堂</p>
21    </div>
22    <div>
23        <p>3. 图书馆</p>
24    </div>
25    <div>
26      <p>4. 紫荆公寓</p>
27      <p>5. C楼</p>
28      <p>6. 清清地下</p>
29    </div>
30  </body>
```

< 32 >

上述代码中有 3 个<div>块，每个<div>块都包含文章段落<p>标记，其中第一个<div>块包含 2 个<p>，第二个<div>块包含 1 个<p>，第三个<div>块包含 3 个<p>。在没有任何 jQuery 代码的情况下，运行结果如图3.8 所示。

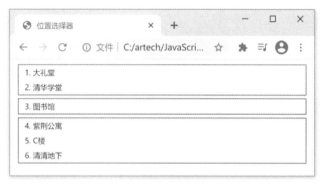

图3.8　位置选择器

如果希望在页面中选择每个<div>块的第一个<p>标记，则可以通过:first-child 来选择，代码如下：

```
$("p:first-child")
```

以上代码表示选择所有的<p>标记，并且这些<p>标记是各自父标记的第一个子标记，代码运行结果如图 3.9 所示。

```
1  <script src="jquery-3.6.0.min.js"></script>
2  <script>
3  $(function(){
4      $("p:first-child").addClass("myClass");
5  });
6  </script>
```

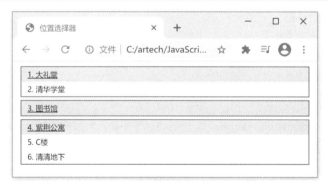

图3.9　位置选择器 p:first-child

隔行变色很简单，可以通过下面的方法选中每个<div>块中的奇数行加以实现：

```
$("p:nth-child(odd)").addClass("myClass");
```

以上代码的运行结果如图 3.10 所示。

:nth-child(odd|even)中的奇偶顺序是根据各标记自己的父标记单独排序的，因此上面的代码选中的是 1.大礼堂、3.图书馆、4.紫荆公寓、6.清清地下。如果希望对页面中的整个<p>标记表进行排序，则可以直接使用:even 或者:odd，如下所示：

```
$("p:even").addClass("myClass");
```

< 33 >

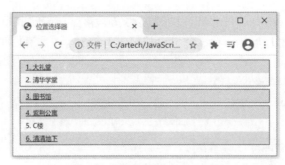

图 3.10　位置选择器:nth-child(odd)

以上代码的运行结果如图 3.11 所示，可以从图中第 3 个\<div\>块对应的内容看出使用:even
与:nth-child 的区别。

图 3.11　位置选择器:even

另外可以从图 3.11 中第一个\<div\>块对应的内容发现，使用:nth-child(odd)与 p:even 选择出的结果
一致。这是因为与:nth-child 相关的 CSS 选择器是从 1 开始计数的，而其他选择器是从 0 开始计数的。

表 3.2 中罗列了 jQuery 支持的所有 CSS3 位置选择器，读者可以自己尝试使用其中的每一项，具
体用法这里不再介绍。

### 表 3.2　CSS3 位置选择器

| 选择器 | 说明 |
| --- | --- |
| :first | 第 1 个元素，例如 div p: first 表示选中页面中所有\<p\>元素中的第 1 个\<p\>元素，且该\<p\>元素是\<div\>的子元素 |
| :last | 最后一个元素，例如 div p:last 表示选中页面中所有\<p\>元素中的最后一个\<p\>元素，且该\<p\>元素是\<div\>的子元素 |
| :first-child | 第 1 个子元素，例如 ul:first-child 表示选中所有\<ul\>元素，且该\<ul\>元素是其父元素的第 1 个子元素 |
| :last-child | 最后一个子元素，例如 ul:last-child 表示选中所有\<ul\>元素，且该\<ul\>元素是其父元素的最后一个子元素 |
| :only-child | 所有没有兄弟元素的元素，例如 p:only-child 表示选中所有\<p\>元素，且该\<p\>元素是其父元素的唯一子元素 |
| :nth-child(n) | 第 $n$ 个子元素，例如 li:nth-child(2)表示选中所有\<li\>元素，且该\<li\>元素是其父元素的第 2 个子元素（从 1 开始计数） |
| :nth-child(odd\|even) | 所有奇数号或者偶数号的子元素，例如 li:nth-child(odd)表示选中所有\<li\>元素，且这些\<li\>元素为其父元素的第奇数个元素（从 1 开始计数） |
| :nth-child(nX+Y) | 利用公式来计算子元素的位置，例如 li:nth-child(5n+1)表示选中所有\<li\>元素，且这些\<li\>元素为其父元素的第 $5n$+1（1、6、11、16…）个元素 |
| :odd 或者:even | 对于整个页面而言的奇数号或偶数号的元素，例如 p:even 表示页面中所有排在偶数号的\<p\>元素（从 0 开始计数） |
| :eq(n) | 页面中第 $n$ 个元素，例如 p:eq(4)表示页面中的第 5 个\<p\>元素 |

< 34 >

续表

| 选择器 | 说明 |
|---|---|
| :gt(n) | 页面中第 $n$ 个元素之后的所有元素（不包括第 $n$ 个元素本身），例如 p:gt(0)表示页面中第 1 个<p>元素之后的所有<p>元素 |
| :lt(n) | 页面中第 $n$ 个元素之前的所有元素（不包括第 $n$ 个元素本身），例如 p:lt(2)表示页面中第 3 个<p>元素之前的所有<p>元素 |

## 3.1.4　过滤选择器

知识点讲解

除了 CSS3 中的一些选择器外，jQuery 还提供了很多自定义的过滤选择器，用来处理更复杂的选择。例如很多时候希望知道用户所勾选的多选项，如果通过属性的值来判断，那么只能获得初始状态下的勾选情况，而不是真实的情况。利用 jQuery 的:checked 选择器则可以轻松获得真实的用户的勾选情况，代码如下，实例文件请参考本书配套的资源文件：第 3 章\3-3.html。

```
1  <style type="text/css">
2    form{
3      font-size:12px;
4      margin:0px; padding:0px;
5    }
6    input.btn{
7      border:1px solid #005079;
8      color:#005079;
9      font-family:Arial, Helvetica, sans-serif;
10     font-size:12px;
11   }
12   .myClass + label {
13     background-color:#FF0000;
14     text-decoration:underline;
15     color: #fff;
16   }
17 </style>
18 <body>
19   <form name="myForm">
20     <input type="checkbox" name="sports" id="football"><label for="football">
       足球</label><br>
21     <input type="checkbox" name="sports" id="basketball"><label for=
       "basketball">篮球</label><br>
22     <input type="checkbox" name="sports" id="volleyball"><label for="
       volleyball">排球</label><br>
23     <br><input type="button" value="Show Checked" onclick="ShowChecked
       ('sports')" class="btn">
24   </form>
25
26   <script src="jquery-3.6.0.min.js"></script>
27   <script>
28     function ShowChecked(oCheckBox){
29       //使用:checked过滤出被用户选中的项
30       $("input[name="+oCheckBox+"]:checked").addClass("myClass");
31     }
32   </script>
33 </body>
```

< 35 >

以上代码中有 3 个多选项，通过 jQuery 的过滤选择器:checked，便可以很容易地筛选出用户选中的多选项，并赋予其特殊的 CSS 样式，运行结果如图 3.12 所示。

图 3.12　过滤选择器

另外，过滤选择器之间可以链式使用，例如：

```
:checkbox:checked:enabled
```

它表示<input type="checkbox">中所有被用户选中而且没有被禁用的复选项。表3.3中罗列了jQuery中常用的过滤选择器。

表 3.3　jQuery 中常用的过滤选择器

| 选择器 | 说明 |
| --- | --- |
| :animated | 所有处于动画中的元素 |
| :button | 所有按钮，包括 input[type=button]、input[type=submit]、input[type=reset]和<button>标记 |
| :checkbox | 所有多选项，等同于 input[type=checkbox] |
| :contains(foo) | 所有包含文本 foo 的元素 |
| :disabled | 页面中被禁用的元素 |
| :enabled | 页面中没有被禁用的元素 |
| :file | 用于上传文件的元素，等同于 input[type=file] |
| :header | 所有标题元素，例如<h1>～<h6> |
| :hidden | 页面中被隐藏的元素 |
| :image | 图片提交按钮，等同于 input[type=image] |
| :input | 表单元素，包括<input>、<select>、<textarea>、<button> |
| :not(filter) | 反向选择 |
| :parent | 所有拥有子元素（包括文本）的元素，空元素将被排除 |
| :password | 密码框，等同于 input[type=password] |
| :radio | 单选项，等同于 input[type=radio] |
| :reset | 重置按钮，包括 input[type=reset]和 button[type=reset] |
| :selected | 下拉菜单中被选中的项 |
| :submit | 提交按钮，包括 input[type=submit]和 button[type=submit] |
| :text | 文本输入框，等同于 input[type=text] |
| :visible | 页面中的所有可见元素 |

## 3.1.5　反向选择器

上述过滤选择器中的:not(filter)过滤器可以进行反向选择，其中 filter 参数可以是任意其他过滤选择器，例如下面的代码表示<input>标记中所有的非 radio 元素：

```
input:not(:radio)
```

< 36 >

反向选择器也可以链式使用，例如：

```
$(":input:not(:checkbox):not(:radio)").addClass("myClass");
```

上述代码表示所有表单元素中（<input>、<select>、<textarea>或<button>）非 checkbox 和非 radio 的元素，这里需要注意 input 与:input 的区别。

此外，在:not(filter)中，filter 参数必须是过滤选择器，而不能是其他选择器，下面的代码是典型的错误写法：

```
$("div:not(p:hidden)")
```

正确写法为：

```
$("div p:not(:hidden)")
```

# *3.2* 遍历 DOM

案例讲解

遍历，意为"移动"，用于根据某元素相对于其他元素的关系来查找（或选取）HTML 元素。以某个元素开始，并沿着这个元素移动，直到抵达期望的元素为止。

图 3.13 展示了一个家族树。通过 jQuery 遍历，能够从被选（当前的）元素开始，轻松地在家族树中向上移动（祖先元素）、向下移动（子孙元素）、水平移动（同级元素）。这种移动被称为对 DOM 树进行遍历。

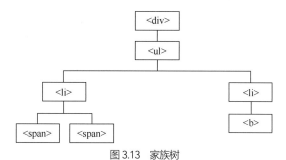

图 3.13　家族树

- <div>元素是<ul>的父元素，同时是其中所有内容的祖先元素。
- <ul>元素是<li>元素的父元素，同时是<div>的子元素。
- 左边的<li>元素是<span>的父元素和<ul>的子元素，同时是<div>的后代元素。
- <span>元素是<li>的子元素，同时是<ul>和<div>的后代元素。
- 两个<li>元素是同级元素（拥有相同的父元素）。
- 右边的<li>元素是<b>的父元素和<ul>的子元素，同时是<div>的后代元素。
- <b>元素是右边的<li>的子元素，同时是<ul>和<div>的后代元素。

⚠️注意

祖先元素是父元素、祖父元素、曾祖父元素等。后代元素是子元素、孙元素、曾孙元素等。同级元素拥有相同的父元素。

## 3.2.1　children()

children()方法用于返回被选元素的所有直接子元素。该方法只会向被选元素的下一级元素进行遍

< 37 >

历。例如，<div>标签为当前元素，<p>标签为子元素，<span>标签为孙元素，具体代码如下所示，实例文件请参考本书配套的资源文件：第 3 章\3-4.html。

```
1   <style>
2   .box * {
3     display: block;
4     border: 2px solid #ccc;
5     color: #ccc;
6     padding: 5px;
7     margin: 15px;
8   }
9   </style>
10  <body>
11    <div class="box" style="width:500px;">div (当前元素)
12      <p>p (子元素)
13        <span>span (孙元素)</span>
14      </p>
15      <p>p (子元素)
16        <span>span (孙元素)</span>
17      </p>
18    </div>
19
20    <script src="jquery-3.6.0.min.js"></script>
21    <script>
22      $(function(){
23        $("div").children().css({"color":"red","border":"2px solid red"});
24      });
25    </script>
26  </body>
```

以上代码可实现将当前元素的直接子元素的边框和文字颜色都改为红色，运行结果如图 3.14 所示。

图 3.14　将直接子元素的边框和文字颜色改为红色

可以使用可选参数来过滤子元素。修改上面例子的 HTML 结构，给第一个<p>元素添加 class="p1"，给第二个<p>元素添加 class="p2"，再多加一个类名为 p1 的元素。如果希望只选中类名为 p1 的所有<p>元素，则可使用如下方式，实例文件请参考本书配套的资源文件：第 3 章\3-5.html。

```
1   <body>
2     <div class="box" style="width:500px;">div (当前元素)
```

< 38 >

```
3     <p class="p1">p（子元素）
4       <span>span（孙元素）</span>
5     </p>
6     <p class="p2">p（子元素）
7       <span>span（孙元素）</span>
8     </p>
9     <p class="p1">p（子元素）
10      <span>span（孙元素）</span>
11    </p>
12  </div>
13
14  <script src="jquery-3.6.0.min.js"></script>
15  <script>
16    $(function(){
17      $("div").children("p.p1").css({"color":"red","border":"2px solid red"});
18    });
19  </script>
20  </body>
```

其运行结果如图 3.15 所示。

图 3.15　将类名为 p1 的直接子元素的边框和文字颜色改为红色

## 3.2.2　parent()和 parents()

parent()方法用于返回被选元素的直接父元素。该方法只会向被选元素的上一级元素进行遍历。下面的例子将实现给<span>元素的直接父元素加上红色边框，代码如下，实例文件请参考本书配套的资源文件：第 3 章\3-6.html。

```
1   <body>
2   <div class="box">
3     <div style="width:500px;">div（曾祖父元素）
4       <ul>ul（祖父元素）
5         <li>li（直接父元素）
```

< 39 >

```
6        <span>span</span>
7      </li>
8     </ul>
9    </div>
10
11   <div style="width:500px;">div（祖父元素）
12     <p>p（直接父元素）
13       <span>span</span>
14     </p>
15   </div>
16  </div>
17 </body>
```

其运行结果如图 3.16 所示。

图 3.16　给<span>元素的直接父元素加上红色边框

而 parents()方法用于返回被选元素的所有祖先元素，该方法会向上遍历直至遍历到文档的根元素<html>。下面的例子将实现给<span>元素的所有祖先元素都加上红色边框，实例文件请参考本书配套的资源文件：第 3 章\3-7.html。

```
1  <script src="jquery-3.6.0.min.js"></script>
2  <script>
3   $(function(){
4    $("span").parents().css({"color":"red","border":"2px solid red"});
5   });
6  </script>
7  <body class="box">
8    <div style="width:500px;">div（曾祖父元素）
9     <ul>ul（祖父元素）
10     <li>li（直接父元素）
11       <span>span</span>
12     </li>
13    </ul>
14   </div>
15 </body>
```

其运行结果如图 3.17 所示。

< 40 >

图 3.17　给<span>元素的所有祖先元素加上红色边框

同样，可以使用可选参数来过滤祖先元素。下面的例子将实现给<span>元素的所有<ul>祖先元素加上红色边框：

```
1   <script>
2     $(function(){
3       $("span").parents('ul').css({"color":"red","border":"2px solid red"});
4     });
5   </script>
```

其运行结果如图 3.18 所示。

图 3.18　给<span>元素的所有<ul>祖先元素加上红色边框

### 3.2.3　siblings()

siblings()方法用于返回被选元素的所有同级元素。下面的例子将实现给<h2>的所有同级元素加上红色边框，实例文件请参考本书配套的资源文件：第 3 章\3-8.html。

```
1   <script src="jquery-3.6.0.min.js"></script>
2   <script>
3     $(function(){
4       $("h2").siblings().css({"color":"red","border":"2px solid red"});
5     });
6   </script>
7   <body class="box">
8     <div>div（父元素）
9       <p>p</p>
```

< 41 >

```
10        <span>span</span>
11        <h2>h2</h2>
12        <h3>h3</h3>
13        <p>p</p>
14      </div>
15  </body>
```

其运行结果如图 3.19 所示。

图 3.19  给<h2>的所有同级元素加上红色边框

同样，可以使用可选参数来过滤同级元素。下面的例子将实现给<h2>的同级元素中的所有<p>元素加上红色边框：

```
1  <script>
2    $(function(){
3      $("h2").siblings('p').css({"color":"red","border":"2px solid red"});
4    });
5  </script>
```

其运行结果如图 3.20 所示。

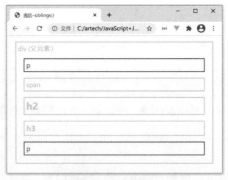

图 3.20  给<h2>的同级元素中的所有<p>元素加上红色边框

类似这种遍历 DOM 的方法不止上述几个，下面罗列遍历 DOM 的相关方法，如表 3.4 所示。

表 3.4  遍历 DOM 的相关方法

| 方法 | 说明 |
| --- | --- |
| closest() | 返回被选元素的第一个祖先元素 |
| next() | 返回被选元素的下一个同级元素，该方法只返回一个元素 |
| nextAll() | 返回被选元素所有的跟随的同级元素 |
| nextUntil() | 返回介于两个给定参数之间的所有的跟随的同级元素 |

< 42 >

续表

| 方法 | 说明 |
|---|---|
| offsetParent() | 返回被定位的最近的祖先元素 |
| parentsUntil() | 返回当前匹配元素集合中每个元素的祖先元素，但不包括被选择器、DOM 节点或 jQuery 对象匹配的元素 |
| prev() | 返回被选元素的前一个同级元素，该方法只返回一个元素 |
| prevAll() | 返回当前匹配元素集合中每个元素前面的同级元素，可使用选择器对其进行筛选 |
| prevUntil() | 返回当前匹配元素集合中每个元素前面的同级元素，但不包括被选择器、DOM 节点或 jQuery 对象匹配的元素 |

# *3.3* 管理结果集

案例讲解

用 jQuery 选择出来的元素与数组非常类似。可以通过 jQuery 提供的一系列方法对其进行处理，包括获取选中元素的个数、提取元素等。

## 3.3.1 获取选中元素的个数

在 jQuery 中可以通过 length 获取选择器中元素的个数，它类似于数组中的 length 属性，返回整数，例如：

```
$("img").length
```

通过上述代码可以获得页面中所有<img>的个数。下面是一个稍微复杂一些的实例，其会添加并计算页面中的<div>块，实例文件请参考本书配套的资源文件：第 3 章\3-9.html。

```
1  <style type="text/css">
2    html{
3      cursor:help; font-size:12px;
4      font-family:Arial, Helvetica, sans-serif;
5    }
6    div{
7      border:1px solid #003a75;
8      background-color:#FFFF00;
9      margin:5px; padding:20px;
10     text-align:center;
11     height:20px; width:20px;
12     float:left;
13   }
14 </style>
15 <body>
16   <p>页面中一共有<span>9</span>个 div 块。单击鼠标添加 div: </p>
17
18   <script src="jquery-3.6.0.min.js"></script>
19   <script>
20     document.onclick = function(){
21       let i = $("div").length+1;  //获取<div>块的数目（此时还没有添加<div>块）
22       $(document.body).append($("<div>"+i+"</div>")); //添加 1 个<div>块
23       $("span").html(i);                          //修改显示的总数
24     }
25   </script>
26 </body>
```

< 43 >

以上代码首先通过 document.onclick 为页面添加单击的响应函数；然后通过 length 获取页面中<div>块的个数，并且使用 append()为页面添加 1 个<div>块；最后利用 html()方法将总数显示在<span>标记中。运行结果如图 3.21 所示，随着鼠标的单击，<div>块在不断地增加。

图 3.21　通过 length 获取元素个数

### 3.3.2　提取元素

在 jQuery 的选择器中，如果想提取某个元素，直接的方法是采用方括号加序号（索引）的形式，例如：

```
$("img[title]")[1]
```

上述代码可以获取所有设置了 title 属性的<img>标记中的第 2 个元素。jQuery 提供了 get(index)方法来提取元素，以下代码与上面的代码完全等效：

```
$("img[title]").get(1)
```

另外 get()方法在不设置任何参数时，可以将元素转换为元素对象的数组，实例代码如下，实例文件请参考本书配套的资源文件：第 3 章\3-10.html。

```
1   <style type="text/css">
2    div{
3      border:1px solid #003a75;
4      color:#CC0066;
5      margin:5px; padding:5px;
6      font-size:12px;
7      font-family:Arial, Helvetica, sans-serif;
8      text-align:center;
9      height:20px; width:20px;
10     float:left;
11    }
12  </style>
13  <body>
14    <div style="background:#FFFFFF">1</div>
15    <div style="background:#CCCCCC">2</div>
16    <div style="background:#999999">3</div>
17    <div style="background:#666666">4</div>
18    <div style="background:#333333">5</div>
19    <div style="background:#000000">6</div>
20
21    <script src="jquery-3.6.0.min.js"></script>
22    <script>
23      function disp(divs){
```

< 44 >

```
24      for(let i=0;i<divs.length;i++)
25        $(document.body).append($("<div style='background:"+
          divs[i].style.background+";'>"+divs[i].innerHTML+"</div>"));
26    }
27    $(function(){
28      let aDiv = $("div").get();    //转换为 div 对象的数组
29        disp(aDiv.reverse());         //反序并传给 disp()函数
30    });
31  </script>
32 </body>
```

以上代码首先将页面中的 6 个<div>块用 get()方法转换为数组，然后调用数组的反序方法 reverse()，并将反序后的结果传给 disp()函数，最后将其一个一个地显示在页面中。运行结果如图 3.22 所示。

图 3.22　get()方法

get(index)方法可以获取指定索引（index）的元素。index(element)方法可以查找元素 element 的索引，例如：

```
let iNum = $("li").index($("li[title=tom]")[0])
```

以上代码将获取<li title="tom">标记在整个<li>标记列表中的索引，并会将该索引返回给整数 iNum。下面是 index(element)方法的典型运用，实例文件请参考本书配套的资源文件：第 3 章\3-11.html。

```
1  <style type="text/css">
2    body{
3      font-size:12px;
4      font-family:Arial, Helvetica, sans-serif;
5    }
6    div{
7      border:1px solid #003a75;
8      background:#fcff9f;
9      margin:5px; padding:5px;
10     text-align:center;
11     height:20px; width:20px;
12     float:left;
13     cursor:help;
14   }
15 </style>
16 <body>
17   <p>单击的 div 块索引为：<span></span></p>
18   <div>0</div><div>1</div><div>2</div><div>3</div><div>4</div><div>5</div>
19
20   <script src="jquery-3.6.0.min.js"></script>
21   <script>
22     $(function(){
23       //click()用于添加单击事件
24       $("div").click(function(){
```

< 45 >

```
25          //将块用this 关键字传入，从而获取其索引
26          let index = $("div").index(this);
27          $("span").html(index.toString());
28        });
29      });
30    </script>
31  </body>
```

以上代码将块（用 this 关键字）传入 index()方法，从而获取其索引；并且利用 click()添加单击事件，将索引显示出来，运行结果如图 3.23 所示。

图 3.23   index(element)方法

### 3.3.3   添加、删除、过滤

除了获取选择元素的相关信息外，jQuery 还提供了一系列方法来修改这些元素的集合，例如可以利用 add()方法添加元素，如下所示：

```
$("img[alt]").add("img[title]")
```

以上代码将设置了 alt 属性的所有<img>和设置了 title 属性的所有<img>组合在了一起，供别的方法统一调用，它完全等同于：

```
$("img[alt],img[title]")
```

例如可以为组合后的元素集合统一添加 CSS 属性，如下所示：

```
$("img[alt]").add("img[title]").addClass("myClass");
```

与 add()方法不同，not()方法可以删除元素集合中的某些元素，例如：

```
$("li[title]").not("[title*=tom]")
```

以上代码表示选中所有设置了 title 属性的<li>标记，但不包括 title 属性的值中任意匹配字符串 tom 的那些标记。not()方法的典型运用如下，实例文件请参考本书配套的资源文件：第 3 章\3-12.html。

```
1   <style type="text/css">
2     div{
3       background:#fcff9f;
4       margin:5px; padding:5px;
5       height:40px; width:40px;
6       float:left;
7     }
8     .green{ background:#66FF66; }
9     .gray{ background:#CCCCCC; }
10    #blueone{ background:#5555FF; }
11    .myClass{
12      border:2px solid #000000;
13    }
14  </style>
```

< 46 >

```
15   <body>
16     <div></div>
17     <div id="blueone"></div>
18     <div></div>
19     <div class="green"></div>
20     <div class="green"></div>
21     <div class="gray"></div>
22     <div></div>
23
24     <script src="jquery-3.6.0.min.js"></script>
25     <script>
26       $(function(){
27         $("div").not(".green, #blueone").addClass("myClass");
28       });
29     </script>
30   </body>
```

以上代码中共有 7 个 <div> 块，其中 3 个没有设置任何类型或者 id，一个设置了 id 为 blueone，两个设置了样式为 green，另外一个设置了样式为 gray。jQuery 代码首先选中所有的 <div> 块，然后通过 not() 方法删除样式为 green 和 id 为 blueone 的 <div> 块，最后给剩下的添加 CSS 样式 myClass，运行结果如图 3.24 所示。

图 3.24　not() 方法

需要注意的是，not() 方法所接收的参数都不能包含特定的元素，而只能是通用的表达式。下面是典型的错误写法：

```
$("li[title]").not("img[title*=tom]")
```

正确写法为：

```
$("li[title]").not("[title*=tom]")
```

除了 add() 和 not() 外，jQuery 还提供了更强大的 filter() 方法来筛选元素。filter() 可以接收两种类型的参数，其中一种与 not() 方法一样，接收通用的表达式，如下所示：

```
$("li").filter("[title*=tom]")
```

以上代码表示在 <li> 标记的列表中筛选出属性 title 的值任意匹配字符串 tom 的标记。这看上去与如下代码相似：

```
$("li[title*=tom]")
```

filter() 主要用于 jQuery 语句的链接。filter() 方法的基础运用如下，实例文件请参考本书配套的资源文件：第 3 章\3-13.html。

```
1   <style type="text/css">
2     div{
3       margin:5px; padding:5px;
4       height:40px; width:40px;
5       float:left;
6     }
```

< 47 >

```
7      .myClass1{
8        background:#fcff9f;
9      }
10     .myClass2{
11       border:2px solid #000000;
12     }
13   </style>
14   <body>
15     <div></div>
16     <div class="middle"></div>
17     <div class="middle"></div>
18     <div class="middle"></div>
19     <div class="middle"></div>
20     <div></div>
21
22     <script src="jquery-3.6.0.min.js"></script>
23     <script>
24       $(function(){
25         $("div").addClass("myClass1")
26           .filter("[class*=middle]").addClass("myClass2");
27       });
28     </script>
29   </body>
```

以上代码中有 6 个<div>块，中间 4 个设置了 class 属性的值为 middle。在 jQuery 代码中会首先给所有的<div>块添加 myClass1 样式，然后通过 filter()方法将 class 属性的值为 middle 的<div>块筛选出来，再为它们添加 myClass2 样式。

其运行结果如图 3.25 所示，可以看到所有的<div>块都运用了 myClass1 的背景颜色，而只有被筛选出来的中间 4 个<div>块运用了 myClass2 的边框。

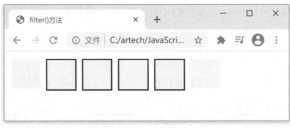

图 3.25    filter()方法（一）

请注意，在 filter()的参数中，不能使用直接的等于匹配（=），而只能使用前匹配（^=）、后匹配（&=）或者任意匹配（*=），例如上面例子中的 filter("[class*=middle]")如果被写成如下的形式，则将得不到想要的过滤效果：

```
filter("[class=middle]")
```

filter()可以接收的另外一种类型的参数是函数。这个功能非常强大，它可以让用户自定义筛选函数。该函数要求返回布尔值，对于返回值为 true 的元素则保留，否则删除。下面的例子展示了该方法的用法，实例文件请参考本书配套的资源文件：第 3 章\3-14.html。

```
1    <style type="text/css">
2      div{
3        margin:5px; padding:5px;
4        height:40px; width:40px;
5        float:left;
```

< 48 >

```
6      }
7    .myClass1{
8      background:#fcff9f;
9    }
10   .myClass2{
11     border:2px solid #000000;
12   }
13  </style>
14  <body>
15    <div id="first"></div>
16    <div id="second"></div>
17    <div id="third"></div>
18    <div id="fourth"></div>
19    <div id="fifth"></div>
20
21    <script src="jquery-3.6.0.min.js"></script>
22    <script>
23      $(function(){
24        $("div").addClass("myClass1").filter(function(index){
25          return index == 1 || $(this).attr("id") == "fourth";
26        }).addClass("myClass2");
27      });
28    </script>
29  </body>
```

以上代码首先将所有的<div>块赋予 myClass1 样式，然后利用 filter()返回的函数值，将<div>列表中索引为 1、id 为 fourth 的元素筛选出来，并赋予它们 myClass2 样式，运行结果如图 3.26 所示。

图 3.26　filter()方法（二）

### 3.3.4　查找

jQuery 还提供了一些很实用的"小方法"，可通过查询来获取新的元素集合。例如 find()方法，可通过匹配选择器来筛选元素，如下所示：

```
$("p").find("span")
```

以上代码表示在所有<p>元素中搜索<span>元素，以获得一个新的元素集合。它完全等同于如下代码：

```
$("span",$("p"))
```

实际运用 find()方法查找元素的代码如下，实例文件请参考本书配套的资源文件：第 3 章\3-15.html。

```
1   <style type="text/css">
2     .myClass{
3       background:#ffde00;
4     }
5   </style>
6   <body>
7     <p><span>Hello</span>, how are you?</p>
8     <p>Me? I'm <span>good</span>.</p>
```

< 49 >

```
9      <span>What about you?</span>
10
11     <script src="jquery-3.6.0.min.js"></script>
12     <script>
13       $(function(){
14         $("p").find("span").addClass("myClass");
15       });
16     </script>
17   </body>
```

运行结果如图 3.27 所示，可以看到位于<p>元素中的<span>被运用了新的样式，而最后一行<span>没有任何变化。

图 3.27　find()方法

另外还可以通过 is()方法来检测某块中是否包含指定的元素，例如可以通过如下代码来检测页面的<div>块中是否包含图片：

```
let bHasImage = $("div").is("img");
```

is()方法返回布尔值，当检测对象中至少包含一个匹配项时值为 true，否则为 false。

### 3.3.5　遍历

each()方法主要用于对选择器中的元素进行遍历。它接收一个函数作为参数，该函数接收一个参数，指代元素的序号。对于标记的属性而言，可以利用 each()方法配合 this 关键字来获取或者设置选择器中每个元素相对应的属性值，代码如下，实例文件请参考本书配套的资源文件：第 3 章\3-16.html。

```
1    <style type="text/css">
2      img{
3        border:1px solid #003863;
4      }
5    </style>
6    <body>
7      <img src="images/01.jpg" id="image01">
8      <img src="images/02.jpg" id="image02">
9      <img src="images/03.jpg" id="image03">
10     <img src="images/04.jpg" id="image04">
11     <img src="images/05.jpg" id="image05">
12
13     <script src="jquery-3.6.0.min.js"></script>
14     <script>
15       $(function(){
16         $("img").each(function(index){
17           this.title = "这是第" + (index+1) + "幅图, id是: " + this.id;
18         });
19       });
20     </script>
21   </body>
```

< 50 >

以上代码中总共涉及 5 幅图，首先利用$("img")获取页面中所有图片的集合，然后通过 each()方法遍历所有的图片，最后通过 this 关键字对图片进行访问，设置图片的 title 属性，并获取图片的 id。其中 each()方法的函数参数 index 为元素的索引（从 0 开始计数）。运行结果如图 3.28 所示。

图 3.28　each()方法

# 3.4　jQuery 链

从前面的例子中可以多次看到，jQuery 的语句可以链接在一起。这不仅可以缩短代码的长度，而且在很多时候可以实现特殊的效果。如下代码就采用了链式调用。

```
1    $("div")
2    .addClass("myClass1")
3    .filter(function(index){
4        return index == 1 || $(this).attr("id") == "fourth";
5    })
6    .addClass("myClass2");
```

以上代码先为整个<div>列表增加样式 myClass1，然后进行筛选，最后为筛选出的元素单独增加样式 myClass2。如果不采用 jQuery 链，实现上述效果将非常麻烦。

在 jQuery 链中，后面的操作都是以前面的操作结果为对象的。

## 本章小结

选择器是 jQuery 很重要的组成部分。本章先介绍了 jQuery 支持的各种选择器，除了 CSS3 的选择器，jQuery 还扩展了一些选择器；然后说明了如何根据某个元素方便地找到它的祖先元素、兄弟元素和后代元素。jQuery 选中的元素可以被看作一组元素，jQuery 也提供了相关的方法来处理它们，以便从中精确地找到需要的元素。请读者务必真正地掌握这些知识，为后续的学习打下坚实的基础。

## 习题 3

**一、关键词解释**

选择器　遍历 DOM　子元素　父元素　祖先元素　兄弟元素　链式调用

**二、描述题**

1. 请简单描述一下本章介绍了几种类型选择器。

2. 请简单描述一下 children()、parent()、parents()和 siblings()各自的含义。

3. 请简单描述一下本章中介绍了哪些方法可以操作 jQuery 获取的元素，这些方法都是什么含义。

< 51 >

4. 请简单描述一下 jQuery 链式操作的优点。

### 三、实操题

题图 3.1 是一个常见的标签类别页面，请根据以下要求编写相应的程序。

（1）通过 jQuery 的 children()方法，调整页面中文字和标题的间距。

（2）为第一个菜单项添加类名，使标题实现题图 3.1 所示的样式效果；并通过 jQuery 链式操作找到标题下方的文字，设置文字颜色为红色；将其他菜单项下方文字的颜色设置为灰色。

（3）利用 CSS 设置鼠标指针移入标题后，标题的颜色由默认的黑色变为红色。

题图 3.1 标签类别页面

< 52 >

# 第 4 章    使用 jQuery 控制 DOM

本书第 1 章讲解了 jQuery 的基础知识，以及如何使用 jQuery。从本章开始，本书将陆续介绍 jQuery 的实用功能。本章主要介绍 jQuery 如何控制页面，包括页面元素的属性、CSS 样式、DOM 节点、表单元素等。本章思维导图如下。

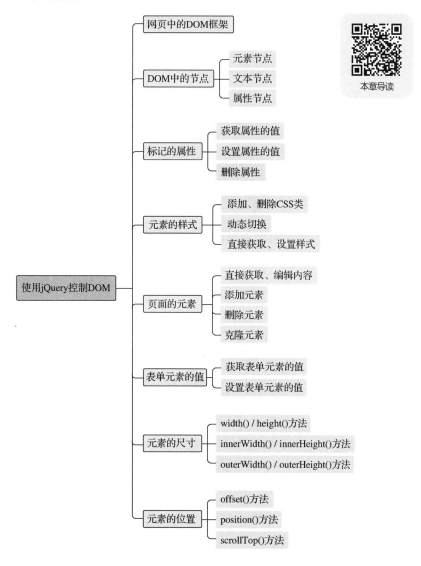

# 4.1 网页中的 DOM 框架

可以说 DOM 是网页的核心结构，无论是 HTML、CSS 还是 JavaScript，都和 DOM 密切相关。HTML 的作用是构建 DOM 结构，CSS 的作用是设定样式，而 JavaScript 则用于读取 DOM 以及控制、修改 DOM。

例如下面这段简单的 HTML 代码可以被分解为 DOM 节点层次图，如图 4.1 所示。

```
1   <html>
2   <head>
3       <meta charset="UTF-8">
4       <title>DOM Page</title>
5   </head>
6
7   <body>
8       <h2><a href="#tom">标题1</a></h2>
9       <p>段落1</p>
10      <ul id="myUl">
11          <li>JavaScript</li>
12          <li>DOM</li>
13          <li>CSS</li>
14      </ul>
15  </body>
16  </html>
```

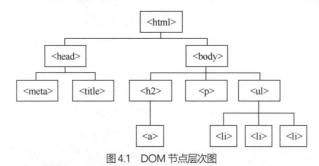

图 4.1　DOM 节点层次图

在图 4.1 中，<html>元素位于顶端，它没有父元素，也没有兄弟元素，被称为 DOM 的根节点。可以发现，<html>有<head>和<body>两个分支，它们在同一层而互不包含，它们之间是"兄弟关系"，有着共同的父元素<html>。再往下看会发现<head>有两个子元素<meta>和<title>，它们互为兄弟元素，而<body>有 3 个子元素，分别是<h2>、<p>和<ul>。再继续深入还会发现<h2>和<ul>都有自己的子元素。

通过这样的关系划分，整个 HTML 文档的结构清晰可见，各个元素之间的关系可以很容易地表达出来，这正是 DOM 所要实现的。

# 4.2 DOM 中的节点

节点（node）最初来源于计算机网络，它代表网络中的连接点，可以说网络就是由节点构成的集合。DOM 的情况很类似，文档也可以说是由节点构成的集合。在 DOM 中有 3 种节点，分别是元素节

< 54 >

点、文本节点和属性节点，本节将一一介绍。

### 4.2.1　元素节点

可以说整个 DOM 都是由元素节点（element node）构成的。图 4.1 中显示的所有节点（包括<html>、<body>、<h2>、<p>、<li>等）都是元素节点，各种标记便是这些元素节点的名称，例如文本段落的名称为 p，无序清单的名称为 ul 等。

元素节点可以包含其他的元素，例如上例中所有的项目列表<li>都包含在<ul>中，唯一没有被包含的就只有根元素<html>。

### 4.2.2　文本节点

在 HTML 中只用元素搭建框架是不够的，因为页面开发的最终目的是向用户展示内容。例如上例在<h2>标记中有文本"标题 1"，在项目列表<li>中有文本"JavaScript、DOM、CSS"。这些具体的文本在 DOM 中被称为文本节点（text node）。

在 XHTML（extensible hypertext markup language，可扩展超文本标记语言）文档里，文本节点总是被包含在元素节点中，但并不是所有的元素节点都包含文本节点。例如<ul>节点中就没有直接包含任何文本节点，只是包含了元素节点<li>，<li>中才包含文本节点。

### 4.2.3　属性节点

页面中的元素或多或少会有一些属性，例如几乎所有的元素都有一个 title 属性。开发者可以利用这些属性来对包含在元素中的对象做出更加准确的描述，例如：

```
<a title="CSS" href="http://learning.artech.cn">Artech's Blog</a>
```

上面的代码中，title="CSS" 和 href="http://learning.artech.cn"就是两个属性节点（attribute node）。由于属性总是被放在标记中，因此属性节点总是被包含在元素节点中。各种节点的关系如图 4.2 所示。

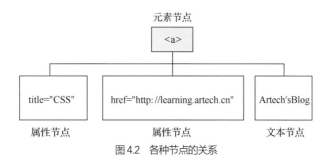

图 4.2　各种节点的关系

理解了 DOM 后，下面介绍如何使用 jQuery 来控制 DOM。JavaScript 本身支持操作 DOM，但是操作起来不够便捷，而使用 jQuery 会非常方便。

## 4.3　标记的属性

案例讲解

在 HTML 中，每一个标记都具有一些属性。本节从 jQuery 的角度出发，进一步讲解对页面中标记的属性的控制方法。

< 55 >

### 4.3.1  获取属性的值

除了遍历整个选择器中的元素，很多时候需要得到某个对象的某个特定属性的值，在 jQuery 中可以通过 attr(name)方法很轻松地实现这一点。该方法可获取元素集合中第一项属性的值，如果没有匹配项则返回 undefined，举例如下，实例文件请参考本书配套的资源文件：第 4 章\4-1.html。

```
1   <style type="text/css">
2     em{
3       color:#002eb2;
4     }
5     p{
6       font-size:14px;
7       margin:0px; padding:5px;
8       font-family:Arial, Helvetica, sans-serif;
9     }
10  </style>
11  <body>
12    <p>从前有一只大<em title="huge, gigantic">恐龙</em>……</p>
13    <p>在树林里面<em title="running">跑啊跑</em>……</p>
14    <p>title 属性的值是: <span></span></p>
15
16    <script src="jquery-3.6.0.min.js"></script>
17    <script>
18      $(function(){
19        const sTitle = $("em").attr("title"); //获取第一个<em>标记的 title 属性的值
20        $("span").text(sTitle);
21      });
22    </script>
23  </body>
```

以上代码通过$("em").attr ("title")获取了第一个<em>标记的 title 属性的值，运行结果如图 4.3 所示。

图 4.3   attr(name)方法

如果第一个<em>标记的 title 属性未被设置，如下所示：

```
1   <p>从前有一只大<em>恐龙</em>……</p>
2   <p>在树林里面<em title="running">跑啊跑</em>……</p>
```

那么$("em").attr ("title")将返回空值，而不是第二个<em>标记的 title 属性的值。如果希望获取第二个<em>标记的 title 属性的值，则可以通过位置选择器来实现，例如：

```
const sTitle = $("em:eq(1)").attr("title");
```

此时运行结果如图 4.4 所示。

< 56 >

图 4.4　获取第二个 <em> 标记的 title 属性的值

### 4.3.2　设置属性的值

attr() 方法除了可以获取元素的属性的值外，还可以设置属性的值，通用表达式为：

```
attr(name,value)
```

该方法会设置元素集合中所有项的属性 name 的值为 value，例如下面的代码将使得页面中所有的外部超链接都在新窗口中打开：

```
$("a[href^=http://]").attr("target","_blank");
```

正因为该方法针对的是所有选择器中的元素，因此位置选择器在该方法中被用得十分频繁。例如使用 attr() 方法设置属性的值，代码如下，实例文件请参考本书配套的资源文件：第 4 章\4-2.html。

```
1   <style type="text/css">
2     button{
3       border:1px solid #950074;
4     }
5   </style>
6   <body>
7     <button onclick="DisableBack()">第一个按钮</button> 
8     <button>第二个按钮</button> 
9     <button>第三个按钮</button> 
10
11    <script src="jquery-3.6.0.min.js"></script>
12    <script>
13      function DisableBack(){
14        $("button:gt(0)").attr("disabled","disabled");
15      }
16    </script>
17  </body>
```

通过位置选择器 :gt(0)，可实现当单击第一个按钮时后面的两个按钮同时被禁用，运行结果如图 4.5 所示。

图 4.5　attr(name,value) 方法

很多时候我们会希望属性的值能够根据不同的元素有规律地变化，这时可以使用方法 attr(name,fn)。它的第二个参数为函数，该函数接收一个参数（元素的序号），返回值为字符串，例如下面的代码，实例文件请参考本书配套的资源文件：第 4 章\4-3.html。

< 57 >

```
1    <style type="text/css">
2      div{
3        font-size:14px;
4        margin:0px; padding:5px;
5        font-family:Arial, Helvetica, sans-serif;
6      }
7      span{
8        font-weight:bold;
9        color:#794100;
10     }
11   </style>
12   <body>
13     <div>第 0 项 <span></span></div>
14     <div>第 1 项 <span></span></div>
15     <div>第 2 项 <span></span></div>
16
17     <script src="jquery-3.6.0.min.js"></script>
18     <script>
19       $(function(){
20         $("div").attr("id", function(index){
21           //将 id 属性的值设置为与序号相关的参数
22           return "div-id" + index;
23         }).each(function(){
24           //找到每一项的<span>标记
25           $(this).find("span").html("(id='" + this.id + "')");
26         });
27       });
28     </script>
29   </body>
```

以上代码通过 attr(name,fn)将页面中所有<div>块的 id 属性的值设置为与序号相关的参数，并通过 each()方法遍历<div>块，将 id 属性的值显示在每一项的<span>标记中，运行结果如图 4.6 所示。从中同样可以看出 jQuery 链的强大。

图 4.6　attr(name,fn)方法

有的时候对于某些元素，我们会希望同时设置它的很多不同属性，如果采用上面的方法则需要一个一个地设置属性，十分麻烦。然而 jQuery 很人性化，attr()还提供了一个进行列表设置的 attr(properties)方法，其可以同时设置多个属性，使用方式如下，实例文件请参考本书配套的资源文件：第 4 章\4-4.html。

```
1    <style type="text/css">
2      img{
3        border:1px solid #003863;
4      }
5    </style>
6    <body>
7      <img>
8      <img>
```

< 58 >

```
9      <img>
10     <img>
11     <img>
12
13     <script src="jquery-3.6.0.min.js"></script>
14     <script>
15       $(function(){
16         $("img").attr({
17           src: "06.jpg",
18           title: "紫荆公寓",
19           alt: "紫荆公寓"
20         });
21       });
22     </script>
23   </body>
```

以上代码对页面中所有的<img>标记进行了属性的统一设置，并同时设置了多个属性的值，运行结果如图 4.7 所示。

图 4.7　attr(properties)方法

### 4.3.3　删除属性

在设置某个元素的属性的值后，可以通过 removeAttr(name)方法将该属性的值删除。这时元素将恢复默认的设置，例如下面的代码将使所有按钮均不被禁用：

```
$("button").removeAttr("disabled")
```

**!注意**

通过 removeAttr(name)删除属性相当于在 HTML 的标记中不设置该属性，而并不是取消了该标记的这一属性。例如，运行上述代码后，页面中的所有按钮依然可以被设置为禁用状态。

案例讲解

# 4.4　元素的样式

CSS 是页面不可分割的部分。jQuery 中提供了一些与 CSS 相关的实用方法，如前面的例子中曾多次使用 addClass()方法来为元素添加 CSS 样式。本节主要介绍 jQuery 如何设置页面的样式，包括添加、删除 CSS 类，动态切换等。

< 59 >

## 4.4.1 添加、删除 CSS 类

为元素添加 CSS 类可采用 addClass(names)方法。倘若希望给某个元素同时添加多个 CSS 类，依然可以使用该方法，类别名称之间用空格分隔，举例如下，实例文件请参考本书配套的资源文件：第 4 章\4-5.html。

```
1   <style type="text/css">
2     .myClass1{
3       border:1px solid #750037;
4       width:120px; height:80px;
5     }
6     .myClass2{
7       background-color:#ffcdfc;
8     }
9   </style>
10  <body>
11    <div></div>
12
13    <script src="jquery-3.6.0.min.js"></script>
14    <script>
15      $(function(){
16        //同时添加多个 CSS 类
17        $("div").addClass("myClass1 myClass2");
18      });
19    </script>
20  </body>
```

以上代码为<div>块同时添加了 myClass1 和 myClass2 两个 CSS 类，运行结果如图 4.8 所示。

图 4.8　同时添加两个 CSS 类

与 addClass(names)相对应，removeClass(names)用于删除元素的 CSS 类。如果需要同时删除多个类别，同样可以一次性删除，类别名称之间用空格分隔。这里不再举例，读者可以自行实验。

## 4.4.2 动态切换

很多时候我们会希望某些元素的样式可根据用户的操作状态在某些类别之间进行切换，此时，就要时而使用 addClass()来添加这个类别，时而使用 removeClass()来删除这个类。jQuery()提供了一个直接的方法 toggleClass(name)来实现类似的操作，使用方法如下，实例文件请参考本书配套的资源文件：第 4 章\4-6.html。

```
1   <style type="text/css">
2     p{
3       color:blue; cursor:help;
4       font-size:13px;
5       margin:0px; padding:5px;
6     }
```

< 60 >

```
7       .highlight{
8         background-color:#FFFF00;
9       }
10  </style>
11  <body>
12    <p>高亮? </p>
13
14    <script src="jquery-3.6.0.min.js"></script>
15    <script>
16      $(function(){
17        $("p").click(function(){
18          //单击的时候不断切换
19          $(this).toggleClass("highlight");
20        });
21      });
22    </script>
23  </body>
```

以上代码首先设置了 CSS 类别 highlight，然后对<p>标记添加鼠标单击事件，当单击鼠标时则对 highlight 样式进行切换，运行结果如图 4.9 所示。

图 4.9　toggleClass()方法

需要注意的是，在 toggleClass(name)方法中，只能设置一种 CSS 类，而不能同时对多个 CSS 类进行切换，因此下面的代码是错误的：

```
$(this).toggleClass("highlight under");
```

### 4.4.3　直接获取、设置样式

与 attr()方法类似，jQuery 提供了 css()方法来直接获取、设置元素的样式。该方法的使用方法与 attr() 的几乎一模一样，例如可以通过 css(name)来获取某种样式的值；通过 css(properties)列表来同时设置元素的多种样式；通过 css(name,value)来设置元素的某种样式。jQuery 直接设置元素的样式的例子如下，实例文件请参考本书配套的资源文件：第 4 章\4-7.html。

```
1   <body>
2     <p>把鼠标指针移动上来试试? </p>
3     <p>或者再移动出去? </p>
4
5     <script src="jquery-3.6.0.min.js"></script>
6     <script>
7       $(function(){
8         $("p").mouseover(function(){
9           $(this).css("color","red");
10        });
11        $("p").mouseout(function(){
12          $(this).css("color","black");
13        });
14      });
15    </script>
16  </body>
```

< 61 >

以上代码为<p>标记添加了 mouseover 和 mouseout 事件，当这两个事件被触发时程序会通过css(name,value)来修改标记的颜色，运行结果如图 4.10 所示。

图 4.10　css(name,value)方法

另外值得一提的是，css()方法提供了用于设置透明度的 opacity 属性，并且解决了浏览器的兼容性问题，不需要开发者对 IE 和 Firefox 分别使用不同的方法来设置透明度。opacity 属性的值的取值范围为 0.0~1.0，代码如下，实例文件请参考本书配套的资源文件：第 4 章\4-8.html。

```
1   <style type="text/css">
2     body{
3       /* 设置背景图片，以突出透明度的效果 */
4       background:url(bg1.jpg);
5       margin:20px; padding:0px;
6     }
7     img{
8       border:1px solid #FFFFFF;
9     }
10  </style>
11  <body>
12    <img src="07.jpg">
13
14    <script src="jquery-3.6.0.min.js"></script>
15    <script>
16      $(function(){
17        //设置透明度，兼容性很好
18        $("img").mouseover(function(){
19          $(this).css("opacity","0.5");
20        });
21        $("img").mouseout(function(){
22          $(this).css("opacity","1.0");
23        });
24      });
25    </script>
26  </body>
```

以上代码的设计思路与上例的完全一样，只不过设置的对象为图片透明度的 opacity 属性。其运行结果如图 4.11 所示。

图 4.11　设置 opacity

< 62 >

另外，还可以通过 hasClass(name)方法来判断某个元素是否设置了某个 CSS 类，如果设置了则返回 true，否则返回 false。例如：

```
$("li:last").hasClass("myClass")
```

hasClass()和 is()方法实现的效果一致，即上述代码与下面的代码实现的效果完全相同：

```
$("li:last").is(".myClass")
```

# *4.5*　页面的元素

对于页面的元素，在 DOM 编程中可以通过各种查询、修改手段进行管理，但很多时候都非常麻烦。jQuery 提供了一整套方法来处理页面中的元素，包括元素的复制、移动、替换等。本节重点介绍一些针对页面元素而常用的功能。

## 4.5.1　直接获取、编辑内容

知识点讲解

在 jQuery 中，主要通过 html()和 text()两个方法来获取和编辑页面内容。其中 html()相当于获取节点的 innerHTML 属性；添加参数时，即方法为 html(text)时，则为设置 innerHTML 属性。而 text()则相当于获取纯文本，text(content)为设置纯文本。

这两个方法有时候会搭配使用，text()通常用于过滤页面中的标记，而 html(text)通常用于设置节点中的 innerHTML 属性，举例如下，实例文件请参考本书配套的资源文件：第 4 章\4-9.html。

```
1   <style type="text/css">
2     p{
3       margin:0px; padding:5px;
4       font-size:15px;
5     }
6   </style>
7   <body>
8     <p><b>文本</b>段 落<em>示</em>例</p>
9     <p></p>
10
11    <script src="jquery-3.6.0.min.js"></script>
12    <script>
13      $(function(){
14        const sString = $("p:first").text();   //获取纯文本
15        $("p:last").html(sString);
16      });
17    </script>
18  </body>
```

以上代码首先采用 text()方法将第一个<p>段落的纯文本提取出来，然后通过 html()将纯文本赋给第二个<p>段落，运行结果如图 4.12 所示，可以看到<b>（粗体）和<em>（斜体）这些标记均被过滤掉了。

图 4.12　text()与 html()

< 63 >

上述例子对 text()和 html()进行了简单的讲解，下面的例子或许会让读者对这两种方法有更深入的认识，代码如下，实例文件请参考本书配套的资源文件：第 4 章\4-10.html。

```
1  <style type="text/css">
2   p{
3    margin:0px; padding:5px;
4    font-size:15px;
5   }
6  </style>
7  <body>
8   <p><b>文本</b>段 落<em>示</em>例</p>
9
10  <script src="jquery-3.6.0.min.js"></script>
11  <script>
12   $(function(){
13    $("p").click(function(){
14     const sHtmlStr = $(this).html();   //获取 innerHTML
15      $(this).text(sHtmlStr);           //将代码作为纯文本传入
16    });
17   });
18  </script>
19 </body>
```

以上代码为<p>标记添加了鼠标单击事件，首先将<p>标记的 innerHTML 取出，然后将这些代码通过 text()作为纯文本回传给<p>标记，运行结果如图 4.13 所示，各子图分别为单击鼠标前、单击鼠标后、双击鼠标后的结果。

（a）单击/双击鼠标前

（b）单击鼠标后　　　　　　（c）双击鼠标后
图 4.13　单击/双击鼠标前后的结果

### 4.5.2　添加元素

案例讲解

在普通的 DOM 编程中，如果希望在某个元素的后面添加一个元素，通常使用父元素的 appendChild()或者 insertBefore()实现，很多时候需要反复寻找节点的位置，这十分麻烦。jQuery 中提供了 append()方法，可以用于直接为某个元素添加新的子元素，例如：

```
$("p").append("<b>直接添加</b>");
```

以上代码将为所有的<p>标记添加一段 HTML 代码作为子元素，如果希望只在某个单独的<p>标记中添加，则可使用 jQuery 的位置选择器。例如使用 append()方法添加元素，代码如下，实例文件请参考本书配套的资源文件：第 4 章\4-11.html。

```
1  <style type="text/css">
2   em{
3    color:#002eb2;
4   }
```

< 64 >

```
5      p{
6        font-size:14px;
7        margin:0px; padding:5px;
8        font-family:Arial, Helvetica, sans-serif;
9      }
10   </style>
11   <body>
12     <p>从前有一只大<em title="huge, gigantic">恐龙</em>……</p>
13     <p>在树林里面<em title="running">跑啊跑</em>……</p>
14
15     <script src="jquery-3.6.0.min.js"></script>
16     <script>
17       $(function(){
18         //直接添加 HTML 代码
19         $("p:eq(1)").append("<b>直接添加</b>");
20       });
21     </script>
22   </body>
```

以上代码的运行结果如图 4.14 所示，可以看到该方法非常便捷。

图 4.14　append()方法（一）

除了用于直接添加 HTML 代码，append()方法还可以用于添加固定的节点，例如：

```
$("p").append($("a"));
```

但这个时候情况会有一些不同。倘若需要添加的目标<p>是唯一的元素，那么$("a")将会被移动到该元素的所有子元素的后面。而如果目标<p>是多个元素，那么$("a")将会以复制的形式在每个<p>中都添加一个子元素，而自身保持不变。例如下面的代码为使用 append()方法复制和移动元素，实例文件请参考本书配套的资源文件：第 4 章\4-12.html。

```
1    <style type="text/css">
2      p{
3        font-size:14px; font-style:italic;
4        margin:0px; padding:5px;
5        font-family:Arial, Helvetica, sans-serif;
6      }
7      a:link, a:visited{
8        color:red;
9        text-decoration:none;
10     }
11     a:hover{
12       color:black;
13       text-decoration:underline;
14     }
15   </style>
16   <body>
17     <a href="#">要被添加的链接 1</a>
```

< 65 >

```
18      <a href="#">要被添加的链接 2</a>
19      <p>从前有一只大恐龙……</p>
20      <p>在树林里面跑啊跑……</p>
21
22      <script src="jquery-3.6.0.min.js"></script>
23      <script>
24        $(function(){
25          $("p").append($("a:eq(0)"));              //需要添加的目标是多个<p>
26          $("p:eq(0)").append($("a:eq(1)"));    //需要添加的目标是唯一的<p>
27        });
28      </script>
29    </body>
```

以上代码中设置了两个超链接<a>用于实现 append()操作。对于第一个超链接，需要添加的目标是 $("p")，一共有 2 个<p>。对于第二个超链接，需要添加的目标是唯一的<p>。运行结果如图 4.15 所示，可以看到两个超链接都是以移动的方式添加的。

图 4.15　append()方法（二）

另外，从上述运行结果还可以看出，append()后的<a>标记被运用了目标<p>的样式，它同时也保持了自身的样式。这是因为 append()是将<a>作为<p>的子标记进行添加的，即将<a>放到了<p>的所有子标记（文本节点）的最后。

除了 append()方法外，jQuery 还提供了 appendTo(target)方法用于将元素添加为指定目标的子元素，它的使用方法和运行结果与 append()的类似。例如下面的代码为使用 appendTo()方法复制和移动元素，实例文件请参考本书配套的资源文件：第 4 章\4-13.html。

```
1    <style type="text/css">
2    body{ margin:5px; padding:0px; }
3    p{ margin:0px; padding:1px 1px 1px 0px; }
4    img{
5        border:1px solid #003775;
6        margin:4px;
7    }
8    </style>
9
10   <body>
11       <img src="08.jpg"> <img src="09.jpg">
12       <hr>
13       <p><img src="10.jpg"></p>
14       <p><img src="10.jpg"></p>
15       <p><img src="10.jpg"></p>
16   </body>
```

在以上代码所表示的页面中，最上方有两幅图片，下方有 3 幅位于<p>标记中的重复的图片，如图 4.16 所示。

< 66 >

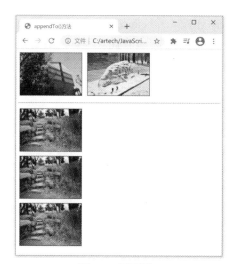

图 4.16　页面框架

对于第一幅图片，将其同时添加到 3 个<p>标记中，而对于第二幅图片，则将其单独添加到第一个<p>标记中，代码如下所示：

```
1    <script src="jquery-3.6.0.min.js"></script>
2    <script>
3    $(function(){
4        $("img:eq(0)").appendTo($("p"));             //需要添加的目标是多个<p>
5        $("img:eq(0)").appendTo($("p:eq(0)"));       //需要添加的目标是唯一的<p>
6    });
7    </script>
```

运行结果如图 4.17 所示，可以看到两幅图片都是以移动的方式添加的。

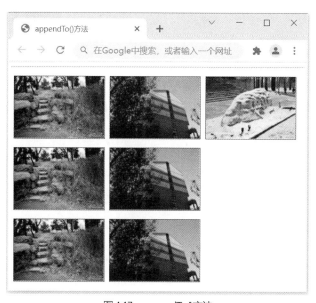

图 4.17　appendTo()方法

与 append()和 appendTo()相对应，jQuery 还提供了 prepend()和 prependTo()。这两种方法是将元素添加到目标的所有子元素之前，它们也都是以移动的方式添加元素的，故这里不再一一介绍，读者可以自行实验。

< 67 >

除了上述 4 种方法外，jQuery 还提供了 before()、insertBefore()、after()和 insertAfter()用于将元素直接添加到某个节点之前或之后，而不是作为子元素插入。其中 before()与 insertBefore()的作用完全相同，after()与 insertAfter()的作用也完全相同。这里以 after()为例进行说明，直接将 4-12.html 中的 append()替换为 after()，代码如下，实例文件请参考本书配套的资源文件：第 4 章\4-14.html。

```
1   <style type="text/css">
2     p{
3       font-size:14px; font-style:italic;
4       margin:0px; padding:5px;
5       font-family:Arial, Helvetica, sans-serif;
6     }
7     a:link, a:visited{
8       color:red;
9       text-decoration:none;
10    }
11    a:hover{
12      color:black;
13      text-decoration:underline;
14    }
15  </style>
16  <body>
17    <a href="#">要被添加的链接 1</a>
18    <a href="#">要被添加的链接 2</a>
19    <p>从前有一只大恐龙……</p>
20    <p>在树林里面跑啊跑……</p>
21
22    <script src="jquery-3.6.0.min.js"></script>
23    <script>
24      $(function(){
25        $("p").after($("a:eq(0)"));   //需要添加的目标是多个<p>
26        $("p:eq(1)").after($("a:eq(0)"));  //需要添加的目标是唯一的<p>
27      });
28    </script>
29  </body>
```

运行结果如图 4.18 所示，可以看到 after()方法同样遵循"以移动的方式添加元素"的原则，并且元素不再作为子元素被添加，而是作为紧接在目标元素之后的兄弟元素而被添加。

图 4.18    after()方法

### 4.5.3    删除元素

在 DOM 编程中，要删除某个元素往往需要借助于它的父元素的 removeChild()方法，而 jQuery 提供了 remove()方法，可以用于直接将元素删除，例如下面的语句将实现删除页面中所有的<p>元素：

< 68 >

```
$("p").remove();
```

remove()可以接收参数，下面的例子为使用 remove()方法删除元素，实例文件请参考本书配套的资源文件：第 4 章\4-15.html。

```
1   <style type="text/css">
2     p{
3       font-size:14px;
4       margin:0px; padding:5px;
5     }
6     a:link, a:visited{
7       color:red;
8       text-decoration:none;
9     }
10    a:hover{
11      color:black;
12      text-decoration:underline;
13    }
14  </style>
15  <body>
16    <p>从前有一只大恐龙……</p>
17    <p>在树林里面跑啊跑……</p>
18    <a href="#">突然撞倒了一棵大树……</a>
19
20    <script src="jquery-3.6.0.min.js"></script>
21    <script>
22      $(function(){
23        $("p").remove(":contains('大')");
24      });
25    </script>
26  </body>
```

以上代码中的 remove()方法使用了过滤选择器，运行结果如图 4.19 所示，包含"大"的<p>元素被删除了。

图 4.19　remove()方法

虽然 remove()方法可以接收参数，但通常还是建议在使用选择器时就将要删除的对象确定，然后用 remove()一次性删除，例如上面的部分代码可以改为：

```
$("p:contains('大')").remove();
```

其效果与上面代码的效果是完全一样的，并且与其他代码的风格相统一。

在 DOM 编程中，如果希望将某个元素的子元素全部删除，往往需要用 for 循环配合 hasChildNodes()来判断，并用 removeChildNode()逐一删除。jQuery 提供了 empty()方法来直接删除某个元素的所有子元素，举例如下，实例文件请参考本书配套的资源文件：第 4 章\4-16.html。

```
1   <style type="text/css">
2     p{
```

< 69 >

```
3        border:1px solid #642d00;
4        margin:2px; padding:3px;
5        height:20px;
6     }
7    </style>
8    <body>
9      <p>从前有一只大恐龙……</p>
10     <p>在树林里面跑啊跑……</p>
11     <a href="#">突然撞倒了一棵大树……</a>
12
13     <script src="jquery-3.6.0.min.js"></script>
14     <script>
15       $(function(){
16         $("p").empty(); //删除所有子元素
17       });
18     </script>
19   </body>
```

以上代码首先为<p>元素添加 CSS 边框样式，然后使用 empty()方法删除其所有子元素，运行结果如图 4.20 所示。

图 4.20　empty()方法

### 4.5.4　克隆元素

在 4.5.2 小节中曾经提到元素的复制和移动，这取决于目标对象的个数。很多时候开发者希望即使目标对象只有一个，也同样能执行复制操作。jQuery 提供了 clone()方法来完成这项任务。直接修改 4-13.html 的代码，添加 clone()方法，代码如下，实例文件请参考本书配套的资源文件：第 4 章\4-17.html。

```
1    <script>
2    $(function(){
3        $("img:eq(0)").clone().appendTo($("p"));
4        $("img:eq(1)").clone().appendTo($("p:eq(0)"));
5    });
6    </script>
```

以上代码在对象 appendTo()之前先通过 clone()获得一个副本，然后进行相关的操作，运行结果如图 4.21 所示。可以看到，无论目标对象是一个或者多个，操作都是按照复制的方式进行的。

另外，clone()还可以接收布尔对象作为参数，当该参数的值为 true 时，除了"克隆"元素本身，它所携带的事件方法也将一起被复制，举例如下，实例文件请参考本书配套的资源文件：第 4 章\4-18.html。

```
1    <style type="text/css">
2      input{
3        border:1px solid #7a0000;
4      }
```

< 70 >

```
5     </style>
6     <body>
7       <input type="button" value="Clone Me">
8
9       <script src="jquery-3.6.0.min.js"></script>
10      <script>
11        $(function(){
12          $("input[type=button]").click(function(){
13            //克隆按钮本身，并且克隆鼠标单击事件
14            $(this).clone(true).insertAfter(this);
15          });
16        });
17      </script>
18    </body>
```

图 4.21　clone()方法

以上代码会实现在用户单击按钮时克隆按钮本身，并且克隆鼠标单击事件。运行结果如图 4.22 所示，克隆出来的按钮同样具备对自身进行克隆的功能。

图 4.22　clone(true)方法

# 4.6 表单元素的值

案例讲解

表单元素<form>是与用户交互很频繁的元素之一，它通过各种方式接收用户的数据，包括下拉框、单选项、多选项、文本框等。在表单元素的各个属性中，value 往往是最受关注的。jQuery 提供了强大的 val()方法来处理与 value 相关的操作。本节主要介绍该方法的运用。

< 71 >

## 4.6.1　获取表单元素的值

直接调用 val()方法可以获取选择器中第一个表单元素的 value 值，例如：

```
$("[name=radioGroup]:checked").val()
```

以上代码会直接获取 name 属性为 radioGroup 的表单元素中被选中的项的 value 值，十分快捷。对于某些表单元素（如<option>、<button>等），如果没有设置 value 值，则获取其所显示的文本值。

如果选择器中第一个表单元素是多选的（如多选下拉框），则 val()将返回由选中项的 value 值所组成的数组。

在 JavaScript 中使用 value 处理 select，其方法非常麻烦，如果采用 val()则可以直接获取选中项的value 值，而不需要考虑是单选下拉框还是多选下拉框，使用方法如下，实例文件请参考本书配套的资源文件：第 4 章\4-19.html。

```
1   <style type="text/css">
2     select, p, span{
3       font-size:13px;
4       font-family:Arial, Helvetica, sans-serif;
5     }
6   </style>
7   <body>
8     <span></span><br>
9     <form method="post" name="myForm1">
10     <p>
11     <select id="constellation1">
12       <option value="Aries">白羊</option>
13       ……
14       <option value="Pisces">双鱼</option>
15     </select>
16     <select id="constellation2" multiple="multiple" style="height:120px;">
17       <option value="Aries">白羊</option>
18       ……
19       <option value="Pisces">双鱼</option>
20     </select>
21     </p>
22   </form>
23
24   <script src="jquery-3.6.0.min.js"></script>
25   <script>
26     function displayVals(){
27       //直接获取选中项的 value 值
28       let singleValues = $("#constellation1").val();
29       let multipleValues = $("#constellation2").val() || [];  //因为存在不选的情况
30       $("span").html("<b>Single:</b> " + singleValues +
31       "<br><b>Multiple:</b> " + multipleValues.join(", "));
32     }
33     $(function(){
34       //在修改选中项时调用
35       $("select").change(displayVals);
36       displayVals();
37     });
38   </script>
39   </body>
```

< 72 >

　　以上代码使用 val()方法，直接获取了<select>元素选中项的 value 值，按住 Ctrl 键或者 Shift 键，单击下拉框中的值，即多选，运行结果如图 4.23 所示。可以看到，使用 jQuery 编写代码大大降低了代码的复杂度。

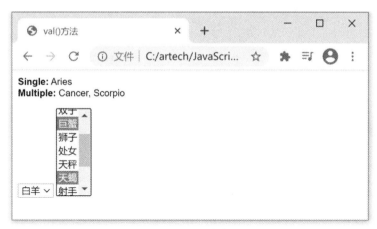

图 4.23　val()方法

## 4.6.2　设置表单元素的值

　　与 attr()和 css()一样，val()可以用于设置元素的 value 值，运用方法大同小异，举例如下，实例文件请参考本书配套的资源文件：第 4 章\4-20.html）

```
1   <style type="text/css">
2     input{
3       border:1px solid #006505;
4       font-family:Arial, Helvetica, sans-serif;
5     }
6     p{
7       margin:0px; padding:5px;
8     }
9   </style>
10  <body>
11    <p><input type="button" value="Feed">
12    <input type="button" value="the">
13    <input type="button" value="Input"></p>
14    <p><input type="text" value="click a button"></p>
15
16    <script src="jquery-3.6.0.min.js"></script>
17    <script>
18      $(function(){
19        $("input[type=button]").click(function(){
20          let sValue = $(this).val();            //先获取按钮的 value 值
21          $("input[type=text]").val(sValue);     //将值赋给文本框
22        });
23      });
24    </script>
25  </body>
```

　　本例中使用了两次 val()方法，一次用于获取按钮的 value 值，另一次用于将获取到的值赋给文本框。运行结果如图 4.24 所示。

< 73 >

图 4.24　val(value)方法

# 4.7　元素的尺寸

知识点讲解

在 jQuery 中，想要获取或设置某一元素的宽度和高度，可以使用 css()方法来实现。不过，jQuery 提供了更多便捷的方法，可以用于更加灵活地设置元素的宽度和高度。下面先用图解的方式来表示元素尺寸，如图 4.25 所示。

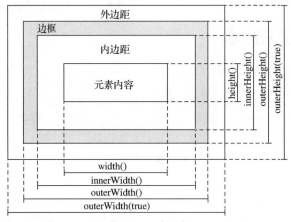

图 4.25　元素尺寸

元素尺寸一般用宽度和高度来表示。宽度和高度对应的方法是一系列配对的方法，主要有 3 对方法 width()和 height()、innerWidth()和 innerHeight()、outerWidth()和 outerHeight()，它们的说明如表 4.1 所示。

表 4.1　元素尺寸表示方法说明

| 方法 | 说明 |
| --- | --- |
| width() | 元素内容宽度，不包括内边距、边框和外边距 |
| innerWidth() | 元素内容宽度+内边距 |
| outerWidth() | 元素内容宽度+内边距+边框 |
| outerWidth(true) | 元素内容宽度+内边距+边框+外边距 |

下面以 width()和 height()为例，讲解它们的用法。其余配对方法的使用方式与之类似。

width()方法用于设置或返回元素的宽度（不包括内边距、边框和外边距）。height()方法用于设置或返回元素的高度（不包括内边距、边框和外边距）。下面的例子会获取指定 <div> 元素的宽度和高度，代码如下，实例文件请参考本书配套的资源文件：第 4 章\4-21.html。

< 74 >

```
1   <style>
2     div {
3       height: 100px;
4       width: 300px;
5       padding: 10px;
6       margin: 3px;
7       border: 1px solid #000;
8       background-color: yellow;
9     }
10  </style>
11  <body>
12    <div id="div1"></div>
13
14    <script src="jquery-3.6.0.min.js"></script>
15    <script>
16      $(function(){
17        let txt="";
18        txt+="<div> 的宽度是: " + $("#div1").width() + "<br>";
19        txt+="<div> 的高度是: " + $("#div1").height();
20        $("#div1").html(txt);
21      })
22    </script>
23  </body>
```

其运行结果如图 4.26 所示。

图 4.26　获取<div>的宽度和高度

以上为获取元素的宽度和高度，接下来演示如何设置元素的宽度和高度，修改代码如下。

```
1   <script>
2     function showHeight() {
3       let txt="";
4       txt+="<div> 的宽度是: " + $("#div1").width() + "<br>";
5       txt+="<div> 的高度是: " + $("#div1").height();
6       $("#div1").html(txt);
7     }
8     $(function(){
9       showHeight()
10      $("#div1").click(function(){
11        $(this).width(400);
12        $(this).height(200);
13        // 显示修改之后的宽度和高度
14        showHeight()
15      });
16    })
17  </script>
```

< 75 >

默认情况是宽度为 300、高度为 100，单击<div>元素，宽度会变为 400、高度会变为 200，其运行结果如图 4.27 所示。

图 4.27　获取并设置<div>的宽度和高度

# *4.8* 元素的位置

案例讲解

除了获取元素尺寸的方法外，jQuery 还提供了获取元素位置的相关方法，主要涉及元素相对于浏览器左上角的位置，相对于已定位的祖先元素的位置，以及滚动条的位置。下面一一介绍。

## 4.8.1　offset()方法

offset()方法用于返回或设置匹配元素相对于文档的偏移（位置），即元素相对于浏览器左上角的位置。offset()方法会返回元素坐标。该方法返回的对象包含两个整型属性——top 和 left，以像素计。此方法只对可见元素有效。举例如下，实例文件请参考本书配套的资源文件：第 4 章\4-22.html。

```
1   <style>
2     div {
3       height: 100px; width: 200px; background-color: yellow;
4       position: absolute; left: 100px;top: 100px;
5     }
6   </style>
7   <body>
8     <div id="div1"></div>
9
10    <script src="jquery-3.6.0.min.js"></script>
11    <script>
12    function showOffset() {
13      let txt="";
14      txt+="<div>与浏览器左侧的距离是: " + $("#div1").offset().left + "<br>";
15      txt+="<div>与浏览器顶部的距离是: " + $("#div1").offset().top;
16      $("#div1").html(txt);
17    }
18    $(function(){
19      showOffset();
20      $("#div1").click(function(){
21        $(this).offset({ left: 50, top: 50 });
22        showOffset();
23      });
24    })
25    </script>
26  </body>
```

默认<div>与浏览器左侧（left）和浏览器顶部（top）的距离都是 100px，单击<div>元素，设置<div>

< 76 >

与浏览器左侧 left 和浏览器顶部 top 的距离都是 50px，效果如图 4.28 所示。

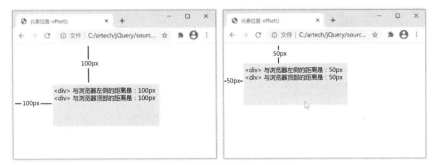

图 4.28　获取并设置<div>的位置

## 4.8.2　position()方法

position()方法用于返回匹配元素相对于祖先元素的位置。这里的祖先元素指的是有定位的祖先元素；如果祖先元素没有定位，那么 position()方法返回的坐标和 offset()方法的相同。举例如下，实例文件请参考本书配套的资源文件：第 4 章\4-23.html。

```
1   <style>
2     #parent {
3       width: 300px; height: 200px; border: 1px solid #000;
4       position: relative; left: 50px; top: 50px;
5     }
6     #child {
7       width: 200px; height: 100px; background: yellow;
8       position: absolute; left: 100px; top: 100px;
9     }
10  </style>
11  <body>
12    <div id="parent">
13      <div id="child"></div>
14    </div>
15    <script src="jquery-3.6.0.min.js"></script>
16    <script>
17      function showPosition() {
18        let txt="";
19        txt+="子元素距离父元素左侧: " + $("#child").position().left + "<br>";
20        txt+="子元素距离父元素顶部: " + $("#child").position().top;
21        $("#child").html(txt);
22      }
23      $(function(){
24        showPosition()
25        $("#child").click(function(){
26          $(this).css({ left: 50, top: 50 })
27          showPosition();
28        });
29      })
30    </script>
31  </body>
```

父元素距离浏览器左侧和顶部的距离都是 50px，子元素（相对于父元素）默认距离父元素左侧和顶部的距离都是 100px，单击子元素，子元素就会变为距离父元素左侧和顶部的距离都是 50px，效果如图 4.29 所示。

< 77 >

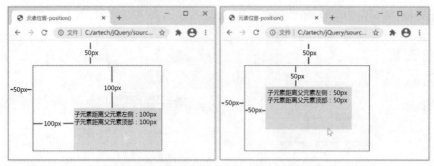

图 4.29　获取并设置子元素相对于父元素的位置

## 4.8.3　scrollTop()方法

scrollTop()方法用于返回或设置匹配元素的滚动条的垂直位置。scrollTop(offset)指的是滚动条相对于其顶部的偏移。如果该方法未设置参数，则返回以像素计的相对于滚动条顶部的偏移。举例如下，实例文件请参考本书配套的资源文件：第 4 章\4-24.html。

```
1    <style>
2      div {
3        width: 200px; height: 100px;
4        border: 1px solid #000;
5        overflow: auto;
6      }
7    </style>
8    <body>
9      <div>
10       <p>这是一个段落</p>
11       <p>这是一个段落</p>
12       <p>这是一个段落</p>
13       <p>这是一个段落</p>
14       <p>这是一个段落</p>
15       <p>这是一个段落</p>
16       <p>这是一个段落</p>
17     </div>
18     <script src="jquery-3.6.0.min.js"></script>
19     <script>
20       $('div').click(function() {
21         $(this).scrollTop(100);
22       })
23     </script>
24   </body>
```

如图 4.30 所示，滚动条默认在顶部，单击<div>元素，内容就会滚动 100px。

图 4.30　scrollTop()方法

< 78 >

## 本章小结

　　本章首先讲解了 jQuery 操作 DOM 的各种方法，主要是操作 HTML 标记的属性以及标记本身。样式是标记的一种属性，但它的属性值有多个，其相关操作也很频繁，因此 jQuery 提供了相应的方法。然后简单介绍了表单元素值的获取和设置。最后举例说明了 jQuery 获取元素尺寸和元素位置的相关功能。希望读者能够掌握本章的知识，打下良好的基础，因为后文中会经常使用本章所介绍的内容。

## 习题 4

### 一、关键词解释
DOM　DOM 的节点　克隆　元素尺寸　元素位置

### 二、描述题
1. 请简单描述一下 DOM 中的节点有哪几种。
2. 请简单描述一下本章中是如何获取和设置属性值的，又是如何删除属性的。
3. 请简单描述一下本章中介绍了哪几种方式来设置页面的样式。
4. 请简单描述一下本章中 jQuery 是如何操作页面元素的。
5. 请简单描述一下本章中是如何获取和设置表单元素的值的。
6. 请简单描述一下本章中介绍的元素的尺寸有哪些，它们的含义分别是什么。
7. 请简单描述一下本章中介绍的元素位置的相关函数有哪些，它们的含义分别是什么。

### 三、实操题
页面中有一个"二级导航栏"，如题图 4.1 所示。请实现如下效果。
（1）随着页面往上滚动，"二级导航栏"滚动到顶部时会吸顶，如题图 4.2 所示。
（2）随着页面往下滚动，"二级导航栏"滚动到初始位置后，就会恢复为默认效果。

题图 4.1　"二级导航栏"默认效果

题图 4.2　"二级导航栏"吸顶效果

< 79 >

# 第 5 章  jQuery 事件

前文讲解了如何选中页面元素，并对其进行各种处理。本章将介绍如何使用 jQuery 处理事件，以及用户进行交互。事件可以说是 JavaScript 引人注目的特性，因为它提供了一个平台，让用户不仅可以浏览页面中的内容，而且能够跟页面进行交互。使用 JavaScript 处理事件比较复杂，jQuery 被引入后其对事件进行了统一的规范，并且提供了很多便捷的方法。本章主要讲解 jQuery 如何处理页面中的事件以及相关的问题。本章思维导图如下。

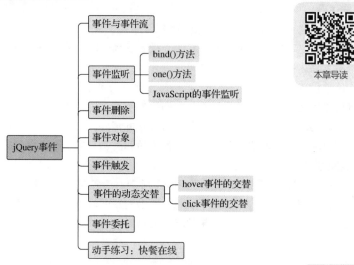

本章导读

## 5.1  事件与事件流

知识点讲解

事件是发生在 HTML 元素上的某些特定的事情，而定义它的目的是使页面具有某些行为，执行某些动作。类比生活中的例子，学生听到上课铃响，就会走进教室。这里"上课铃响"就是事件，"走进教室"就是响应事件的动作。

在网页中，通常已经预先定义好了很多事件，开发人员可以编写相应的事件处理程序来响应相应的事件。

事件可以是浏览器行为，也可以是用户行为。例如下面 3 个都是事件。

- 一个页面完成加载。
- 某个按钮被单击。
- 鼠标指针被移到某个元素上。

页面随时都会产生各种各样的事件，绝大部分事件我们并不需要关心，我们只需要关心特定的少量事件。例如鼠标指针在页面上移动的每时每刻都在产生鼠标移动事件，但是除非我们希望鼠标移动时产生某些特殊的效果或行为，否则一般情况下我们不需要关心这些事件的发生。因此，对于一个事件，重要的是发生的对象和事件的类型，即我们仅须关心针对特定目标的特定类型的事件。

例如某个特定的\<div\>元素被单击时，我们希望弹出一个对话框，那么我们就会关心这个\<div\>元素的鼠标单击事件，然后针对它编写相应的事件处理程序，这里先了解一下这个概念，后面我们再具体讲解如何编写代码。

了解了事件的概念后，还需要了解事件流这个概念，由于 DOM 是树形结构，因此当某个子元素被单击时，它的父元素实际上也被单击了，它的父元素的父元素也被单击了，一直到根元素。也就是说，单击一次鼠标所产生的并不是一个事件，而是一系列事件，这一系列事件就组成了事件流。

一般情况下，当某个事件发生的时候，实际都会产生事件流，而我们并不需要对事件流中的所有事件编写事件处理程序，只对我们关心的那一个事件编写事件处理程序就可以了。

既然事件发生时总是以流的形式一次发生，那么就一定要分清先后顺序。图 5.1 说明了事件流发生的顺序。假设某个页面上有一个\<div\>元素，该元素中有一个\<p\>元素，单击\<p\>元素所产生的事件流顺序如图 5.1 所示。

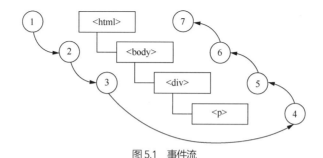

图 5.1　事件流

总体来说，浏览器产生事件流分为 3 个阶段。从最外层的根元素\<html\>开始依次向下，被称为"捕获阶段"；到达目标元素时，被称为"到达阶段"；依次向上回到根元素，被称为"冒泡阶段"。

DOM 规范中规定，捕获阶段不会命中事件，但是实际上目前的各种浏览器对此都进行了扩展。这里仅进行概念描述，等到后面介绍完具体的编程方法后，我们再来验证这里所描述的概念。

知识点讲解

# 5.2 事件监听

页面中的事件都需要函数来响应，这类函数通常被称为事件处理（event handler）函数，或者从另外一个角度来说，这些函数时时都在监听着是否有事件发生，因此它们又被称为事件监听（event listener）函数。

## 5.2.1 bind()方法

在 jQuery 中可通过 bind()对事件进行监听，其相当于标准 DOM 的 addEventListener()，使用方法基本相同。例如使用 jQuery 监听单击事件，代码如下，实例文件请参考本书配套的资源文件：第 5 章\5-1.html。

```
1    <style type="text/css">
2      img{
3        border:1px solid #000000;
4      }
5    </style>
```

< 81 >

```
6    <body>
7      <img src="11.jpg">
8      <div id="show"></div>
9
10     <script src="jquery-3.6.0.min.js"></script>
11     <script>
12       $(function(){
13         $("img")
14           .bind("click",function(){
15             $("#show").append("<div>单击事件1</div>");
16           })
17           .bind("click",function(){
18             $("#show").append("<div>单击事件2</div>");
19           })
20           .bind("click",function(){
21             $("#show").append("<div>单击事件3</div>");
22           });
23       });
24     </script>
25   </body>
```

以上代码对图片元素<img>绑定了 3 个 click 事件来监听单击事件，其运行结果如图 5.2 所示。

图 5.2　bind()

bind()方法的通用语法为：

```
bind(eventType,[data],Listener)
```

其中 eventType 表示事件的类型，其可以是：blur、focus、load、resize、scroll、unload、click、dblclick、mousedown、mouseup、mousemove、mouseover、mouseout、mouseenter、mouseleave、change、select、submit、keydown、keypress、keyup、error。data 为可选参数，用来传递一些特殊的数据供事件监听函数使用。而 Listener 为事件监听函数，以上例子中使用的是匿名函数。

对于多个事件类型，如果希望使用同一个事件监听函数，则可以将多个事件类型名称同时添加在 eventType 中，事件名称之间用空格分离，例如：

```
1    $("p").bind("mouseenter mouseleave", function(){
2        $(this).toggleClass("over");
3    });
```

另外，一些特殊的事件可以直接利用事件名称作为绑定函数，接收参数为事件监听函数，例如前面多次使用的：

```
1    $("p").click(function(){
2        //添加 click 事件的事件监听函数
3    });
```

< 82 >

其通用语法为：

eventTypeName(fn)

可以使用的 eventTypeName 包括 blur、focus、load、resize、scroll、unload、click、dblclick、mousedown、mouseup、mousemove、mouseover、mouseout、change、select、submit、keydown、keypress、keyup、error 等。

## 5.2.2　one()方法

除了 bind()外，jQuery 还提供了一个很实用的 one()方法来绑定事件。该方法绑定的事件被触发后会自动将自身删除，不再生效，举例如下，实例文件请参考本书配套的资源文件：第 5 章\5-2.html。

```
1  <style type="text/css">
2    div{
3      border:1px solid #000000;
4      background:#fffd77;
5      height:50px; width:50px;
6      padding:8px; margin:5px;
7      text-align:center;
8      font-size:13px;
9      font-family:Arial, Helvetica, sans-serif;
10     float:left;
11    }
12 </style>
13 <body>
14
15   <script src="jquery-3.6.0.min.js"></script>
16   <script>
17     $(function(){
18       //首先创建10个<div>块
19       for(let i=0;i<10;i++)
20         $(document.body).append($("<div>Click<br>Me!</div>"));
21       let iCounter=1;
22       //每个块都用one()绑定click事件
23       $("div").one("click",function(){
24         $(this).css({background:"#8f0000", color:"#FFFFFF"})
25           .html("Clicked!<br>"+(iCounter++));
26       });
27     });
28   </script>
29 </body>
```

以上代码首先在页面中创建了 10 个<div>块，然后对每一个块都用 one()方法绑定了 click 事件。当单击<div>块时，事件被触发后（事件监听函数执行一次后）便随即消失，不再生效。运行结果如图 5.3 所示。

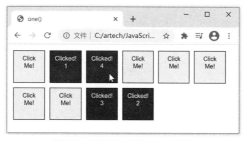

图 5.3　只监听一次的 one()方法

< 83 >

### 5.2.3 JavaScript 的事件监听

知识点讲解

使用 jQuery 监听事件非常方便，但 jQuery 不支持在捕获阶段触发事件。我们有必要了解 JavaScript 处理事件的方式，jQuery 在此基础上进行了封装。

**1. 简单的行内写法**

通常对于简单的事件，没有必要编写大量复杂的代码，直接在 HTML 的标签中就可以定义事件处理函数，而且通常其兼容性很好。例如在下面的代码中，给<p>元素添加了一个 onclick 属性，并直接通过 JavaScript 语句定义了如何响应鼠标单击事件：

```
<p onclick="alert('我被单击了');">Click Me</p>
```

这种写法虽然方便，但是有两个缺点：（1）如果有多个元素，需要有相同的事件处理方式，仍需要针对每个元素单独编写代码，这样很不方便；（2）这种写法不符合"结构"与"行为"分离的指导思想。因此可以使用下面介绍的更常用的规范方法。

**2. 设置事件监听函数**

标准 DOM 定义了两个方法分别用于添加和删除事件监听函数，即 addEventListener() 和 removeEventListener()。参考下面的实例代码，实例文件请参考本书配套的资源文件：第 5 章\5-3.html。

```
1   <body>
2    <div>
3      <p>这是一个段落<p>
4    </div>
5   <script>
6   document
7    .querySelectorAll("*")
8    .forEach(element => element.addEventListener('click',
9      (event) => {
10      console.log(event.target.tagName
11      + " - " + event.currentTarget.tagName
12      + " - " + event.eventPhase);
13      },
14      false   //在冒泡阶段触发事件
15   ));
16  </script>
17  </body>
```

在这个实例中，先通过 document.querySelectorAll("*")方法获得页面上的所有元素，然后对结果集合中的每一个元素添加事件监听函数。事件监听函数带有 3 个参数：第 1 个参数是事件的名称，例如 click 事件指的就是鼠标单击事件；第 2 个参数是一个函数，我们在这里做的就是在控制台输出事件对象的 3 个属性；第 3 个参数用于指定事件触发的阶段，可以省略，默认值是 false，即在冒泡阶段触发事件。

运行上述代码后，可以看到页面上只有一行段落文字，用鼠标单击该段落后，控制台就会立即出现如下结果：

```
1   P - P - 2
2   P - DIV - 3
3   P - BODY - 3
4   P - HTML - 3
```

结果中的每一行输出表示 3 个信息：事件目标的标记名称，事件在某个阶段的目标，事件所处的

< 84 >

阶段。例如：第 1 行中，第 1 个 P 表示事件目标的标记名称是 P，第 2 个 P 表示事件当前阶段目标的标记是<P>标记，第 3 个信息表示当时所处的阶段，数字 2 表示到达阶段；第 2 行中，第 1 个 P 表示事件目标的标记名称是 P，第 2 个信息 DIV 表示事件当前阶段目标的标记是<DIV>标记，第 3 个信息表示当时所处的阶段，数字 3 表示冒泡阶段。

这个结果正体现了 5.1 节中我们介绍的事件流中各个事件的发生顺序。在默认情况下，事件发生在冒泡阶段，因此，第 1 行是到达单击事件的目标时触发的，然后开始冒泡，第 2 行是冒泡到达父元素<div>时触发的，依次类推。

如果稍稍修改上面的代码，将 addEventListener()函数的第 3 个参数改为 true，实例文件请参考本书配套的资源文件：第 5 章\5-4.html。

```
1    document
2      .querySelectorAll("*")
3      .forEach(element => element.addEventListener('click',
4        (event) => {
5          console.log(event.target.tagName
6          + " - " + event.currentTarget.tagName
7          + " - " + event.eventPhase);
8        },
9        true   //在捕获阶段触发事件
10   ));
```

这时，控制台输出的结果就跟刚才的不同了，可以看到 4 行结果的顺序正好反过来了，数字 3 变成了数字 1，表示处于捕获阶段。

```
1    P - HTML - 1
2    P - BODY - 1
3    P - DIV - 1
4    P - P - 2
```

这个例子正好验证了 5.1 节中所描述的事件的响应顺序，即先从根元素向下一直到目标元素，然后向上冒泡一直回到根元素。此外，设置事件监听函数通常被称为给元素绑定事件监听函数。

通常情况下，我们都使用默认事件冒泡机制。因此，如果一个容器元素（如<div>）里面有多个同类子元素，且要给这些子元素绑定同一个事件监听函数，则通常有两个方法：（1）选出所有的子元素，然后分别给它们绑定事件监听函数；（2）把事件监听函数绑定到这个容器元素上，然后在函数内部过滤出需要的子元素，再进行处理。

最后总结一下，事件监听函数的格式为：

```
[object].addEventListener("event_name", fnHandler, bCapture);
```

相应地，removeEventListener()方法用于删除某个事件监听函数，这里不再举例说明。

# 5.3 事件删除

案例讲解

在 jQuery 中采用 unbind()来删除事件，该方法可以接收两个可选的参数，也可以不设置任何参数，例如下面的代码表示删除<div>标记的所有事件：

```
$("div").unbind();
```

而下面的代码则表示删除<p>标记的所有单击事件：

```
$("p").unbind("click")
```

< 85 >

如果希望删除某个指定的事件，则必须使用 unbind(eventType,listener)方法的第二个参数，如下所示：

```
1   let myFunc = function () {
2     //事件监听函数体
3   };
4
5   $("p").bind("click", myFunc);
6   $("p").unbind("click", myFunc);
```

在 5-1.html 对应的例子中，如果希望单击某个按钮便删除事件 1 的事件监听函数，则不能再采用匿名函数的方式，代码如下，实例文件请参考本书配套的资源文件：第 5 章\5-5.html。

```
1   <body>
2     <img src="11.jpg"> <input type="button" value="删除事件1">
3     <div id="show"></div>
4
5     <script src="jquery-3.6.0.min.js"></script>
6     <script>
7       $(function(){
8         let fnMyFunc1;                              //函数变量
9         $("img")
10          .bind("click",fnMyFunc1 = function(){  //函数变量赋值
11            $("#show").append("<div>单击事件1</div>");
12          })
13          .bind("click",function(){
14            $("#show").append("<div>单击事件2</div>");
15          })
16          .bind("click",function(){
17            $("#show").append("<div>单击事件3</div>");
18          });
19        $("input[type=button]").click(function(){
20          $("img").unbind("click",fnMyFunc1);     //删除事件监听函数
21        });
22      });
23    </script>
24  </body>
```

以上代码在例子 5-1.html 的基础上添加了函数变量 fnMyFunc1，使用 bind()实现绑定时将匿名函数赋值给它，从而将它作为 unbind()中的函数名称来进行调用。运行结果如图 5.4 所示，单击按钮后事件 1 将不再被触发。

图 5.4　unbind(eventType,listener)

< 86 >

# 5.4 事件对象

通过 JavaScript 中的事件对象常用的属性和方法，可以看出事件对象在不同浏览器之间存在很大的区别。在 jQuery 中，事件对象是通过唯一的参数传递给事件监听函数的，举例如下，实例文件请参考本书配套的资源文件：第 5 章\5-6.html。

```
1   <style type="text/css">
2     body{
3       font-family:Arial, Helvetica, sans-serif;
4       font-size:14px;
5       margin:0px; padding:5px;
6     }
7     p{
8       background:#ffe476;
9       margin:0px; padding:5px;
10    }
11  </style>
12  <body>
13    <p>Click Me!</p>
14    <span></span>
15
16    <script src="jquery-3.6.0.min.js"></script>
17    <script>
18      $(function(){
19        $("p").bind("click", function(e){ //传递事件对象e
20          let sPosPage = "(" + e.pageX + "," + e.pageY + ")";
21          let sPosScreen = "(" + e.screenX + "," + e.screenY + ")";
22          $("span").html("<br>Page: " + sPosPage
23              + "<br>Screen: " + sPosScreen);
24        });
25      });
26    </script>
27  </body>
```

上面的代码给<p>绑定了鼠标单击事件监听函数，并将事件对象作为参数进行传递，从而获取了鼠标单击事件触发点的坐标值。两次单击不同位置的运行结果如图 5.5 所示。

图 5.5  事件对象

对于事件对象的属性和方法，jQuery 重要的工作就是替开发者解决兼容性问题。事件对象常用的属性和方法如表 5.1 所示。

< 87 >

**表 5.1　事件对象常用的属性和方法**

| 属性/方法 | 说明 |
| --- | --- |
| altKey | 按 Alt 键则值为 true，否则值为 false |
| ctrlKey | 按 Ctrl 键则值为 true，否则值为 false |
| keyCode | 对于 keyup 和 keydown 事件，返回按键的值（"a" 和 "A" 的值是一样的，都为 65） |
| pageX, pageY | 鼠标指针在客户端区域的坐标，不包括工具栏、滚动条等 |
| relatedTarget | 鼠标事件中鼠标指针所"进入"或"离开"的元素 |
| screenX, screenY | 鼠标指针相对于整个计算机屏幕的坐标值 |
| shiftKey | 按 Shift 键则值为 true，否则值为 false |
| target | 触发事件的元素/对象 |
| type | 事件的名称，如 click、mouseover 等 |
| which | 键盘事件中表示按键的 Unicode 值，鼠标事件中表示按键的值（1 表示鼠标左键、2 表示鼠标中键、3 表示鼠标右键） |
| stopPropagation() | 阻止事件向上冒泡 |
| preventDefault() | 阻止事件的默认行为 |

> **注意**
>
> 在 jQuery 事件处理函数中，return false 可以同时阻止事件冒泡和事件的默认行为，其相当于同时调用 stopPropagation() 和 preventDefault()。

# *5.5* 事件触发

案例讲解

有时候开发者希望用户在没有进行任何操作的情况下也能触发事件，例如希望页面加载后自动单击一次按钮来运行事件监听函数；希望单击某个特定按钮时其他所有按钮同时被单击等。jQuery 提供了 trigger(eventType) 方法来实现事件的触发，其中参数 eventType 为合法的事件类型，如 click、submit 等。

下面的例子中有两个按钮，它们分别拥有自己的事件监听函数。单击按钮 1 时运行按钮 1 的事件监听函数，单击按钮 2 时除了运行按钮 2 的事件监听函数外，还会运行按钮 1 的事件监听函数，仿佛按钮 1 也被同时单击了。实例文件请参考本书配套的资源文件：第 5 章\5-7.html。

```
1   <style type="text/css">
2     input{
3       font-family:Arial, Helvetica, sans-serif;
4       font-size:13px;
5       margin:0px; padding:4px;
6       border:1px solid #002b83;
7     }
8     div{
9       font-family:Arial, Helvetica, sans-serif;
10      font-size:12px; margin:2px;
11    }
12  </style>
13  <body>
```

< 88 >

```
14      <input type="button" value="按钮 1">
15      <input type="button" value="按钮 2"><br><br>
16      <div>按钮1单击次数: <span>0</span></div>
17      <div>按钮2单击次数: <span>0</span></div>
18
19      <script src="jquery-3.6.0.min.js"></script>
20      <script>
21        function Counter(oSpan){
22          let iNum = parseInt(oSpan.text());        //获取<span>中的值
23          oSpan.text(iNum + 1);                     //单击次数加 1
24        }
25        $(function(){
26          $("input:eq(0)").click(function(){
27            Counter($("span:first"));
28          });
29          $("input:eq(1)").click(function(){
30            Counter($("span:last"));
31            $("input:eq(0)").trigger("click");      //触发按钮 1 的单击事件
32          });
33        });
34      </script>
35    </body>
```

以上代码在按钮 2 的事件监听函数中调用了按钮 1 的 trigger("click")方法，使按钮 1 也能被同时单击。运行结果如图 5.6 所示，当单击按钮 2 时两个按钮对应的单击次数会同时增长。

图 5.6　事件触发

对于特殊的事件类型，如 blur、change、click、focus、select、submit 等，还可以直接将事件名称作为触发函数，例如下列两条触发按钮 1 的单击事件的语句是"等价"的。

```
1    $("input:eq(0)").trigger("click");
2    //等价于
3    $("input:eq(0)").click();
```

# *5.6* 事件的动态交替

案例讲解

jQuery 提供了便捷的方法，使得两个事件监听函数可以被交替调用，例如 hover 事件的交替和 click 事件的交替，下面分别进行介绍。

## 5.6.1　hover 事件的交替

可以通过 CSS 的:hover 伪类选择器进行鼠标的感应，以设置单独的 CSS 样式。当引入 jQuery 后，

< 89 >

几乎 Web 页面中的所有元素都可以通过 hover()方法来直接感应鼠标，并且可以制作更复杂的效果，其本质是 mouseover 和 mouseout 事件的合并。

hover(over, out)方法接收两个参数，两个参数均为函数。第一个 over 函数会在鼠标指针移动到对象上时被触发，第二个 out 函数会在鼠标指针移动到对象外时被触发，使用方法如下，实例文件请参考本书配套的资源文件：第 5 章\5-8.html。

```
1   <style type="text/css">
2     body{
3       /* 设置背景图片，以突出透明度的效果 */
4       background:url(bg1.jpg);
5       margin:20px; padding:0px;
6     }
7     img{
8       border:1px solid #FFFFFF;
9     }
10  </style>
11  <body>
12    <img src="12.jpg">
13
14    <script src="jquery-3.6.0.min.js"></script>
15    <script>
16      $(function(){
17        $("img").hover(
18          function(oEvent){
19            //第一个函数相当于mouseover 的事件监听函数
20            $(oEvent.target).css("opacity","0.5");
21          },
22          function(oEvent){
23            //第二个函数相当于mouseout 的事件监听函数
24            $(oEvent.target).css("opacity","1.0");
25          }
26        );
27      });
28    </script>
29  </body>
```

运行结果如图 5.7 所示，从中可以看出元素对鼠标指针移动情况的响应。

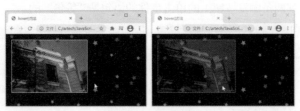

图 5.7　hover()方法

## 5.6.2　click 事件的交替

jQuery 没有提供类似 hover()的方法来处理单击事件，但我们可以通过模拟实现类似的效果。自定义一个 clickToggle()方法，其接收两个参数，两个参数都是函数，代码如下，实例文件请参考本书配套的资源文件：第 5 章\5-9.html。

```
1   <style type="text/css">
2     body{
```

< 90 >

```
3        /* 设置背景图片，以突出透明度的效果 */
4        background:url(bg1.jpg);
5        margin:20px; padding:0px;
6      }
7      img{
8        border:1px solid #FFFFFF;
9      }
10   </style>
11   <body>
12     <img src="07.jpg">
13
14     <script src="jquery-3.6.0.min.js"></script>
15     <script>
16       jQuery.fn.clickToggle = function(a,b) {
17         let t = 0;
18         return this.bind("click", function (){
19           t+=1;
20           if (t%2===1) a.call(this);
21           else b.call(this);
22         });
23       };
24       $(function(){
25         $("img").clickToggle(
26           function(){
27             $("img").css("opacity","0.5");
28           },
29           function(){
30             $("img").css("opacity","1.0");
31           }
32         );
33       });
34     </script>
35   </body>
```

　　clickToggle()方法中设置了一个变量 t，每次单击鼠标后该变量的值都会加 1。如果该值为奇数则执行第一个函数 a.call()，如果该值为偶数则执行第二个函数 b.call()。此时，不断单击图片，图片的透明度将会交替变化，如图 5.8 所示。

图 5.8　单击使图片透明度交替变化

# 5.7 事件委托

案例讲解

　　前面我们介绍了事件绑定的方法。使用事件绑定时，绑定事件的元素必须存在。如果我们想在之后添加到 DOM 的元素上绑定事件，则需要使用事件委托。事件委托允许将事件监听器附加到父元素

< 91 >

上。与选择器匹配的所有后代元素都能够触发相应的监听事件，无论这些后代元素是已经存在还是在触发之后被添加。jQuery 的事件委托语法如下：

```
$(selector).on(event,childSelector,function)
```

先选中父元素，接着在后代元素上委托事件，设置事件监听函数。先观察一个未使用事件委托的例子，代码如下，实例文件请参考本书配套的资源文件：第 5 章\5-10.html。

```
1   <style type="text/css">
2     div{
3       border:1px solid #000000;
4       background:#fffd77;
5       height:50px; width:50px;
6       padding:8px; margin:5px;
7       text-align:center;
8       font-size:13px;
9       font-family:Arial, Helvetica, sans-serif;
10      float:left;
11    }
12  </style>
13  <body>
14    <!--绑定 click 事件时已存在的元素-->
15    <div>Click<br>Me!</div>
16    <script src="jquery-3.6.0.min.js"></script>
17    <script>
18      $(function(){
19        //绑定 click 事件
20        $("div").bind("click",function(){
21          $(this).css({background:"#8f0000", color:"#FFFFFF"})
22            .html("Clicked!<br>");
23        });
24        //新增一个元素
25        $(document.body).append($("<div>Click<br>Me!</div>"));
26      });
27    </script>
28  </body>
```

上述例子中对所有<div>绑定 click 事件，绑定前<body>中存在一个<div>，绑定后又动态追加了一个<div>。此时单击两个<div>的结果如图 5.9 所示。

图 5.9　未使用事件委托

可以看到，单击第二个<div>没有触发 click 事件。如果换成事件委托的方式，则代码如下：

```
1   $("body").on("click", "div", function(){
2     $(this).css({background:"#8f0000", color:"#FFFFFF"}).html("Clicked!<br>");
3   });
```

此时单击两个<div>都会触发 click 事件，效果如图 5.10 所示。

< 92 >

图 5.10　使用事件委托

通过事件冒泡机制，我们知道单击子元素的事件会向上传到父元素。jQuery 的事件委托利用了事件冒泡机制，父元素会分析冒泡事件，如果其是指定的子元素触发的，则执行对应的处理函数。在处理动态添加的元素时，使用事件委托非常必要，例如处理通过 AJAX 加载的局部元素。

类似 bind() 和 unbind()，取消事件委托使用如下语法：

```
$(selector).off(event,childSelector)
```

# 5.8　动手练习：快餐在线

案例讲解

如今网上订餐的服务越来越多，对快餐进行自由组合很受广大消费者的青睐。本例运用前面介绍的 jQuery 知识，制作简易的快餐选择页面，效果如图 5.11 所示。

图 5.11　页面效果

## 5.8.1　框架搭建

快餐作为一种便捷食品，并不需要太多类型的菜，通常是每个类型的菜选择一种进行搭配。菜的类型有凉菜、素菜、荤菜、热汤等。每个类型的菜有不同的价格，并且又可细分为各种菜，用户可以根据自己的喜好和食量，选择不同的菜和数量，因此页面框架如图 5.12 所示。

图 5.12 所示的框架将快餐分为 4 个类型，每个类型前面都有一个复选框，当用户选中复选框时才能填写数量。对于每个类型的菜而言，它们都有一组单选项（菜名）供用户选择。最后系统会根据用户的选择和填写的数量计算价格。因此页面的 HTML 框架（只列出了凉菜部分）如下所示：

```
1    <body>
2    <div>
3    1. <input type="checkbox" id="LiangCaiCheck"><label for="LiangCaiCheck">凉菜</label>
4    <span price="0.5"><input type="text" class="quantity"> ￥<span></span>元</span>
5        <div class="detail">
```

< 93 >

```
6        <label><input type="radio" name="LiangCai" checked="checked">拍黄瓜</label>
7        <label><input type="radio" name="LiangCai">香油豆角</label>
8        <label><input type="radio" name="LiangCai">特色水豆腐</label>
9        <label><input type="radio" name="LiangCai">香芹醋花生</label>
10    </div>
11  </div>
12  ……
13  <div id="totalPrice"></div>
14  </body>
```

图 5.12　页面框架

从页面框架中可以看到每个类型的菜都被置于一个&lt;div&gt;块中，其中包含复选框和一个&lt;div&gt;子块，&lt;div&gt;子块用来存放每个类型的菜的细节选项，每一项都是一个 radio 单选项，并且每一项的付费金额在&lt;span&gt;标记中，最后将总价格放在单独的&lt;div id="totalPrice"&gt;中。

这里需要特别指出的是，页面框架中将每个类型的菜的标价放在一个&lt;span&gt;标记的自定义的属性 price 中，这样做虽然不符合严格的 W3C（world wide web consortium，万维网联盟）标准，但却十分方便。

> ⓘ 注意
>
> 关于是否应该使用自定义标记属性，一直是 JavaScript 开发领域所争论的话题之一。严格来说，自定义标记属性会使页面无法通过标准的 Web 测试，但它所带来的便利是显而易见的。

### 5.8.2　添加事件

搭建好页面框架后，便需要对用户的操作予以响应。

#### 1. 显示/隐藏子菜单

首先对于用户不选的菜种，没有必要显示菜的细节名称，这是框架中将单选项放在统一的&lt;div class="detail"&gt;里的原因。

添加 CSS 类别，使加载页面时所有菜种的细节均不显示，如下所示：

```
1  div.detail{
2      display:none;
3  }
```

当用户修改复选框的选中状态时，根据选中状态对子菜单进行显示/隐藏，如下所示：

```
1  <script src="jquery-3.6.0.min.js"></script>
2  <script>
3  $(function(){
4      $(":checkbox").click(function(){
```

< 94 >

```
5        let bChecked = this.checked;
6        //如果选中复选框则显示子菜单
7        $(this).parent().find(".detail")
8          .css("display", bChecked?"block":"none");
9      });
10   });
11   </script>
```

### 2．处理菜品数量

另外，在用户没有选中复选框时，输入数量的文本框应被禁用，因此加载页面时需要对文本框进行统一设置，如下所示：

```
1    $(function(){
2      //省略其他代码
3
4      $("span[price] input[type=text]")
5        .attr({
6          "disabled":true,      //文本框为隐藏的
7          "value":"1",          //表示份数的 value 值为 1
8          "maxlength":"2"       //最多只能输入两位数
9        });
10   });
```

进一步考虑，当用户修改复选框的选中状态时，文本框由禁用状态变为可输入状态，并且进行自动聚焦，同时将文本框的值设置为 1（因为之前可能填写了数量，又取消了选中复选框），如下所示：

```
1    $(":checkbox").click(function(){
2      let bChecked = this.checked;
3      //如果选中复选框则显示子菜单
4      $(this).parent().find(".detail").css("display",bChecked?"block":"none");
5      $(this).parent().find("input[type=text]")
6          //每次改变复选框的选中状态，都将文本框的值重置为 1
7          .attr("disabled",!bChecked).val(1)
8          .each(function(){
9              //需要聚焦判断，因此采用 each 来插入语句
10             if(bChecked) this.focus();
11         });
12   });
```

此时页面效果如图 5.13 所示。

图 5.13　选中复选框才显示细节

### 3．计算价格

在用户向文本框中填写数量的同时，计算单独的价格以及总价格，代码如下：

< 95 >

```
1   $("span[price] input[type=text]").change(function(){
2     //根据单价和数量计算价格
3     $(this).parent().find("span")
4       .text($(this).val() * $(this).parent().attr("price"));
5
6     addTotal();     //计算总价格
7   });
8
9   function addTotal(){
10      //计算总价格的函数
11      let fTotal = 0;
12      //对于选中的复选框须进行遍历
13      $(":checkbox:checked").each(function(){
14          //获取每一个菜的数量
15          let iNum = parseInt($(this).parent().find("input[type=text]").val());
16          //获取每一个菜的单价
17          let fPrice = parseFloat($(this).parent().find("span[price]").attr("price"));
18          fTotal += iNum * fPrice;
19      });
20      $("#totalPrice").html("合计￥"+fTotal+"元");
21   }
```

另外，文本框从禁用状态变为可输入状态的过程中应付金额发生了变化，因此应该计算价格，之前的代码应修改为：

```
1   $(this).parent().find("input[type=text]")
2     //每次改变复选框的选中状态，都将文本框的值重置为1，触发 change 事件，重新计算价格
3     .attr("disabled",!bChecked).val(1).change()
4     .each(function(){
5         //需要聚焦判断，因此采用 each 来插入语句
6         if(bChecked) this.focus();
7     });
```

而且页面在加载时应该初始化价格，让每项显示出单价，总价格显示为 0 元，因此采用前文介绍的事件触发，代码如下：

```
1   //加载页面完成后，统一设置文本框
2   $("span[price] input[type=text]")
3     .attr({"disabled":true,     //文本框为隐藏的
4            "value":"1",         //表示份数的 value 值为 1
5            "maxlength":"2"      //最多只能输入两位数
6     }).change();                //触发 change 事件，让<span>显示出价格
```

此时运行结果如图 5.14 所示，所有功能都已添加完毕。

图 5.14　添加事件

< 96 >

## 5.8.3　样式

当页面的功能全部实现后，考虑到实用性，必须用 CSS 对其进行优化，这里不再一一讲解 CSS 的各个细节，直接给出实例的完整代码供读者参考，实例文件请参考本书配套的资源文件：第 5 章\5-11.html。

```
1   <style type="text/css">
2     body{
3       padding:0px;
4       margin:165px 0px 0px 160px;
5       font-size:12px;
6       font-family:Arial, Helvetica, sans-serif;
7       color:#FFFFFF;
8       background:#000000 url(bg2.jpg) no-repeat;
9     }
10    body > div{
11      margin:5px; padding:0px;
12    }
13    div.detail{
14      display:none;
15      margin:3px 0px 2px 15px;
16    }
17    div#totalPrice{
18      padding:10px 0px 0px 280px;
19      margin-top:15px;
20      width:85px;
21      border-top:1px solid #FFFFFF;
22    }
23    input{
24      font-size:12px;
25      font-family:Arial, Helvetica, sans-serif;
26    }
27    input.quantity{
28      border:1px solid #CCCCCC;
29      background:#3f1415; color:#FFFFFF;
30      width:15px; text-align:center;
31      margin:0px 0px 0px 210px
32    }
33  </style>
34  <body>
35    <div>
36      1. <input type="checkbox" id="LiangCaiCheck"><label for="LiangCaiCheck">凉菜</label>
37      <span price="0.5"><input type="text" class="quantity"> ￥<span></span>元</span>
38      <div class="detail">
39        <label><input type="radio" name="LiangCai" checked="checked">拍黄瓜</label>
40        <label><input type="radio" name="LiangCai">香油豆角</label>
41        <label><input type="radio" name="LiangCai">特色水豆腐</label>
42        <label><input type="radio" name="LiangCai">香芹醋花生</label>
43      </div>
44    </div>
45
46    <div>
47      2. <input type="checkbox" id="SuCaiCheck"><label for="SuCaiCheck">素菜</label>
48      <span price="1"><input type="text" class="quantity"> ￥<span></span>元</span>
49      <div class="detail">
```

< 97 >

```
50      <label><input type="radio" name="SuCai" checked="checked">虎皮青椒</label>
51        <label><input type="radio" name="SuCai">醋熘土豆丝</label>
52        <label><input type="radio" name="SuCai">金钩豆芽</label>
53     </div>
54   </div>
55
56   <div>
57     3.<input type="checkbox" id="HunCaiCheck"><label for="HunCaiCheck">荤菜</label>
58     <span price="2.5"><input type="text" class="quantity"> ￥<span></span>元</span>
59     <div class="detail">
60       <label><input type="radio" name="HunCai" checked="checked"/>麻辣肉片</label>
61        <label><input type="radio" name="HunCai">红烧牛柳</label>
62        <label><input type="radio" name="HunCai">糖醋里脊</label>
63     </div>
64   </div>
65
66   <div>
67     4.<input type="checkbox" id="SoupCheck"><label for="SoupCheck">热汤</label>
68     <span price="1.5"><input type="text" class="quantity"> ￥<span></span>元</span>
69     <div class="detail">
70       <label><input type="radio" name="Soup" checked="checked"/>西红柿鸡蛋汤</label>
71        <label><input type="radio" name="Soup">南瓜汤</label>
72     </div>
73   </div>
74
75   <div id="totalPrice"></div>
76
77   <script src="jquery-3.6.0.min.js"></script>
78   <script>
79     function addTotal(){
80       //计算总价格的函数
81       let fTotal = 0;
82       //对于选中的复选框须进行遍历
83       $(":checkbox:checked").each(function(){
84         //获取每一个的数量
85         let iNum = parseInt($(this).parent().find("input[type=text]").val());
86         //获取每一个的单价
87         let fPrice = parseFloat($(this).parent().find("span[price]").attr("price"));
88         fTotal += iNum * fPrice;
89       });
90       $("#totalPrice").html("合计￥"+fTotal+"元");
91     }
92     $(function(){
93       $(":checkbox").click(function(){
94         let bChecked = this.checked;
95         //如果选中复选框则显示子菜单
96         $(this).parent().find(".detail")
97           .css("display",bChecked?"block":"none");
98         $(this).parent().find("input[type=text]")
99           //每次改变复选框的选中状态，都将文本框的值重置为1，触发 change 事件，重新计算价格
100          .attr("disabled",!bChecked).val(1).change()
101          .each(function(){
102            //需要聚焦判断，因此采用 each 来插入语句
```

< 98 >

```
103            if(bChecked) this.focus();
104          });
105      });
106      $("span[price] input[type=text]").change(function(){
107        //根据单价和数量计算价格
108        $(this).parent().find("span")
109          .text($(this).val() * $(this).parent().attr("price"));
110        addTotal(); //计算总价格
111      });
112      //加载页面完成后，统一设置文本框
113      $("span[price] input[type=text]")
114        .attr({ "disabled":true,     //文本框为隐藏的
115          "value":"1",              //表示份数的 value 值为 1
116          "maxlength":"2"           //最多只能输入两位数
117        }).change();                //触发 change 事件，让<span>显示出价格
118    });
119    </script>
120  </body>
```

其运行结果如图 5.15 所示。

图 5.15　快餐在线

**本章小结**

在本章中，首先简单介绍了事件与事件流的概念；然后说明了 jQuery 对事件的处理逻辑，包括事件绑定、取消事件绑定、事件对象、事件触发和事件委托；最后通过一个案例，介绍了如何综合运用 jQuery 的功能来响应表单中的多个事件，并对 DOM 做出对应的处理。希望读者不仅能够熟练使用 jQuery 处理事件，还能理解浏览器中事件的处理机制。

**习题5**

**一、关键词解释**

事件　事件流　事件捕获　事件冒泡　事件监听　事件对象　事件触发　事件委托

< 99 >

**二、描述题**

1. 请简单描述一下事件捕获和事件冒泡的区别。
2. 请简单描述一下如何阻止事件冒泡和事件的默认行为。
3. 请简单列出常用的事件监听函数。
4. 请简单列出常用的事件对象的属性和方法。
5. 请简单描述一下本章中在什么场景下使用了事件委托。

**三、实操题**

在第 1 章习题部分实操题的基础上，将单击事件的行内写法改为 jQuery 的 bind()方法，并实现按下 Enter 键也可以添加目录的功能。

。

< 100 >

# 第**6**章 jQuery 的功能函数

在 JavaScript 编程中，开发者通常需要编写很多小程序来实现一些特定的功能，例如字符串的处理、数组的编辑、类型的判断等。jQuery 对一些常用的程序进行了总结，提供了很多实用的功能函数。本章主要围绕这些功能函数对 jQuery 进行进一步的介绍。本章思维导图如下。

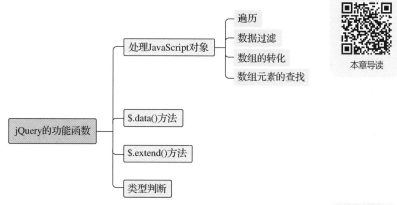

本章导读

## 6.1 处理 JavaScript 对象

案例讲解

在 JavaScript 编程中，可以说一切变量（如字符串、日期、数值等）都是对象。jQuery 提供了一些便捷的方法来处理相关的对象，例如前面提到的$.trim()就是其中之一。本节将通过实例对一些常用的功能函数进行简要介绍。

### 6.1.1 遍历

前面介绍过$.each()函数，该函数用于对元素进行遍历。同样，对于 JavaScript 的数组或者对象，可以使用$.each()函数进行遍历，其语法如下所示：

```
$.each(object,fn);
```

其中 object 为需要遍历的对象，fn 为 object 中的每个元素都会执行的函数。函数 fn 可以接收两个参数，第一个参数为数组元素的序号或者对象的属性，第二个参数为元素或者属性的值。例如使用$.each()函数遍历数组和对象，代码如下，实例文件请参考本书配套的资源文件：第 6 章\6-1.html。

```
1    <!DOCTYPE html>
2    <html>
3    <head>
```

```
4     <title>$.each()函数</title>
5     </head>
6     <body>
7      <script src="jquery-3.6.0.min.js"></script>
8      <script>
9      let aArray = ["one", "two", "three", "four", "five"];
10     $.each(aArray,function(iNum,value){
11       //针对数组
12       document.write("序号:" + iNum + " 值:" + value + "<br>");
13     });
14     let oObj = {one:1, two:2, three:3, four:4, five:5};
15     $.each(oObj, function(property,value) {
16       //针对对象
17       document.write("属性:" + property + " 值:" + value + "<br>");
18     });
19     </script>
20    </body>
21    </html>
```

运行结果如图 6.1 所示。可以看到使用$.each()函数遍历数组和对象都十分方便。

图 6.1　$.each()函数

另外，对于我们不太熟悉的对象，使用$.each()函数能很好地获取其中的属性和值。例如对于 window.navigator 对象，如果不清楚其中包含的属性，则可以用$.each()函数进行遍历，代码如下，实例文件请参考本书配套的资源文件：第 6 章\6-2.html。

```
1     <!DOCTYPE html>
2     <html>
3     <head>
4     <title>$.each()函数</title>
5     <script src="jquery-3.6.0.min.js"></script>
6     <script>
7     $.each(window.navigator, function(property,value) {
8       //遍历对象 window.navigator
9       document.write("属性:" + property + " 值:" + value + "<br>");
10    });
11    </script>
12    </head>
13    <body>
14    </body>
15    </html>
```

以上代码会直接对 window.navigator 对象进行遍历，以获取它的属性和值，运行结果如图 6.2 所示。

< 102 >

window.navigator 对象有很多属性，其中 userAgent 经常用于判断用户的操作系统和浏览器的类型。

图 6.2　遍历对象 window.navigator

## 6.1.2　数据过滤

对于数组中的数据，很多时候开发者希望进行筛选。jQuery 提供了$.grep()函数，使用它能够很便捷地过滤数组中的数据，其语法如下所示：

```
$.grep(array, fn, [invert])
```

其中 array 为需要过滤的数组对象，fn 为过滤函数（针对数组中的每个对象，如果返回 true 则保留，否则删除）。可选项 invert 的值为布尔值，如果设置为 true 则函数 fn 的规则取反，满足条件的对象被删除。下面的例子会使用 jQuery 过滤数组元素，实例文件请参考本书配套的资源文件：第 6 章\6-3.html。

```
1   <!DOCTYPE html>
2   <html>
3   <head>
4     <title>$.grep()函数</title>
5   </head>
6   <body>
7
8     <script src="jquery-3.6.0.min.js"></script>
9     <script>
10      let aArray = [2, 9, 3, 8, 6, 1, 5, 9, 4, 7, 3, 8, 6, 9, 1];
11      let aResult = $.grep(aArray,function(value){
12        return value > 4;
13      });
14      document.write("aArray: " + aArray.join() + "<br>");
15      document.write("aResult: " + aResult.join());
16    </script>
17  </body>
18  </html>
```

在上面的例子中首先定义了数组 aArray，然后用$.grep()函数将值大于 4 的元素挑选出来，从而得

< 103 >

到新的数组 aResult。运行结果如图 6.3 所示。

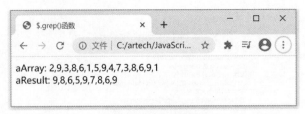

图 6.3　$.grep()函数

另外，过滤函数可以接收第二个参数，即数组元素的索引，从而使开发者可以更加灵活地控制过滤结果，代码如下，实例文件请参考本书配套的资源文件：第 6 章\6-4.html。

```
1   <!DOCTYPE html>
2   <html>
3   <head>
4     <title>$.grep()函数</title>
5   </head>
6   <body>
7
8     <script src="jquery-3.6.0.min.js"></script>
9     <script>
10      let aArray = [2, 9, 3, 8, 6, 1, 5, 9, 4, 7, 3, 8, 6, 9, 1];
11      let aResult = $.grep(aArray,function(value, index){
12        //将元素的值（value）和索引（index）同时进行判断
13        return (value > 4 && index > 3);
14      });
15      document.write("aArray: " + aArray.join() + "<br>");
16      document.write("aResult: " + aResult.join());
17    </script>
18  </body>
19  </html>
```

以上代码将元素的值（value）和索引（index）同时进行判断，并采用了与 6-3.html 相同的数据，运行结果如图 6.4 所示。

图 6.4　$.grep(value,index)函数

### 6.1.3　数组的转化

很多时候开发者希望某个数组中的元素能够进行统一转化，例如将所有元素都乘 2 等。虽然可以通过 JavaScript 的 for 循环来实现，但 jQuery 提供了使用更为简便的$.map()方法。该方法的语法如下所示：

```
$.map(array, fn)
```

其中 array 为希望转化的数组，fn 为转化函数，数组中的每一项都会执行该函数。该函数同样可以接收

< 104 >

两个参数，第一个参数为元素的值，第二个参数为元素的索引，是可选参数。举例如下，实例文件请参考本书配套的资源文件：第 6 章\6-5.html。

```
1   <!DOCTYPE html>
2   <html>
3   <head>
4     <title>$.map()函数</title>
5   </head>
6   <body>
7     <p></p><p></p><p></p>
8
9     <script src="jquery-3.6.0.min.js"></script>
10    <script>
11      $(function(){
12        let aArr = ["a", "b", "c", "d", "e"];
13        $("p:eq(0)").text(aArr.join());
14
15        aArr = $.map(aArr,function(value,index){
16          //将数组中的元素转化为大写形式并添加序号
17          return (value.toUpperCase() + index);
18        });
19        $("p:eq(1)").text(aArr.join());
20
21        aArr = $.map(aArr,function(value){
22          //对数组元素的值进行"双倍处理"
23          return value + value;
24        });
25        $("p:eq(2)").text(aArr.join());
26      });
27    </script>
28  </body>
29  </html>
```

以上代码首先建立了一个由字母组成的数组，然后利用$.map()函数将其所有元素转化为大写形式并添加序号，再将所有元素"双倍输出"。运行结果如图 6.5 所示。

图 6.5  $.map()函数

另外，利用$.map()函数转化后的数组的长度并不一定与原数组的相同，可以通过设置 null 来删除数组的元素，举例如下，实例文件请参考本书配套的资源文件：第 6 章\6-6.html。

```
1   <!DOCTYPE html>
2   <html>
3   <head>
4     <title>$.map()函数</title>
5   </head>
6   <body>
7     <p></p><p></p>
```

< 105 >

```
8
9     <script src="jquery-3.6.0.min.js"></script>
10    <script>
11      $(function(){
12        let aArr = [0, 1, 2, 3, 4];
13        $("p:eq(0)").text("长度: " + aArr.length + "。值: " + aArr.join());
14
15        aArr = $.map(aArr,function(value){
16          //比 1 大的加 1 后返回，否则删除
17          return value>1 ? value+1 : null;
18        });
19        $("p:eq(1)").text("长度: " + aArr.length + "。值: " + aArr.join());
20      });
21    </script>
22  </body>
23  </html>
```

以上代码中$.map()函数会对数组元素的值进行判断，如果大于 1 则加 1 后返回，否则通过设置 null 将其删除，运行结果如图 6.6 所示。

图 6.6 对数组元素的值进行判断

除了删除元素以外，利用$.map()函数转化数组时还可以添加数组元素，举例如下，实例文件请参考本书配套的资源文件：第 6 章\6-7.html。

```
1   <!DOCTYPE html>
2   <html>
3   <head>
4     <title>$.map()函数</title>
5   </head>
6   <body>
7     <p></p><p></p>
8
9     <script src="jquery-3.6.0.min.js"></script>
10    <script>
11      $(function(){
12        let aArr1 = ["one", "two", "three", "four five"];
13        aArr2 = $.map(aArr1,function(value){
14          //将单词拆成一个个的字母
15          return value.split("");
16        });
17        $("p:eq(0)").text("长度: " + aArr1.length+ "。值: " + aArr1.join());
18        $("p:eq(1)").text("长度: " + aArr2.length+ "。值: " + aArr2.join());
19      });
20    </script>
21  </body>
22  </html>
```

< 106 >

以上代码在转化函数中用 split("")方法将单词拆成了一个个的字母，运行结果如图 6.7 所示。

图 6.7　拆分单词

## 6.1.4　数组元素的查找

对于字符串，可以通过 indexOf()来查找特定子字符的索引；而对于数组元素，ES6 中添加了类似的方法。在 jQuery 中，使用$.inArray()函数可以很好地实现数组元素的查找，其语法如下所示：

```
$.inArray(value, array)
```

其中 value 为希望查找的对象，而 array 为数组本身。如果找到了则返回第一个匹配元素在数组中的索引，如果没有找到则返回-1。下面的例子会使用 jQuery 实现数组元素的查找，实例文件请参考本书配套的资源文件：第 6 章\6-8.html。

```
1   <!DOCTYPE html>
2   <html>
3   <head>
4     <title>$.inArray()函数</title>
5   </head>
6   <body>
7     <p></p><p></p>
8
9     <script src="jquery-3.6.0.min.js"></script>
10    <script>
11      $(function(){
12        let aArr = ["one", "two", "three", "four five", "two"];
13        let pos1 = $.inArray("two",aArr);
14        let pos2 = $.inArray("four",aArr);
15        $("p:eq(0)").text("two 的索引: " + pos1);
16        $("p:eq(1)").text("four 的索引: " + pos2);
17      });
18    </script>
19  </body>
20  </html>
```

以上代码会在数组 aArr 中查找字符串 two 和 four，并会将返回的结果直接输出，如图 6.8 所示。

图 6.8　$.inArray()函数

< 107 >

# 6.2 $.data()方法

$.data()用于在指定的元素中存取键值对的数据，并返回设置的值。现在通过一个实例来介绍$.data()的用法。代码如下，在<div>元素中先存储数据、再获取数据，实例文件请参考本书配套的资源文件：第 6 章\6-9.html。

```
1   <body>
2     <div> 存储的值为 <span></span> 和 <span></span> </div>
3     <script src="jQuery-3.6.0.min.js"></script>
4     <script>
5       $(function () {
6         let div = $("div")[0];
7         $.data(div, "test", {
8           first: 16,
9           last: "pizza!"
10        });
11        $("span:first").text($.data(div, "test").first);
12        $("span:last").text($.data(div, "test").last);
13      })
14    </script>
15  </body>
```

$.data()的用法是$.data(元素,键,值)。从以上代码可以看出，$.data()会先将 16 和 pizza! 放入一个对象中作为值，将 test 作为键，它们都被存储在<div>元素中；然后获取两个值并分别显示在两个<span>标签中，效果如图 6.9 所示。

图6.9 在<div>元素中先存储数据、再获取并显示数据

此外，该方法在处理元素的状态时非常有用，例如模拟一扇门的开关状态，代码如下，实例文件请参考本书配套的资源文件：第 6 章\6-10.html。

```
1   <body>
2     <div style="cursor: pointer;">click me</div>
3     <script src="jquery-3.6.0.min.js"></script>
4     <script>
5       $(function () {
6         const $div = $("div");
7         //单击切换状态
8         $div.click(function() {
9           let state = $div.data('state');
10          if(state === 'on') {
11            $div.data('state', 'off');
12            $div.text('门关了☹');
13          } else {
14            $div.data('state', 'on');
15            $div.text('门开了☺');
16          }
17        })
```

< 108 >

```
18    })
19  </script>
20 </body>
```

这个例子设置了两种状态：开和关。这里使用了 data() 方法的另一种用法：直接作用在选中的元素上。先获取门的状态，然后根据状态来做出改变。此时页面效果如图 6.10 所示。

图6.10 门的开关状态

# 6.3 $.extend() 方法

案例讲解

$.extend() 用于将一个或多个对象的内容合并到目标对象中，其语法如下：

```
$.extend(target, object1 [, objectN])
```

该方法有多个参数，第一个参数是目标对象，第二个参数以及之后的参数是待合并的对象。至少需要一个待合并的对象，且该方法会返回合并后的对象。举例如下，实例文件请参考本书配套的资源文件：第 6 章\6-11.html。

```
1  <script>
2    let object1 = {
3      apple: 0,
4      banana: {weight: 52, price: 100},
5      cherry: 97
6    };
7    let object2 = {
8      banana: {price: 200},
9      durian: 100
10   };
11
12   /* 将 object2 合并到 object1 中 */
13   let result = $.extend(object1, object2);
14
15   console.log(JSON.stringify(object1));
16   console.log(JSON.stringify(object2));
17   console.log(JSON.stringify(result));
18   console.log(object1 === result);
19 </script>
```

控制台的输出如下所示：

```
1  {"apple":0,"banana":{"price":200},"cherry":97,"durian":100}
2  {"banana":{"price":200},"durian":100}
3  {"apple":0,"banana":{"price":200},"cherry":97,"durian":100}
4  true
```

< 109 >

从输出结果可以看出，object1 对象中具有了 object2 对象中的属性，object2 对象并没有变化。合并时，如果 object2 对象中的属性在 object1 对象中没有，则直接添加该属性，例如 durian 属性；否则用新的值覆盖，例如 banana 属性（它本身是一个对象，合并后其中只剩下 price，原来的 weight 没有了）。

📝 说明

JSON.stringify() 是 JavaScript 内置的方法，它能将一个对象的属性序列化成一个 JSON 格式的字符串。

在这个例子中，如果希望不改变 object1 对象，则可以使用如下方式将 object1 和 object2 合并到一个新的对象中。

```
let newObj = $.extend({}, object1, object2);
```

在属性被覆盖时，我们可能会希望保留原来的所有属性，即依旧保留 banana.weight。对于这种情况，利用 $.extend() 加以实现的方式如下：

```
$.extend(true, target, object1 [, objectN])
```

这时，第一个参数是 true，它表示"深复制"，即第一个对象的属性本身是对象或者数组时，则继续向下比对，无属性则添加，有属性则覆盖。这种比对是递归的，例如将 6-11.html 做如下修改，实例文件请参考本书配套的资源文件：第 6 章\6-12.html。

```
1   <script>
2       let object1 = {
3         apple: 0,
4         banana: {weight: 52, price: 100},
5         cherry: 97
6       };
7       let object2 = {
8         banana: {price: 200},
9         durian: 100
10      };
11
12      /* 将 object2 合并到 object1 中 */
13      let result = $.extend(true, object1, object2);
14
15      console.log(JSON.stringify(object1));
16      console.log(JSON.stringify(object2));
17  </script>
```

控制台的输出如下所示：

```
1   {"apple":0,"banana":{"weight":52,"price":200},"cherry":97,"durian":100}
2   {"banana":{"price":200},"durian":100}
```

可以看到，合并后的 object1 对象仍然包含 banana.weight。

# 6.4 类型判断

案例讲解

JavaScript 中一共有 7 种数据类型，分别为字符串、布尔值、对象、数字、null、undefined、symbol。其中对象类型属于复合类型，包括函数、日期、正则表达式等多个分类。这些细化的类型通过原生 JavaScript 提供的 typeof 进行数据类型判断的时候，会出现很多问题，下面进行简单演示，实例文件请参考本书配套的资源文件：第 6 章\6-13.html。

< 110 >

```
1    console.log(typeof null)
2    console.log(typeof new Date)
3    console.log(typeof new Object)
4    console.log(typeof new RegExp)
```

运行以上代码，可以看出利用 typeof 并不能进行数据类型的区分，控制台的输出如下：

```
1    object
2    object
3    object
4    object
```

为了解决这个问题，jQuery 提供了一个通用办法，即$.type()工具方法。将 6-13.html 改成用$.type()工具方法，代码如下，实例文件请参考本书配套的资源文件：第 6 章\6-14.html。

```
1    console.log($.type(null))
2    console.log($.type(new Date))
3    console.log($.type(new Object))
4    console.log($.type(new RegExp))
```

运行以上代码，可以看出$.type()解决了之前不能进行数据类型区分的问题，此时控制台的输出如下：

```
1    null
2    date
3    object
4    regexp
```

$.type()工具方法功能很强大，可以用于区分各种数据类型。jQuery 还提供了一些用于单独判断具体数据类型的工具方法，如表 6.1 所示。

表6.1　判断数据类型的工具方法

| 工具方法 | 说明 |
| --- | --- |
| $.isFunction() | 判断是否是函数类型 |
| $.isNumeric() | 判断是否是数字类型 |
| $.isArray() | 判断是否是数组类型 |
| $.isWindow() | 判断是否是 window 类型 |
| $.isEmptyObject() | 判断是否是 null 类型 |
| $.isPlainObject() | 判断是否是对象自变量类型（通过{}或者 new Object()方式创建出来的对象的类型） |
| $.isXMLDoc() | 判断是否位于 XML 文档中 |

下面对表 6.1 中的方法进行简单的演示，实例文件请参考本书配套的资源文件：第 6 章\6-15.html。

```
1    console.log($.isFunction(function(){}));
2    console.log($.isNumeric(123));
3    console.log($.isArray(['a', 'b', 'c']));
4    console.log($.isWindow(window));
5    console.log($.isEmptyObject({}));
6    console.log($.isPlainObject({"name": 'xiaoming'}));
7    console.log($.isXMLDoc(document));
```

运行以上代码，控制台的输出如下：

```
1    true
2    true
3    true
4    true
```

< 111 >

```
5    true
6    true
7    false
```

需要注意的是，在 HTML 文档中，利用$.isXMLDoc()判断 document 会返回 false。

## 本章小结

本章重点对 jQuery 中用于处理数组和对象的功能函数进行了介绍，这些函数在开发中会被频繁使用。虽然原生的 JavaScript 数组也自带一些函数，但本章介绍的这些功能函数使用起来更加具有 jQuery 自己的风格，也更易用。

## 习题6

### 一、关键词解释

$.each()   $.data()   $.extend()   遍历   类型检测

### 二、描述题

1. 请简单描述一下本章中介绍的处理 JavaScript 对象的方法有哪些，它们的作用分别是什么。
2. 请简单描述一下通过 jQuery 的什么方法可以实现外部代码的加载。
3. 请简单描述一下一共有几种数据类型，它们分别是什么。
4. 请简单描述一下判断数据类型的方法有哪些。

### 三、实操题

使用本章讲解的$.each()方法，实现题图 6.1 所示的页面效果。需要说明的是，当鼠标指针移入菜单后，被选中的菜单项的样式效果会改变。

题图 6.1　页面效果

< 112 >

# 第7章  jQuery 与 AJAX

随着网络技术的不断发展，Web 技术日新月异。人们迫切地希望浏览网页就像使用自己计算机上的桌面应用程序一样，能够方便、迅速地执行每一项操作。而 AJAX 就是这样一种技术，它使"浏览器与桌面应用程序之间的距离"越来越小。

本章介绍 AJAX 的基本概念，主要围绕 jQuery 中 AJAX 的相关技术进行讲解，重点分析 jQuery 对 AJAX 获取异步数据步骤的简化。本章思维导图如下。

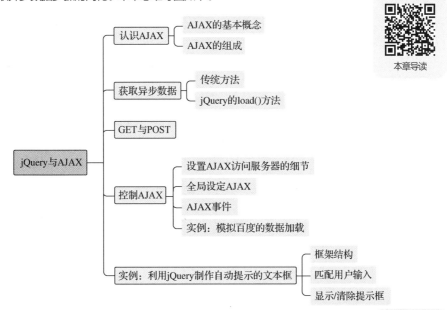

本章导读

## 7.1  认识 AJAX

知识点讲解

AJAX（asynchronous JavaScript and XML，异步 JavaScript 和 XML）是一种相对较新的技术，是由咨询顾问杰西·詹姆斯·加勒特（Jesse James Garrett）首先提出来的，通常被人们亲切地称作"阿贾克斯"。近些年，谷歌等公司对 AJAX 的成功运用，使 Web 浏览器的潜力被挖掘了出来，进而使得 AJAX 越来越受到大家的关注。本节主要介绍 AJAX 的基本概念，为后文的学习打下基础。

### 7.1.1  AJAX 的基本概念

用户在浏览网页时，无论是打开一段新的评论，还是填写一张调查问卷，都需要反复与服务器进行交互。而传统的 Web 应用程序采用同步交互的模式，即用户向服务器发送一个请求，然后服务器根据用户的请求执行相应的任务，并返回结果，如图 7.1 所示。这是一种十分不连贯的运行模式，常常伴随着长时间的等待以及整个页面的刷新，即通常所说的"白屏"现象。

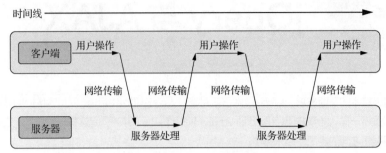

图7.1　传统的 Web 应用程序模式

如图 7.1 所示，当客户端将请求传给服务器后，往往需要长时间地等待服务器返回处理好的数据。而通常用户仅需要更新页面中的一小部分数据，而不需要进行整个页面的刷新，这就进一步增加了用户等待的时间。数据的重复传递会浪费大量的资源和网络带宽。

AJAX 与传统的 Web 应用程序不同，它采用的是异步交互的方式，它在客户端与服务器之间引入了一个中间媒介，从而改变了同步交互过程中"处理—等待—处理—等待"的模式。用户的浏览器在执行任务时即装载了 AJAX 引擎。该引擎是由 JavaScript 编写的，其通常位于页面的框架中，负责以转发的形式实现客户端和服务器之间的交互。另外，通过 JavaScript 调用 AJAX 引擎，可以使得页面不再进行整体刷新，而仅更新用户需要的部分，这样不但避免了"白屏"现象的出现，还大大节省了带宽，加快了 Web 浏览的速度。基于 AJAX 的 Web 应用程序模式如图 7.2 所示。

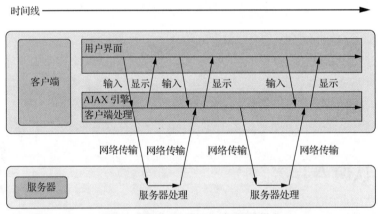

图7.2　基于 AJAX 的 Web 应用程序模式

在网页中合理地使用 AJAX，可以使如今纷繁的 Web 应用焕然一新，它带来的好处可以归纳如下。

- 减轻服务器的负担，加快 Web 浏览速度。AJAX 在运行时仅按照用户的需求从服务器上获取数据，而不是每次都获取整个页面的数据，这样可以最大限度地减少冗余请求、减轻服务器的负担，从而大大提高 Web 浏览速度。
- 带来更好的用户体验。传统的 Web 应用程序模式下的"白屏"现象十分不友好，而 AJAX 局部刷新技术使得用户浏览页面就像使用自己计算机上的桌面应用程序一样方便。
- 基于标准化并被广泛支持的技术，不需要下载插件或小程序。目前主流的浏览器都支持 AJAX，这使得它的推广十分顺畅。

< 114 >

- 进一步促进页面呈现与数据分离。AJAX 获取服务器数据可以完全利用单独的模块加以实现，这使技术人员和美工人员能够更好地分工与配合。

## 7.1.2　AJAX 的组成

AJAX 不是单一的技术，而是 4 种技术的集合，要灵活地运用 AJAX 就必须深入了解这些不同的技术。表 7.1 简要介绍了这些技术，以及它们在 AJAX 中所扮演的角色。

表 7.1　AJAX 的组成

| 技术 | 角色 |
| --- | --- |
| JavaScript | JavaScript 是通用的脚本语言，可嵌入某种应用。AJAX 应用程序是使用 JavaScript 编写的 |
| CSS | CSS 为 Web 页面元素提供了可视化样式的定义方法。在 AJAX 应用中，用户界面的样式可以通过 CSS 独立修改 |
| DOM | 通过 JavaScript 修改 DOM，AJAX 应用程序可以在运行时改变用户界面，或者局部更新页面中的某个节点 |
| XMLHttpRequest 对象 | XMLHttpRequest 对象允许 Web 程序员从服务器中以后台的方式获取数据。数据的格式通常是 JSON、XML 或者文本 |

JavaScript 就像胶水一样会将 AJAX 的各个部分黏合在一起。例如通过 JavaScript 操作 DOM 来改变和刷新用户界面，通过修改 className 来改变 CSS 样式等。前文已对 JavaScript、CSS、DOM 这 3 项技术进行了详细的介绍。

XMLHttpRequest 对象则用来与服务器进行异步通信，在用户工作时提交用户的请求并获取最新的数据。图 7.3 显示了 AJAX 中的 4 种技术的配合。

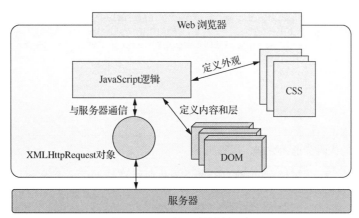

图 7.3　AJAX 的 4 种技术的配合

AJAX 通过发送异步请求，大大延长了 Web 页面的使用寿命。通过与服务器进行异步通信，实现了在交互时无须打断用户的操作，这是 Web 技术的飞跃。目前主流的浏览器都支持 AJAX。

# 7.2　获取异步数据

案例讲解

AJAX 中极重要的莫过于获取异步数据，它是连接用户操作与后台服务器的关键。本节主要介绍 jQuery 中 AJAX 获取异步数据的方法，并通过具体实例分析 load()函数的强大功能与应用细节。

< 115 >

## 7.2.1 传统方法

在 AJAX 中获取异步数据是有固定步骤的，例如希望将数据放入指定的<div>块，可以用如下的方法实现，实例文件请参考本书配套的资源文件：第 7 章\7-1.html 和 7-1.aspx。

```html
1  <!DOCTYPE html>
2  <html>
3  <head>
4    <title>AJAX 获取数据过程</title>
5  </head>
6  <body>
7    <input type="button" value="测试异步通信" onClick="startRequest()">
8    <br><br>
9    <div id="target"></div>
10
11   <script>
12     let xmlHttp;
13     function createXMLHttpRequest(){
14       if(window.ActiveXObject)
15         xmlHttp = new ActiveXObject("Microsoft.XMLHTTP");
16       else if(window.XMLHttpRequest)
17         xmlHttp = new XMLHttpRequest();
18     }
19     function startRequest(){
20       createXMLHttpRequest();
21       xmlHttp.open(
22         "GET",
23         "http://demo-api.geekfun.website/jquery/7-1.aspx",
24         true
25       );
26       xmlHttp.onreadystatechange = function(res){
27         if(xmlHttp.readyState == 4 && xmlHttp.status == 200)
28           document.getElementById("target").innerHTML = xmlHttp.responseText;
29       }
30       xmlHttp.send(null);
31     }
32   </script>
33 </body>
34 </html>
```

此时服务器端的代码会返回数据，代码如下：

```
1  <%@ Page Language="C#" ContentType="text/html" ResponseEncoding="gb2312" %>
2  <%@ Import Namespace="System.Data" %>
3  <%
4    Response.Write("异步测试成功，很高兴");
5  %>
```

运行结果如图 7.4 所示，单击按钮即可获取异步数据。

图 7.4 AJAX 获取数据过程

< 116 >

✏️ 说明

为了读者测试方便，本书编者已经将本章中需要用的几个服务器端程序部署到了互联网上，读者可以直接调用。

本书编者已经将服务器端的程序放在了本书的随书资源中，如果读者希望自己修改服务器端的程序，则可以下载后使用。

为了使没有丰富后端开发经验的读者能比较容易地让这几个服务器端的程序运行起来，这里使用了 Windows 计算机自带的 IIS Web 服务器。直接把本书配套资源中的服务器端程序复制到本地计算机上，然后简单配置 IIS 即可使其运行。由于 Windows 计算机都自带 IIS Web 服务器，不需要下载安装其他的支撑环境，这对于初学者来说是比较方便的。

本章各个案例中的服务器端程序都非常简单。对于具有一定后端开发经验的读者，可以使用任何其他后端语言和框架来实现这些案例的后端部分，例如使用 Node.js、Python、Java 等。读者可以自行配置好服务器端的代码，然后在页面中通过 AJAX 来调用。

对于完全没有后端开发经验的读者，建议直接使用已经部署好的 API，这样比较方便。

## 7.2.2　jQuery 的 load()方法

jQuery 将 AJAX 获取异步数据的步骤进行了总结，综合出了几个实用的方法。例如上面的例子可以直接用 load()方法一步实现，代码如下，实例文件请参考本书配套的资源文件：第 7 章\7-2.html 和 7-1.aspx。

```
1   <!DOCTYPE html>
2   <html>
3   <head>
4    <title>jQuery 简化 AJAX 获取异步数据的步骤</title>
5   </head>
6   <body>
7    <input type="button" value="测试异步通信" onClick="startRequest()">
8    <br><br>
9    <div id="target"></div>
10
11   <script src="jquery-3.6.0.min.js"></script>
12   <script>
13     function startRequest(){
14       $('#target').load("http://demo-api.geekfun.website/jquery/7-1.aspx");
15     }
16   </script>
17  </body>
18  </html>
```

其中服务器端的代码仍然采用 7-1.aspx 的，可以看到客户端的代码大大减少，运行结果如图 7.5 所示，该结果与原生的 JavaScript 写法所产生的结果完全相同。

图 7.5　jQuery 简化 AJAX 获取异步数据的步骤

< 117 >

load()方法的语法如下所示：

```
load(url, [data], [callback])
```

其中 url 为异步请求的地址，data 用来向服务器传送请求数据，为可选参数。一旦 data 参数被启用，整个请求过程将以 POST 方式进行，否则默认为 GET 方式。如果希望在 GET 方式下传递数据，则可以在 url 后面用类似?dataName1=data1&dataName2=data2 的方法。callback 为 AJAX 加载成功后运行的回调函数。GET 与 POST 的区别后文会讲解。

另外，使用 load()方法返回的数据，不论是文本数据还是 XML 数据，jQuery 都会自动进行处理。例如使用 load()获取 XML 数据，代码如下，实例文件请参考本书配套的资源文件：第 7 章\7-3.html 和 7-3.aspx。

```
1   <!DOCTYPE html>
2   <html>
3   <head>
4     <title>使用 load()获取 XML 数据</title>
5   </head>
6   <style type="text/css">
7     p{
8       font-weight:bold;
9     }
10    span{
11      text-decoration:underline;
12    }
13  </style>
14  <body>
15    <input type="button" value="测试异步通信" onClick="startRequest()">
16    <br><br>
17    <div id="target"></div>
18
19    <script src="jquery-3.6.0.min.js"></script>
20    <script>
21      function startRequest(){
22        $("#target").load("http://demo-api.geekfun.website/jquery/7-3.aspx");
23      }
24    </script>
25  </body>
26  </html>
```

以上代码与 7-2.html 的基本相同，不同之处在于上述代码为<p>标记和<span>标记添加了 CSS 样式等，服务器端返回的 XML 数据如下：

```
1   <%@ Page Language="C#" ContentType="text/xml" ResponseEncoding="gb2312" %>
2   <%@ Import Namespace="System.Data" %>
3   <%
4     Response.ContentType = "text/xml";
5     Response.CacheControl = "no-cache";
6     Response.AddHeader("Pragma","no-cache");
7
8     string xml = "<p id='kk'>p 标记<span>内套 span 标记</span></p><span>单独的 span 标记</span>";
9     Response.Write(xml);
10  %>
```

服务器端返回一些 XML 数据，包含<p>标记和<span>标记，运行结果如图 7.6 所示，可以看到返回的代码被应用了相应的 CSS 样式。

< 118 >

图 7.6　使用 load()获取 XML 数据

从这个例子中可以看出，采用 load()方法获取的数据不需要再单独设置 responseText 或 responseXML。另外 load()方法还提供了强大的功能，能够直接筛选 XML 数据中的标记（只需要在请求的 url 后面加空格，然后添加相应的标记即可）。直接修改 7-3.html 中的代码，如下所示，实例文件请参考本书配套的资源文件：第 7 章\7-4.html 和 7-3.aspx。

```
1    <script src="jquery-3.6.0.min.js"></script>
2    <script>
3    function startRequest(){
4        //只获取<span>标记
5        $("#target").load("http://demo-api.geekfun.website/jquery/7-3.aspx span");
6    }
7    </script>
```

运行结果如图 7.7 所示，将该结果与 7-3.html 的结果进行对比可以看出，仅<span>标记被获取，<p>标记被过滤掉了。

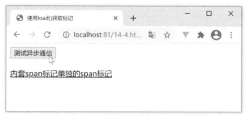

图 7.7　使用 load()获取标记

知识点讲解

# 7.3　GET 与 POST

通常在 HTTP 请求中有 GET 和 POST 两种方式，这两种方式都可被作为异步请求发送数据的方式。GET 请求一般用来获取资源，参数需要放在 URL（uniform resource locator，统一资源定位符）中，而 POST 请求的参数则需要放在 HTTP 消息报文的主体中，它主要用来提交数据，比如表单。因为 URL 会被浏览器记住，而且有长度限制，所以发送敏感数据和大量数据时应该使用 POST 方式。

尽管 load()方法可以实现 GET 和 POST 两种方式，但很多时候开发者还是希望能够指定发送方式，并且处理服务器返回的值。jQuery 提供了$.get()和$.post()两种方法，分别针对 GET 和 POST 这两种方式，它们的语法如下所示：

```
1    $.get(url, [data], [callback])
2    $.post(url, [data], [callback],[type])
```

其中 url 表示请求地址；data 表示请求数据的列表，是可选参数；callback 表示请求成功后的回调函数，该函数接收两个参数，第一个参数为服务器返回的数据，第二个参数为服务器的状态。callback 是可选

< 119 >

参数。$.post()中的 type 表示请求数据的类型，其可以是 HTML、XML、JSON 等类型。

下面利用 jQuery 发送 GET 请求和 POST 请求，代码如下，实例文件请参考本书配套的资源文件：第 7 章\7-5.html 和 7-5.aspx。

```
1   <!DOCTYPE html>
2   <html>
3   <head>
4     <title>GET 与 POST</title>
5   </head>
6   <body>
7     <h2>输入姓名和生日</h2>
8     <form>
9       <input type="text" id="firstName" /><br>
10      <input type="text" id="birthday" />
11    </form>
12    <form>
13      <input type="button" value="GET" onclick="doRequestUsingGET();" /><br>
14      <input type="button" value="POST" onclick="doRequestUsingPOST();" />
15    </form>
16    <div id="serverResponse"></div>
17
18    <script src="jquery-3.6.0.min.js"></script>
19    <script>
20      function createQueryString(){
21        let firstName = encodeURI($("#firstName").val());
22        let birthday = encodeURI($("#birthday").val());
23        //组合成对象的形式
24        let queryString = {firstName:firstName,birthday:birthday};
25        return queryString;
26      }
27      function doRequestUsingGET(){
28        $.get(
29      "http://demo-api.geekfun.website/jquery/7-5.aspx",
30      createQueryString(),
31      //发送 GET 请求
32      function(data){
33        $("#serverResponse").html(decodeURI(data));
34      }
35    );
36  }
37  function doRequestUsingPOST(){
38    $.post(
39      "http://demo-api.geekfun.website/jquery/7-5.aspx",
40      createQueryString(),
41      //发送 POST 请求
42      function(data){
43        $("#serverResponse").html(decodeURI(data));
44      }
45    );
46  }
47    </script>
48  </body>
49  </html>
```

而服务器端的代码如下所示：

```
1   <%@ Page Language="C#" ContentType="text/html" ResponseEncoding="gb2312" %>
```

< 120 >

```
2    <%@ Import Namespace="System.Data" %>
3    <%
4        if(Request.HttpMethod == "POST")
5            Response.Write("POST: " + Request["firstName"] + ", your birthday is " +
             Request["birthday"]);
6        else if(Request.HttpMethod == "GET")
7            Response.Write("GET: " + Request["firstName"] + ", your birthday is " +
             Request["birthday"]);
8    %>
```

其运行结果如图 7.8 所示。

图 7.8 GET 与 POST

# 7.4 控制 AJAX

案例讲解

尽管 \$.load()、\$.get()和\$.post()非常方便、实用，但它们不能用于控制错误以及很多
交互的细节，可以说这 3 种方法对 AJAX 的可控性较差。本节主要介绍 jQuery 设置 AJAX 访问服务器
各个细节的方法，并简单说明 AJAX 事件。

## 7.4.1 设置 AJAX 访问服务器的细节

jQuery 提供了一个强大的方法\$.ajax(options)来设置 AJAX 访问服务器的各个细节，它的语法十分
简单，就是设置 AJAX 的各个选项，然后指定相应的值，例如 7-5.html 的 doRequestUsingGET()和
doRequestUsingPOST()函数通过该方法可以分别被改写成如下方式，实例文件请参考本书配套的资源文
件：第 7 章\7-6.html 和 7-5.aspx。

```
1    function doRequestUsingGET(){
2        $.ajax({
3            type: "GET",
4            url: "http://demo-api.geekfun.website/jquery/7-5.aspx",
5            data: createQueryString(),
6            success: function(data){
7                $("#serverResponse").html(decodeURI(data));
8            }
9        });
10   }
11   function doRequestUsingPOST(){
12       $.ajax({
13           type: "POST",
14           url: "http://demo-api.geekfun.website/jquery/7-5.aspx",
15           data: createQueryString(),
16           success: function(data){
17               $("#serverResponse").html(decodeURI(data));
18           }
19       });
```

< 121 >

20     }

运行结果如图 7.9 所示，与 7-5.html 的运行结果完全相同。

图 7.9   $.ajax()方法

$.ajax(options)的参数非常多，涉及 AJAX 的方方面面，常用的如表 7.2 所示：

表 7.2   $.ajax(options)的常用参数

| 参数 | 类型 | 说明 |
| --- | --- | --- |
| async | 布尔值 | 如果设置为 true 则为异步请求（默认值），如果设置为 false 则为同步请求 |
| beforeSend | 函数 | 发送请求前调用的函数，通常用来修改 XMLHttpRequest；该函数接收一个唯一的参数，即 XMLHttpRequest |
| cache | 布尔值 | 如果设置为 false，则强制页面不进行缓存 |
| complete | 函数 | 请求完成时的回调函数（如果设置了 success 或者 error，则在它们执行完后才执行） |
| contentType | 字符串 | 请求类型，默认为表单的 application/x-www-form-urlencoded |
| data | 对象/字符串 | 发送给服务器的数据，可以是对象的形式，也可以是 URL 字符串的形式 |
| dataType | 字符串 | 希望服务器返回的数据类型，如果不设置则根据 MIME 类型返回 responseText 或者 responseXML。常用的值有如下几种。<br>（1）xml：返回 XML 值。<br>（2）htm：返回文本值，可以包含标记。<br>（3）script：返回 JAVASCRIPT 文件。<br>（4）json：返回 JSON 值。<br>（5）text：返回纯文本值 |
| error | 函数 | 请求失败时调用的函数；该函数接收 3 个参数，第一个参数为 XMLHttpRequest，第二个参数为相关的错误信息 text，第三个参数为可选参数，表示异常对象 |
| global | 布尔值 | 如果设置为 true，则允许触发全局函数；默认值为 true |
| ifModified | 布尔值 | 如果设置为 true，则只有当返回结果相对于上次的返回结果改变时才算成功；默认值为 false |
| password | 字符串 | 密码 |
| processData | 布尔值 | 如果设置为 false，则将阻止数据被自动转换成 URL 编码；通常在发送 DOM 元素时使用该值，其默认值为 true |
| success | 函数 | 如果请求成功则调用该函数；该函数接收两个参数，第一个参数为服务器返回的数据 data，第二个参数为服务器的状态 status |
| timeout | 数值 | 设置超时的时间，单位为毫秒（ms） |
| type | 字符串 | 请求方式，如 GET、POST 等；如果不设置，则默认采用 GET 方式 |
| url | 字符串 | 请求服务器的地址 |
| username | 字符串 | 用户名 |

表 7.2 中介绍的表示发送给服务器的数据的 data 参数可以是对象的形式，也可以是 URL 字符串的形式。下面是$.ajax(options)方法的典型运用：

< 122 >

```
1  $.ajax({
2    type: "GET",
3    url: "test.js",
4    dataType: "script"
5  });
```

以上代码会采用 GET 方式获取一段 JavaScript 代码并执行。

```
1  $.ajax({
2    url: "test.aspx",
3    cache: false,
4    success: function(html){
5      $("#results").append(html);
6    }
7  });
```

以上代码会强制不缓存服务器的返回结果，而会将结果追加在#results 元素中。

```
1  let xmlDocument = //发送一个 XML 文档
2  $.ajax({
3    url: "page.php",
4    processData: false,
5    data: xmlDocument,
6    success: handleResponse
7  });
```

以上代码会发送一个 XML 文档，并且会阻止数据自动转换成表单的形式；当成功获取数据之后，调用函数 handleResponse。

另外，$.ajax(options)有返回值，为异步对象 XMLHttpRequest，而且开发者仍然可以使用与 XMLHttpRequest 相关的属性和方法，例如：

```
1  let html = $.ajax({
2    url: "some.jsp",
3  }).responseText;
```

## 7.4.2　全局设定 AJAX

当页面中有多个部分都需要利用 AJAX 进行异步通信时，如果都通过$.ajax(options)方法来设定每个细节，则会十分麻烦。jQuery 提供了十分人性化的设计，可以直接利用$.ajaxSetup(options)方法来全局设定 AJAX，其中 options 参数与$.ajax(options)中的完全相同。例如，可以将 7-6.html 中的两个$.ajax()的相同部分进行统一设定，代码如下，实例文件请参考本书配套的资源文件：第 7 章\7-7.html 和 7-5.aspx。

```
1  <script>
2  $.ajaxSetup({
3    //全局设定
4    url: "http://demo-api.geekfun.website/jquery/7-5.aspx",
5    success: function(data){
6      $("#serverResponse").html(decodeURI(data));
7    }
8  });
9  function doRequestUsingGET(){
10   $.ajax({
11     data: createQueryString(),
12     type: "GET"
13   });
14 }
```

< 123 >

```
15  function doRequestUsingPOST(){
16      $.ajax({
17          data: createQueryString(),
18          type: "POST"
19      });
20  }
21  </script>
```

运行结果与 7-6.html 的基本相同，如图 7.10 所示。

图7.10　$.ajaxSetup()方法

> **注意**
>
> 这个例子并没有将 data 数据进行统一设置，这是因为发送给服务器的数据是由函数 createQueryString()
> 动态获得的，而 data 的类型被规定为对象或者字符串，而不是函数。因此 data 如果用$.ajaxSetup()设置，则
> 只会在初始化时运行一次 createQueryString()，而不会像用 success 设置的函数那样每次都运行。
>
> 另外还需要指出，$.ajaxSetup()不能设置与 load()函数相关的操作；设置请求类型 type 为"GET"，不会
> 改变$.post()依旧采用 POST 方式。

## 7.4.3　AJAX 事件

对于每个对象的$.ajax()而言,都有 beforeSend、success、error、complete 这 4 个事件,类似$.ajaxSetup()
与$.ajax()的关系，jQuery 还提供了 6 个全局事件，分别是 ajaxStart、ajaxSend、ajaxSuccess、ajaxError、
ajaxComplete、ajaxStop。默认情况下，AJAX 的 global 参数的值为 true，即任何 AJAX 事件都会触发全
局事件。这些全局事件必须绑定在 document 元素上，例如：

```
1  $("document").ajaxSuccess(function(evt, request, settings){
2      $(this).append("<li>Successful Request!</li>");
3  });
```

以上代码将全局 ajaxSuccess 事件绑定在元素 document 上，任何 AJAX 请求成功时都会触发它，
除非该请求在自己的$.ajax()中设定了 success 事件。

对于这 6 个 AJAX 全局事件，从名称上即可知道它们被触发的条件，其中 ajaxSend、ajaxSuccess、
ajaxComplete 这 3 个事件的 function 函数都接收 3 个参数，第一个参数为该函数本身的属性，第二个参
数为 XMLHttpRequest，第三个参数为$.ajax()可以设置的属性对象。可以通过$.each()方法对第一个和
第三个参数进行遍历，从而获取它们的属性细节。例如在 7-7.html 的基础上加入 ajaxComplete 事件，
代码如下，实例文件请参考本书配套的资源文件：第 7 章\7-8.html 和 7-5.aspx。

```
1  <body>
2  <h2>输入姓名和生日</h2>
3  <form>
4    <input type="text" id="firstName" /><br>
5    <input type="text" id="birthday" />
6  </form>
```

< 124 >

```
7   <form>
8     <input type="button" value="GET" onclick="doRequestUsingGET();" /><br>
9     <input type="button" value="POST" onclick="doRequestUsingPOST();" />
10  </form>
11  <div id="serverResponse"></div><div id="global"></div>
12
13  <script src="jquery-3.6.0.min.js"></script>
14  <script>
15    $.ajaxSetup({
16      //全局设定
17      url: "http://demo-api.geekfun.website/jquery/7-5.aspx",
18      success: function(data){
19        $("#serverResponse").html(decodeURI(data));
20      }
21    });
22    $(function(){
23      $(document).ajaxComplete(function(evt, request, settings){
24        $.each(evt,function(property,value){
25          $("#global").append("<p>evt: "+property+":"+value+"</p>");
26        });
27        $("#global").append("<p>request: "+ typeof request +"</p>");
28        $.each(settings,function(property,value){
29          $("#global").append("<p>settings: "+property+":"+value+"</p>");
30        });
31      });
32    });
33  </script>
34  </body>
```

任何一个 AJAX 请求完成后都会运行这个全局 ajaxComplete()函数，其结果如图 7.11 所示，可以看到它的两个参数都包含了非常多的信息。

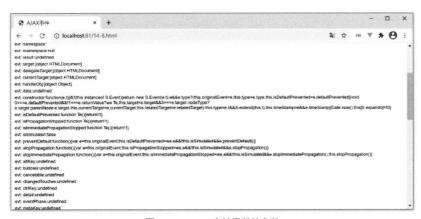

图 7.11　AJAX 事件函数的参数

对于 ajaxError 事件，其 function 函数接收 4 个参数，前 3 个参数与 ajaxSend、ajaxSuccess、ajaxComplete 事件的完全相同，最后一个参数为 XMLHttpRequest 对象所返回的错误信息。

ajaxStart 和 ajaxStop 两个事件比较特殊，它们在 AJAX 事件的$.ajax()中没有对应的事件（个体的 beforeSend 对应全局的 ajaxSend，success 对应 ajaxSuccess，error 对应 ajaxError，complete 对应 ajaxComplete），因此一旦设定了它们并且 AJAX 的 global 参数的值为 true，就一定会在 AJAX 事件开始前和结束后分别触发这两个事件。它们都只接收一个参数（与另外 4 个全局事件的第一个参数相同），为函数本身的属性。

< 125 >

### 7.4.4 实例：模拟百度的数据加载

实际的网络运用通常都会有延时，而如果让用户对着"白屏"等待则往往是不明智的。通常的做法是显示一个类似于"数据加载中"的提示，让用户感觉数据正在被后台获取。百度的数据加载就是一个典型的例子，如图 7.12 所示。

图 7.12  百度的数据加载

对于大型的网站，这样的运用有很多，使用 jQuery 的 AJAX 全局事件，可以使每个 AJAX 请求都统一执行相关的操作。在传统的网页中，表单的校验通常是用户填写完整张表单后统一进行的。对于某些需要查看数据库的校验，例如在注册校验时用户名是否被占用，使用传统的校验显然缓慢而"笨拙"。当 AJAX 出现之后，这种校验有了很大的改变，因为用户在填写一些表单项的时候，前面的表单项已经被不知不觉地发送给了服务器。实际上在网页中校验用户名是否被占用的速度不需要太快，可以利用 ajaxSend()方法创建全局 AJAX 发送事件，在获取数据的过程中显示"loading..."。下面介绍如何制作一个自动校验的表单并显示 loading 效果，代码如下，实例文件请参考本书配套的资源文件：第 7 章\7-9.html 和 7-9.aspx。

```
1   <body>
2    <form name="register">
3     <table cellpadding="5" cellspacing="0" border="0">
4      <tr><td>用户名:</td><td><input type="text" onblur="startCheck(this)"name=
         "User"></td> <td><span id="UserResult"></span></td> </tr>
5      <tr><td>输入密码:</td><td><input type="password" name="passwd1"></td> <td>
         </td> </tr>
6      <tr><td>确认密码:</td><td><input type="password" name="passwd2"></td> <td>
         </td> </tr>
7      <tr>
8       <td colspan="2" align="center">
9       <input type="submit" value="注册">
10        <input type="reset" value="重置">
11      </td> <td></td>
12     </tr>
13    </table>
14   </form>
15
16   <script src="jquery-3.6.0.min.js"></script>
17   <script>
18    $(function(){
19     $("#UserResult").ajaxSend(function(){
20       //定义全局函数
21       $(this).html("<font style='background:#990000; color:#FFFFFF;'>loading...
         </font>");
```

< 126 >

```
22          });
23        });
24        function showResult(sText){
25          let oSpan = document.getElementById("UserResult");
26          oSpan.innerHTML = sText;
27          if(sText.indexOf("already exists") >= 0)
28            //如果用户名已被占用
29            oSpan.style.color = "red";
30          else
31            oSpan.style.color = "black";
32        }
33        function startCheck(oInput){
34          //首先判断是否有输入，没有输入则直接返回结果，并进行提示
35          if(!oInput.value){
36            oInput.focus();    //聚焦到用户名的输入框
37            $("#UserResult").html("User cannot be empty.");
38            return;
39          }
40
41          $.get(
42            "http://demo-api.geekfun.website/jquery/7-9.aspx",
43            {user:oInput.value.toLowerCase()},
44            //用 jQuery 来获取异步数据
45            function(data){
46              showResult(decodeURI(data));
47            }
48          );
49        }
50      </script>
51    </body>
```

在服务器端为了模拟缓慢的查询并发送结果，会加入一个"大循环"，如下所示：

```
1   <%@ Page Language="C#" ContentType="text/html" ResponseEncoding="gb2312" %>
2   <%@ Import Namespace="System.Data" %>
3   <%
4       Response.CacheControl = "no-cache";
5       Response.AddHeader("Pragma","no-cache");
6
7       for(int i=0;i<100000000;i++);     //为了模拟缓慢的查询
8       if(Request["user"]=="tom")
9           Response.Write("Sorry, " + Request["user"] + " already exists.");
10      else
11          Response.Write(Request["user"]+" is ok.");
12  %>
```

运行结果如图 7.13 所示，可以看到输入用户名并移开鼠标指针后，页面中会显示"loading..."，这样显得更加友好。

图 7.13　模拟百度的数据加载

< 127 >

# 7.5 实例：利用 jQuery 制作自动提示的文本框

在实际的网页运用中，类似 loading…的提示都是通过服务器异步交互来实现的，例如搜索引擎的推荐提示。图 7.14 所示为微软必应（Bing）的首页，从中可以看出它根据用户的输入给出了各种提示，而这些提示内容都是通过异步交互实现的。

图 7.14　必应的自动提示

## 7.5.1 框架结构

用于进行自动提示的文本框离不开文本框<input type="text">本身，而提示框则采用<div>块内嵌项目列表<ul>来实现。用户在文本框中每输入一个字符（onkeyup 事件），系统就会在预定的"颜色名称集"中进行查找，找到匹配的项就将其动态地加载到<ul>中，然后显示给用户进行选择。HTML 框架如下所示：

```
1    <body>
2      <form method="post" name="myForm1">
3    Color: <input type="text" name="colors" id="colors"/>
4      </form>
5      <div id="popup">
6        <ul id="colors_ul"></ul>
7      </div>
8    </body>
```

考虑到<div>块的位置必须出现在文本框的下面，因此采用 CSS 的绝对定位。设置两个边框属性，一个用于找到匹配项时显示提示框，另一个用于未找到匹配项时隐藏提示框。相应的页面设置和表单的 CSS 样式的代码如下所示：

```
1    <style>
2      body{
3        font-family:Arial, Helvetica, sans-serif;
4        font-size:12px; padding:0px; margin:5px;
5      }
6      form{padding:0px; margin:0px;}
7      input{
8        /*输入文本框的样式 */
9        font-family:Arial, Helvetica, sans-serif;
10       font-size:12px; border:1px solid #000000;
11       width:200px; padding:1px; margin:0px;
12     }
13     #popup{
```

< 128 >

```
14        /* 提示框<div>块的样式 */
15        position:absolute; width:202px;
16        color:#004a7e; font-size:12px;
17        font-family:Arial, Helvetica, sans-serif;
18        left:41px; top:25px;
19      }
20      #popup.show{
21        /* 显示提示框的边框 */
22        border:1px solid #004a7e;
23      }
24  </style>
```

此时运行结果如图 7.15 所示。

图 7.15　页面框架

## 7.5.2　匹配用户输入

当用户在文本框中输入任意一个字符时，系统会在预定的"颜色名称集"中进行查找，如果找到匹配的项则将其存储在数组中，并传递给显示提示框的函数 setColors()，否则利用函数 clearColors() 清除提示框。

首先在<input>中绑定 keyup 事件并注册，代码如下所示：

```
1   <form method="post" name="myForm1">
2   Color: <input type="text" name="colors" id="colors" onkeyup="findColors();"/>
3   </form>
4
5   <script src="jquery-3.6.0.min.js"></script>
6   <script>
7    let oInputField;     //考虑到很多函数中都要使用该变量，因此采用全局变量的形式
8    let oPopDiv;
9    let oColorsUl;
10   function initLets(){
11     //初始化变量
12     oInputField = $("#colors");
13     oPopDiv = $("#popup");
14     oColorsUl = $("#colors_ul");
15   }
16   function findColors(){
17     initLets();         //初始化变量
18     if(oInputField.val().length > 0){
19     //获取异步数据
20     $.get(
21       "http://demo-api.geekfun.website/jquery/7-10.aspx",
22       {sColor:oInputField.val()},
23       function(data){
24         let aResult = new Array();
25         if(data.length > 0){
```

< 129 >

```
26          aResult = data.split(",");
27          setColors(aResult);    //显示服务器结果
28        }
29      else
30        clearColors();
31      });
32      }
33    else
34    clearColors();                //无输入时清除提示框
35  }
36 </script>
```

setColors()和 clearColors()分别用于显示和清除提示框。用户每输入一个字符就调用一次 findColors() 函数；找到匹配项时调用 setColors()，否则调用 clearColors()。

## 7.5.3  显示/清除提示框

传递给 setColors()的参数是数组，里面存放着所有匹配用户输入的数据，因此 setColors()的职责就是将这些匹配项一个个放入<li>，并添加到<ul>中。而 clearColors()则用于直接清除整个提示框。这两个函数的代码如下所示：

```
1  function clearColors(){
2    //清除提示框
3    oColorsUl.empty();
4    oPopDiv.removeClass("show");
5  }
6  function setColors(the_colors){
7  //显示提示框，传入的参数即由匹配出来的结果组成的数组
8  clearColors();                //每输入一个字符就先清除原先的提示，再继续操作
9    oPopDiv.addClass("show");
10   for(let i=0;i<the_colors.length;i++)
11     //将匹配的提示结果逐一显示给用户
12     oColorsUl.append($("<li>"+the_colors[i]+"</li>"));
13     oColorsUl.find("li").click(function(){
14     oInputField.val($(this).text());
15     clearColors();
16   }).hover(
17     function(){$(this).addClass("mouseOver");},
18     function(){$(this).removeClass("mouseOver");}
19   );
20 }
```

此时，运行结果如图 7.16 所示：

图 7.16  自动提示效果

< 130 >

如图 7.16 所示，输入 s 之后，自动提示了以 s 开头的内容。从以上代码中还可以看出，考虑到用户使用的友好性，提示框中的每一项<li>还添加了鼠标事件，鼠标指针经过时对应的内容将高亮显示，单击鼠标时对应的内容将会被自动赋给文本框，同时清除提示框。添加<ul>的 CSS 样式，代码如下：

```
1   /* 提示框的样式 */
2   ul{
3     list-style:none;
4     margin:0px; padding:0px;
5   }
6   li.mouseOver{
7     background-color:#004a7e;
8     color:#FFFFFF;
9   }
```

最终运行结果如图 7.17 所示，完整代码如下，实例文件请参考本书配套的资源文件：第 7 章\7-10.html 和 7-10.aspx。

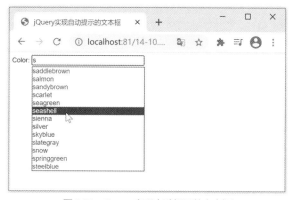

图 7.17　jQuery 实现自动提示的文本框

```
1   <!DOCTYPE html>
2   <html>
3   <head>
4    <title>jQuery 实现自动提示的文本框</title>
5   </head>
6   <style>
7    body{
8      font-family:Arial, Helvetica, sans-serif;
9      font-size:12px; padding:0px; margin:5px;
10   }
11   form{padding:0px; margin:0px;}
12   input{
13     /* 输入文本框的样式 */
14     font-family:Arial, Helvetica, sans-serif;
15     font-size:12px; border:1px solid #000000;
16     width:200px; padding:1px; margin:0px;
17   }
18   #popup{
19     /* 提示框<div>块的样式 */
20     position:absolute; width:202px;
21     color:#004a7e; font-size:12px;
22     font-family:Arial, Helvetica, sans-serif;
23     left:41px; top:25px;
24   }
```

< 131 >

```
25    #popup.show{
26      /* 显示提示框的边框 */
27      border:1px solid #004a7e;
28    }
29    /* 提示框的样式 */
30    ul{
31      list-style:none;
32      margin:0px; padding:0px;
33    }
34    li.mouseOver{
35      background-color:#004a7e;
36      color:#FFFFFF;
37    }
38  </style>
39  <body>
40    <form method="post" name="myForm1">
41      Color: <input type="text" name="colors" id="colors" onkeyup="findColors();" />
42    </form>
43    <div id="popup">
44      <ul id="colors_ul"></ul>
45    </div>
46
47    <script src="jquery-3.6.0.min.js"></script>
48    <script>
49      let oInputField;    //考虑到很多函数中都要使用该变量，因此采用全局变量的形式
50      let oPopDiv;
51      let oColorsUl;
52      function initLets(){
53        //初始化变量
54        oInputField = $("#colors");
55        oPopDiv = $("#popup");
56        oColorsUl = $("#colors_ul");
57      }
58      function findColors(){
59        initLets();                    //初始化变量
60        if(oInputField.val().length > 0){
61        //获取异步数据
62        $.get(
63          "http://demo-api.geekfun.website/jquery/7-10.aspx",
64          {sColor:oInputField.val()},
65          function(data){
66            let aResult = new Array();
67            if(data.length > 0){
68              aResult = data.split(",");
69              setColors(aResult);      //显示服务器结果
70            }
71            else
72              clearColors();
73        });
74      }
75      else
76        clearColors();               //无输入时清除提示框
77      }
78
79      function clearColors(){
```

< 132 >

```
80         //清除提示框
81         oColorsUl.empty();
82         oPopDiv.removeClass("show");
83       }
84
85     function setColors(the_colors){
86         //显示提示框，传入的参数即由匹配出来的结果组成的数组
87     clearColors();  //每输入一个字符就先清除原先的提示，再继续操作
88         oPopDiv.addClass("show");
89         for(let i=0;i<the_colors.length;i++)
90           //将匹配的提示结果逐一显示给用户
91           oColorsUl.append($("<li>"+the_colors[i]+"</li>"));
92           oColorsUl.find("li").click(function(){
93           oInputField.val($(this).text());
94           clearColors();
95         }).hover(
96           function(){$(this).addClass("mouseOver");},
97           function(){$(this).removeClass("mouseOver");}
98         );
99       }
100   </script>
101 </body>
102 </html>
```

## 本章小结

　　在本章中，我们介绍了与 AJAX 相关的技术，比较了原生 JavaScript 和 jQuery 在使用 AJAX 时的差异；重点介绍了 jQuery 对 AJAX 的封装，它提供了易用的接口，并且设置了多个钩子函数，使用户能够在执行 AJAX 的不同阶段执行自定义的代码；此外，还介绍了在$.ajax()的基础上衍生出的$.load()、$.get()、$.post()等一系列使用起来更加便捷的方法。简洁易用的接口函数被应用于 jQuery 的各个方面，这是 jQuery 成功的原因之一。

## 习题 7

**一、关键词解释**

AJAX　XMLHttpRequest 对象　HTTP　GET 请求　POST 请求　AJAX 事件

**二、描述题**

1. 请简单描述一下 AJAX 的优点。
2. 请简单描述一下 AJAX 的组成部分以及它们的含义。
3. 请简单描述一下 AJAX 传统方式是如何获取异步数据的。
4. 请简单描述一下 GET 与 POST 的区别。
5. 请简单列一下$.ajax()方法的参数的配置项，并说明它们分别是什么含义。
6. 请简单描述一下 AJAX 的全局设定的作用是什么，如何实现全局设定 AJAX。

**三、实操题**

在第 12 章习题部分实操题的基础上，修改代码，增加使用 AJAX 向后端请求结果的功能。具体要求如下。

< 133 >

（1）默认页面效果如题图 7.1 所示。

（2）在 AJAX 请求的结果返回之前，"添加"按钮右侧显示"loading..."，页面效果如题图 7.2 所示。

（3）如果添加结果是失败，则显示"error"，文字颜色为红色，并且在目录下方不会添加内容，页面效果如题图 7.3 所示。

（4）如果添加结果是成功，则显示"ok"，文字颜色为黑色，并且在目录下方会添加输入框里输入的内容，然后清空输入框，页面效果如题图 7.4 所示。

（5）后端使用随机数来模拟成功和失败，两者的概率相等，代码如下：

```
1   <%@ Page Language="C#" ContentType="text/html" ResponseEncoding="gb2312" %>
2   <%@ Import Namespace="System.Data" %>
3   <%
4       Response.CacheControl = "no-cache";
5       Response.AddHeader("Pragma","no-cache");
6
7       for(int i=0;i<100000000;i++);
8
9       //模拟成功和失败的概率相等
10      Random rnd = new Random();
11      if(rnd.NextDouble() > 0.5) {
12        Response.Write("ok");
13      } else {
14        Response.Write("error");
15      }
16  %>
```

题图 7.1 默认页面效果

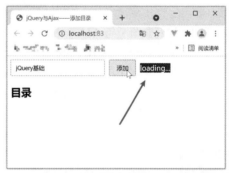

题图 7.2 加载中

题图 7.3 添加失败

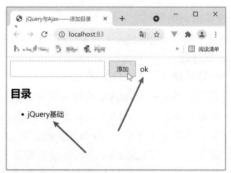

题图 7.4 添加成功

< 134 >

# 第 **8** 章 利用 jQuery 制作动画与特效

jQuery 中制作动画与特效的相关方法可以说为其添加了亮丽的一笔。开发者可以通过简单的方法实现很多特效，这在以往都是需要用大量的 JavaScript 代码开发的。本章主要通过实例，介绍 jQuery 中制作动画与特效的相关知识，包括元素的显示和隐藏、淡入淡出、幻灯片特效、自定义动画等。本章思维导图如下。

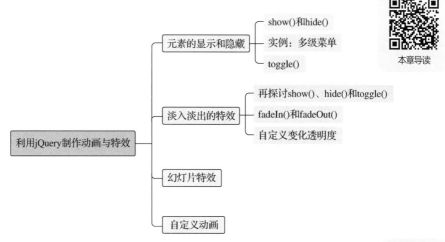

本章导读

## *8.1* 元素的显示和隐藏

案例讲解

对于动画和特效而言，元素的显示和隐藏可以说是频繁实现的效果。本节主要通过实例，介绍 jQuery 中如何实现元素的显示和隐藏。

### 8.1.1 show()和 hide()

在普通的 JavaScript 编程中，实现元素的显示或隐藏通常是利用对应 CSS 代码中的 display 属性或 visibility 属性。在 jQuery 中提供了 show()和 hide()两个方法，用于直接实现元素的显示和隐藏，举例如下，实例文件请参考本书配套的资源文件：第 8 章\8-1.html。

```
1    <!DOCTYPE html>
2    <html>
3    <head>
```

```
4    <title>show()、hide()方法</title>
5    <style type="text/css">
6    p{
7        border:1px solid #003863;
8        font-size:13px;
9        padding:4px;
10       background:#FFFF00;
11   }
12   input{
13       border:1px solid #003863;
14       font-size:14px;
15       font-family:Arial, Helvetica, sans-serif;
16       padding:3px;
17   }
18   </style>
19   <script src="jquery.min.js"></script>
20   <script>
21   $(function(){
22       $("input:first").click(function(){
23           $("p").hide();    //隐藏
24       });
25       $("input:last").click(function(){
26           $("p").show();    //显示
27       });
28   });
29   </script>
30   </head>
31   <body>
32       <input type="button" value="隐藏"> <input type="button" value="显示">
33       <p>单击按钮，看看效果</p>
34       <span>一段其他的文字</span>
35   </body>
36   </html>
```

以上例子中涉及两个按钮，一个可调用 hide()方法让<p>标记隐藏，另外一个可调用 show()方法让<p>标记显示，运行结果如图 8.1 所示。

图 8.1    show()、hide()方法

为了对比，上述例子中还加入了一个<span>标记，从运行结果可以看出 hide()和 show()所实现的效果。

## 8.1.2  实例：多级菜单

多级菜单是一种非常实用的导航结构，这里用 hide()和 show()方法编写一个通用的示例。多级菜单通常由多个<ul>、<li>相互嵌套而成。如果某个菜单项下面还有一级，明显的特点就是<li>中还包含<ul>，例如下面的 HTML 框架：

```
1    <ul>
2        <li>第 1 章 JavaScript 简介</li>
```

< 136 >

```
3        <li>第 2 章 JavaScript 基础</li>
4        <li>第 3 章 CSS 基础
5            <ul>
6                <li>第 3.1 节 CSS 的概念</li>
7                <li>第 3.2 节 使用 CSS 控制页面
8                    <ul>
9                        <li>3.2.1 行内样式</li>
10                       <li>3.2.2 内嵌式</li>
11                   </ul>
12               </li>
13               <li>第 3.3 节 CSS 选择器</li>
14           </ul>
15       </li>
16       <li>第 4 章 CSS 进阶
17           <ul>
18               <li>第 4.1 节 div 标记与 span 标记</li>
19               <li>第 4.2 节 盒子模型</li>
20               <li>第 4.3 节 元素的定位
21                   <ul>
22                       <li>4.3.1 float 定位</li>
23                       <li>4.3.2 position 定位</li>
24                       <li>4.3.3 z-index 空间位置</li>
25                   </ul>
26               </li>
27           </ul>
28       </li>
29   </ul>
```

根据<li>中是否包含<ul>，可以很轻松地通过 jQuery 选择器找到那些包含子菜单的项目，从而利用 hide()和 show()来隐藏和显示它们的子项，如下所示，实例文件请参考本书配套的资源文件：第 8 章\8-2.html。

```
1    <script src="jquery.min.js"></script>
2    <script>
3    $(function(){
4        $("li:has(ul)").click(function(e){
5            if(this==e.target){
6                if($(this).children().is(":hidden")){
7                    //如果子项是隐藏的，则显示
8                    $(this).css("list-style-image","url(minus.gif)")
9                    .children().show();
10               }else{
11                   //如果子项是显示的，则隐藏
12                   $(this).css("list-style-image","url(plus.gif)")
13                   .children().hide();
14               }
15           }
16           return false;                    //避免不必要的事件混淆
17       }).css("cursor","pointer").click();   //加载时触发单击事件
18
19       //对于没有子项的菜单，进行统一设置
20       $("li:not(:has(ul))").css({
21           "cursor":"default",
```

< 137 >

```
22        "list-style-image":"none"
23      });
24    });
25    </script>
```

可以看到，通过使用 hide()和 show()方法，不再需要在 CSS 中配置隐藏的样式了。运行结果如图8.2 所示。

图 8.2  多级菜单

### 8.1.3  toggle()

jQuery 提供了 toggle()方法，它可使元素在 show()和 hide()之间切换。因此，对本书配套资源文件第 8 章\8-2.html 可做如下修改：

```
1    <script>
2    $(function(){
3        $("li:has(ul)").click(function(e){
4            if(this==e.target){
5                $(this).children().toggle();
6
7    $(this).css("list-style-image",($(this).children().is(":hidden")?"url(plus.
gif)":"url(minus.gif)"))
8            }
9            return false;                      //避免不必要的事件混淆
10       }).css("cursor","pointer").click();    //加载时触发单击事件
11
12       //对于没有子项的菜单，进行统一设置
13       $("li:not(:has(ul))").css({
14           "cursor":"default",
15           "list-style-image":"none"
16       });
17   });
18   </script>
```

运行结果完全相同，实例文件请参考本书配套的资源文件：第 8 章\8-3.html。

## 8.2  淡入淡出的特效

案例讲解

除了元素的直接显示和隐藏，jQuery 还提供了一系列方法来控制元素显示和隐藏

< 138 >

的过程。本节将重点围绕这些方法，通过具体的实例进行简要介绍。

## 8.2.1 再探讨 show()、hide()和 toggle()

8.1 节对 show()和 hide()方法进行了简要介绍，其实这两个方法还可以通过使用参数来控制元素显示和隐藏的过程，语法如下：

```
1   show(duration, [callback]);
2   hide(duration, [callback]);
```

其中 duration 表示动画执行的时间长短，它可以是表示速度的字符串，包括 slow、normal、fast，也可以是表示时间的整数，单位是毫秒（ms）。callback 为可选的回调函数，在动画执行完后执行。下面的例子会使用 jQuery 实现显示和隐藏的动画效果，实例文件请参考本书配套的资源文件：第 8 章\8-4.html。

```
1   <!DOCTYPE html>
2   <html>
3   <head>
4   <title>show()、hide()方法</title>
5   <style type="text/css">
6   body{
7       background:url(bg1.jpg);
8   }
9   img{
10      border:1px solid #FFFFFF;
11  }
12  input{
13      border:1px solid #FFFFFF;
14      font-size:13px; padding:4px;
15      font-family:Arial, Helvetica, sans-serif;
16      background-color:#000000;
17      color:#FFFFFF;
18  }
19  </style>
20  <script src="jquery.min.js"></script>
21  <script>
22  $(function(){
23      $("input:first").click(function(){
24          $("img").hide(3000);   //逐渐隐藏
25      });
26      $("input:last").click(function(){
27          $("img").show(500);    //逐渐显示
28      });
29  });
30  </script>
31  </head>
32  <body>
33      <input type="button" value="隐藏">
34      <input type="button" value="显示">
35      <p><img src="01.jpg"></p>
36  </body>
37  </html>
```

以上代码的原理与本书配套资源文件第 8 章\8-1.html 的完全相同，只不过这里给 show()和 hide()分别添加了时间参数，运行结果如图 8.3 所示。读者可以将渐变时间设置得更长，从而更加仔细地观察渐变过程。

< 139 >

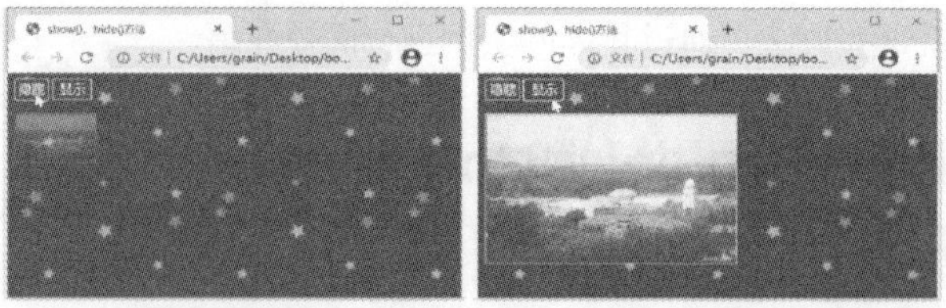

图 8.3 show(duration)和 hide(duration)方法

与 show()和 hide()方法一样，toggle()方法也可以接收两个参数，从而制作出动画效果，这里不再举例介绍。

## 8.2.2 fadeIn()和 fadeOut()

对于动画效果的显示和隐藏，jQuery 还提供了 fadeIn()和 fadeOut()这两个实用的方法。它们实现的动画效果类似渐渐褪色，它们的语法与 show()和 hide()的完全相同，如下所示：

```
1    fadeIn(duration, [callback])
2    fadeout(duration, [callback])
```

其中参数 duration 和 callback 的意义与 show()和 hide()中的完全相同，这里不再重复讲解，直接给出例子以对这几种效果进行对比，代码如下，实例文件请参考本书配套的资源文件：第 8 章\8-5.html。

```
1    <!DOCTYPE html>
2    <html>
3    <head>
4    <title>fadeIn()、fadeOut()方法</title>
5    <style type="text/css">
6    body{
7        background:url(bg2.jpg);
8    }
9    img{
10       border:1px solid #000000;
11   }
12   input{
13       border:1px solid #000000;
14       font-size:13px; padding:4px;
15       font-family:Arial, Helvetica, sans-serif;
16       background-color:#FFFFFF;
17       color:#000000;
18   }
19   </style>
20   <script src="jquery.min.js"></script>
21   <script>
22   $(function(){
23       $("input:eq(0)").click(function(){
24           $("img").fadeOut(3000);    //逐渐淡出
25       });
26       $("input:eq(1)").click(function(){
27           $("img").fadeIn(1000);     //逐渐淡入
28       });
29       $("input:eq(2)").click(function(){
30           $("img").hide(3000);       //逐渐隐藏
31       });
32       $("input:eq(3)").click(function(){
33           $("img").show(1000);       //逐渐显示
```

< 140 >

```
34        });
35    });
36    </script>
37    </head>
38    <body>
39    <input type="button" value="淡出">
40    <input type="button" value="淡入">
41    <input type="button" value="隐藏">
42    <input type="button" value="显示">
43        <p><img src="02.jpg"></p>
44    </body>
45    </html>
```

为了对比，以上代码中添加了 4 个按钮，分别用于对图片进行 fadeOut()、fadeIn()、hide()和 show()操作，读者可以认真实验，体会它们之间的区别。运行结果如图 8.4 和图 8.5 所示。

图 8.4　fadeOut()方法

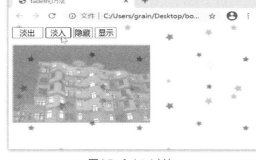

图 8.5　fadeIn()方法

另外，如果给<p>标记添加背景颜色，再进行动画操作，则可以更进一步地了解这几个动画的本质。这里不再一一演示，读者可以自行实验。

### 8.2.3　自定义变化透明度

本章前面介绍的方法都是实现从无到有或者从有到无的变化，只不过变化的方式不同。jQuery 还提供了 fadeTo(duration, opacity, callback)方法，用于让开发者自定义变化的目标透明度。其中 opacity 的取值范围为 0.0～1.0。

下面的例子为<p>标记添加了边框，并且同时设定了 fadeOut()、fadeIn()、fadeTo()这 3 种方法，这或许能够帮助读者更深刻地认识这 3 种方法所实现的动画效果。实例文件请参考本书配套的资源文件：第 8 章\8-6.html。

```
1    <!DOCTYPE html>
2    <html>
3    <head>
4    <title>fadeTo()方法</title>
5    <style type="text/css">
6    body{
7        background:url(bg2.jpg);
8    }
9    img{
10       border:1px solid #000000;
11   }
12   input{
```

< 141 >

```
13        border:1px solid #000000;
14        font-size:13px; padding:2px;
15        font-family:Arial, Helvetica, sans-serif;
16        background-color:#FFFFFF;
17        color:#000000;
18  }
19  p{
20        padding:5px;
21        border:1px solid #000000;        /* 添加边框, 利于观察效果 */
22  }
23  </style>
24  <script src="jquery.min.js"></script>
25  <script>
26  $(function(){
27      $("input:eq(0)").click(function(){
28          $("img").fadeOut(1000);
29      });
30      $("input:eq(1)").click(function(){
31          $("img").fadeIn(1000);
32      });
33      $("input:eq(2)").click(function(){
34          $("img").fadeTo(1000,0.5);
35      });
36      $("input:eq(3)").click(function(){
37          $("img").fadeTo(1000,0);
38      });
39  });
40  </script>
41  </head>
42  <body>
43  <input type="button" value="淡出">
44  <input type="button" value="淡入">
45  <input type="button" value="FadeTo 0.5">
46  <input type="button" value="FadeTo 0">
47      <p><img src="03.jpg"></p>
48  </body>
49  </html>
```

以上代码的原理十分简单,这里不再重复讲解。其运行结果如图 8.6 所示,可以看到当使用 fadeOut() 方法时,图片完全消失后将不再占用<p>的空间。而使用 fadeTo(1000,0)虽然图片也完全不显示,但其仍然占用着标记<p>的空间。

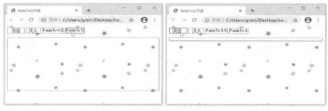

图 8.6 fadeTo()方法

# 8.3 幻灯片特效

案例讲解

除了前面提到的几种动画效果,jQuery 还提供了 slideUp()和 slideDown()来模拟 PPT 中的幻灯片"拉

< 142 >

窗帘"特效。它们的语法与 show() 和 hide() 的完全相同，如下所示：

```
1    slideUp(duration, [callback])
2    slideDown(duration, [callback])
```

其中参数 duration 和 callback 的意义与 show() 和 hide() 中的完全相同，这里不再重复讲解，直接给出例子以对这几种效果进行对比，代码如下，实例文件请参考本书配套的资源文件：第 8 章\8-7.html。

```
1    <!DOCTYPE html>
2    <html>
3    <head>
4    <title>slideUp()和slideDown()</title>
5    <style type="text/css">
6    body{
7        background:url(bg2.jpg);
8    }
9    img{
10       border:1px solid #000000;
11       margin:8px;
12   }
13   input{
14       border:1px solid #000000;
15       font-size:13px; padding:2px;
16       font-family:Arial, Helvetica, sans-serif;
17       background-color:#FFFFFF;
18       color:#000000;
19   }
20   div{
21       background-color:#FFFF00;
22       height:80px; width:80px;
23       border:1px solid #000000;
24       float:left; margin-top:8px;
25   }
26   </style>
27   <script src="jquery.min.js"></script>
28   <script>
29   $(function(){
30       $("input:eq(0)").click(function(){
31           $("div").add("img").slideUp(1000);
32       });
33       $("input:eq(1)").click(function(){
34           $("div").add("img").slideDown(1000);
35       });
36       $("input:eq(2)").click(function(){
37           $("div").add("img").hide(1000);
38       });
39       $("input:eq(3)").click(function(){
40           $("div").add("img").show(1000);
41       });
42   });
43   </script>
44   </head>
45   <body>
46   <input type="button" value="向上滑动">
47   <input type="button" value="向下滑动">
48   <input type="button" value="隐藏">
49   <input type="button" value="显示"><br>
```

< 143 >

```
50    <div></div><img src="04.jpg">
51    </body>
52    </html>
```

以上代码中定义了一个<div>块和一张<img>图片。用 add()方法可将它们组合在一起，同时进行动画触发。在没有触发任何动画时，页面如图 8.7 所示。

图 8.7　未触发任何动画

单击"向上滑动"和"向下滑动"按钮，会触发相应的动画，效果如图 8.8 所示。

图 8.8　触发动画

类似地，对于 slideUp()和 slideDown()，jQuery 也提供了相应的简易切换方法 slideToggle()。它对所有隐藏对象进行 slideDown()操作，对所有显示对象进行 slideUp()操作。这里不再重复举例，读者可以自行实验。

# *8.4* 自定义动画

知识点讲解

考虑到框架的通用性以及代码文件的大小，jQuery 没有涵盖所有的动画效果。但它提供了 animate()方法，用于让开发者自定义动画。本节主要通过实例介绍 animate()方法的两种形式及其运用。

animate()方法给开发者提供了很大的自定义动画的空间，它一共有两种形式，第一种形式比较常用，如下所示：

```
animate(params, [duration], [easing], [callback])
```

其中 params 为希望进行变化的 CSS 属性列表，以及希望变化成的最终值。duration 为可选项，与 show()、hide()方法的 duration 参数的含义完全相同。easing 为可选参数，通常供动画插件使用，用来控制变化过程的节奏，jQuery 只提供了 linear 和 swing 两个值。callback 为可选的回调函数，在动画执行完后执行。

需要特别指出，params 中的变量遵循驼峰命名的方式，例如可以命名 paddingLeft，但不能命名 padding-left。另外，params 表示的属性只能是 CSS 中用数值表示的属性，如 width、top、opacity 等，像 backgroundColor 这样的属性不被 animate()支持。下面展示 animate()的基本用法，代码如下，实例文

< 144 >

件请参考本书配套的资源文件：第 8 章\8-8.html。

```html
1   <!DOCTYPE html>
2   <html>
3   <head>
4   <title>animate()方法</title>
5   <style type="text/css">
6   body{
7       background:url(bg2.jpg);
8   }
9   div{
10      background-color:#FFFF00;
11      height:40px; width:80px;
12      border:1px solid #000000;
13      margin-top:5px; padding:5px;
14      text-align:center;
15  }
16  </style>
17  <script src="jquery.min.js"></script>
18  <script>
19  $(function(){
20      $("button").click(function(){
21          $("#block").animate({
22              opacity: "0.5",
23              width: "80%",
24              height: "100px",
25              borderWidth: "5px",
26              fontSize: "30px",
27              marginTop: "40px",
28              marginLeft: "20px"
29          },2000);
30      });
31  });
32  </script>
33  </head>
34  <body>
35      <button id="go">Go>></button>
36      <div id="block">动画! </div>
37  </body>
38  </html>
```

以上代码的 animate()中设定了一系列的 CSS 属性。单击按钮触发动画效果后，<div>块由原先的样式逐渐变成了 animate()中所设定的样式。图 8.9 为代码运行前后的页面截图。

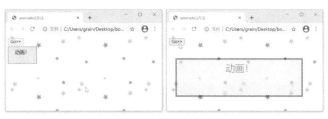

图 8.9　animate()方法

## 本章小结

本章首先对 jQuery 提供的动画功能进行了讲解，基础的特效是控制元素的显示和隐藏，以及状态

< 145 >

的切换，对应的 3 个方法分别是 show()、hide()和 toggle()。然后举例说明了类似 PPT 中的淡入淡出特效，对应的方法分别是 fadeIn()和 fadeout()；以及幻灯片特效，对应的方法分别是 slideUp()和 slideDown()。最后讲解了自定义动画，jQuery 支持通过 animate()方法实现更复杂、更炫酷的效果。

## 习题 8

### 一、关键词解释

动画　淡入淡出　自定义动画

### 二、描述题

1. 请简单描述一下 jQuery 显示和隐藏元素的方法。
2. 请简单描述一下 jQuery 如何实现幻灯片效果。
3. 请简单描述一下 jQuery 如何实现自定义动画。

### 三、实操题

请实现以下动画效果：初始状态下，页面中只显示一个"搜索"按钮，如题图 8.1 所示。单击"搜索"按钮，显示出搜索框和关闭图标，如题图 8.2 所示。单击关闭图标，即恢复默认页面效果。按钮、搜索框和关闭图标三个元素的具体动画效果如下。

- 显示和隐藏搜索框时，透明度和宽度逐渐变化。
- 在"搜索"按钮的过渡动画中，宽、高、圆角等发生变化。
- 关闭图标实现显示和隐藏功能时使用本章介绍的 fadeIn()和 fadeOut()方法。

题图 8.1　默认效果

题图 8.2　单击"搜索"按钮后的效果

< 146 >

# 第 **9** 章 jQuery 插件

jQuery 再强大也不可能实现所有的前端开发功能,而且考虑到框架的通用性以及代码文件的大小,jQuery 仅仅集成了 JavaScript 中核心且常用的功能。然而 jQuery 有许许多多的插件,它们都是针对特定的内容,并以 jQuery 为核心而编写的。这些插件涉及网页的方方面面,并且功能十分完善。本章思维导图如下。

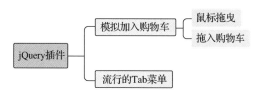

本章导读

案例讲解

## **9.1** 模拟加入购物车

随着网络的发展,现如今越来越多的人开始在网络上购买商品。在电商网站中可以将商品加入购物车进行结算。现在,我们介绍如何使用拖曳的方式来实现将商品加入购物车。

本节将介绍如何使用 jQuery UI,它是十分流行的插件之一,开发者使用它可以方便地实现很多特效。在 jQuery UI 官网即可下载 jQuery UI;下载安装包后进行解压,找到两个主要的文件 jquery-ui.min.js 和 jquery-ui.min.css,然后将它们引入网页。jQuery UI 有非常多的组件,主要包括鼠标交互、用户界面设计以及特效制作等方面的组件。本章主要介绍 3 个组件,分别是 draggable()、droppable() 和 tabs()。

### 9.1.1 鼠标拖曳

鼠标拖曳在实际的网页中运用十分广泛,主要是因为这个功能通常会给用户十分酷的印象,而且能够大大增强页面的可操作性。图 9.1 展示了项目管理中常用的看板管理功能,该功能可以实现将任务拖曳到"下一阶段"中。

图 9.1 看板管理功能

　　使用 jQuery UI 的鼠标拖曳组件能够很轻松地实现鼠标的交互操作，只需要给目标对象添加draggable()方法即可，示例如下，实例文件请参考本书配套的资源文件：第 9 章\9-1.html。

```html
1    <!DOCTYPE html>
2    <html>
3    <head>
4      <title>鼠标拖曳-draggable()</title>
5    </head>
6    <style type="text/css">
7      body{
8        background:#ffe7bc;
9      }
10     .block{
11       border:2px solid #760000;
12       background-color:#ffb5b5;
13       width:80px; height:25px;
14       margin:5px; float:left;
15       padding:20px; text-align:center;
16       font-size:14px;
17       font-family:Arial, Helvetica, sans-serif;
18     }
19   </style>
20   <body>
21
22   <script src="jquery-3.6.0.min.js"></script>
23   <script src="jquery-ui.min.js"></script>
24   <script>
25     $(function(){
26     for(let i=0;i<3;i++){
27       //创建 3 个透明的<div class='block'>块
28       $(document.body)
29         .append($("<div class='block'>Div"+i.toString()+"</div>")
30         .css("opacity",0.6));
31     }
32     //直接调用 draggable()方法
33     $(".block").draggable();
34   });
35   </script>
36   </body>
37   </html>
```

　　以上代码首先导入 jQuery UI 插件，然后在页面加载时创建 3 个透明的<div class='block'>块，并直接调用 draggable()方法以使其能够被鼠标拖曳。运行结果如图 9.2 所示。

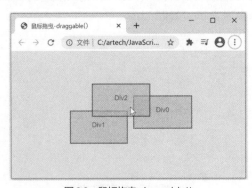

图 9.2　鼠标拖曳-draggable()

< 148 >

　　除了实现任意拖曳，draggable() 还可以接收一系列参数来控制拖曳的细节。例如，创建 3 个 Div 块，让它们分别只能在 x 轴上、y 轴上、父元素内拖曳，代码如下，实例文件请参考本书配套的资源文件：第 9 章\9-2.html。

```
1   <body>
2   <br>
3   <div id="one"><div id="x">x 轴</div></div>
4   <div id="two"><div id="y">y 轴</div></div>
5   <div id="three"><div id="parent">父元素</div></div>
6
7   <script src="jquery-3.6.0.min.js"></script>
8   <script src="jquery-ui.min.js"></script>
9   <script>
10  $(function(){
11      $("#one").add("#two").add("#three").add("#x").css("opacity",0.7);
12      $("#x").draggable({axis:"x"});        //只能在 x 轴上拖曳
13      $("#y").draggable({axis:"y"});        //只能在 y 轴上拖曳
14      $("#parent").draggable({containment:"parent"});      //只能在父元素内拖曳
15  });
16  </script>
17  </body>
```

运行结果如图 9.3 所示。

图 9.3　控制鼠标拖曳-控制方向

draggable() 可接收的参数非常多，这里不再一一介绍，常用的如表 9.1 所示。

表 9.1　draggable() 可接收的常用参数

| 参数 | 说明 |
| --- | --- |
| helper | 被拖曳的对象，默认值为 original，即运行 draggable() 的选择器本身。如果将其值设置为 clone，则以复制的形式拖曳 |
| handle | 触发拖曳的对象，通常为块中的一个子元素 |
| start | 拖曳开始时的回调函数，该函数接收两个参数，第一个参数为 event 事件，其 target 属性指代被拖曳的元素；第二个参数为与拖曳相关的对象 |
| stop | 拖曳结束时的回调函数，参数与 start 的完全相同 |
| drag | 在拖曳过程中一直运行的函数，参数与 start 的完全相同 |
| axis | 控制拖曳的方向，值可以为 x 或者 y |
| containment | 限制拖曳的区域，值可以为 parent、document、指定的元素、指定坐标的对象 |
| grid | 对象每次移动的步长，例如 grid:[100,80] 表示在水平方向上每次移动 100px，在竖直方向上每次移动 80px |
| opacity | 拖曳过程中对象的透明度，值的范围为 0.0～1.0 |
| revert | 如果值为 true，则对象在拖曳结束后会自动返回原处，默认值为 false |

< 149 >

下面的例子会使用 jQuery UI 插件控制鼠标拖曳，同时会展示表 9.1 中一些参数的运用，以供读者参考，代码如下，实例文件请参考本书配套的资源文件：第 9 章\9-3.html。

```
1   <body>
2   <div>只能大步移动 grid</div>
3   <div>我要回到原地 revert</div>
4   <div>我是被复制的 helper:clone</div>
5   <div>拖曳我要透明 opacity</div>
6   <div><p>拖曳我才行</p></div>
7   <div>我不能出页面</div>
8
9   <script src="jquery-3.6.0.min.js"></script>
10  <script src="jquery-ui.min.js"></script>
11  <script>
12  $(function(){
13      $("div:eq(0)").draggable({grid:[80,60]});
14      $("div:eq(1)").draggable({revert:true});
15      $("div:eq(2)").draggable({helper:"clone"});
16      $("div:eq(3)").draggable({opacity:0.3});
17      $("div:eq(4)").draggable({handle:"p"});
18      $("div:eq(5)").draggable({containment:"document"});
19  });
20  </script>
21  </body>
```

运行结果如图 9.4 所示。

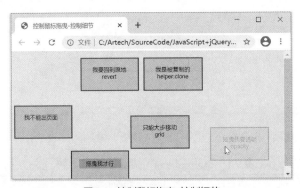

图 9.4　控制鼠标拖曳-控制细节

另外还可以通过 draggable("disable") 和 draggable("enable") 来分别阻止、允许对象被拖曳，在 9-3.html 中添加一个包含两个按钮的 <div> 块：

```
<div>总控制台<br><input type="button" value="禁止"> <input type="button" value="允许"></div>
```

然后添加如下代码：

```
1   $("input[type=button]:eq(0)").click(function(){
2       $("div").draggable("disable");
3   });
4   $("input[type=button]:eq(1)").click(function(){
5       $("div").draggable("enable");
6   });
```

可以发现，如果单击"禁止"按钮则所有块都不能再被拖曳，如果单击"允许"按钮它们又可

< 150 >

以被继续拖曳，如图 9.5 所示。实例文件请参考本书配套的资源文件：第 9 章\9-4.html。

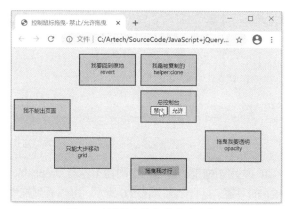

图 9.5　控制鼠标拖曳-禁止/允许拖曳

## 9.1.2　拖入购物车

与拖曳对象相对应，在实际运用中往往需要一个容器来接收被拖曳的对象。常见的网络购物车就是典型的例子。

jQuery UI 插件中除了提供了 draggable() 来实现鼠标拖曳外，还提供了 droppable() 来实现接收容器。该方法同样有一系列可接收的参数可以进行设置，常用的如表 9.2 所示。

**表 9.2　droppable() 可接收的常用参数**

| 参数 | 说明 |
| --- | --- |
| accept | 如果是字符串则表示允许接收的 jQuery 选择器，如果是函数则会对页面中的所有 droppable() 对象执行相关操作，返回 true 则表示可以接收 |
| activeClass | 当可接收对象被拖曳时容器的 CSS 样式 |
| hoverClass | 当可接收对象进入容器时容器的 CSS 样式 |
| tolerance | 定义对象被拖曳到什么状态算进入了容器，可选的值有 fit、intersect、pointer 和 touch |
| active | 当可接收对象开始被拖曳时调用的函数 |
| deactive | 当可接收对象不再被拖曳时调用的函数 |
| over | 当可接收对象被拖曳到容器上方时调用的函数 |
| out | 当可接收对象被拖曳出容器时调用的函数 |
| drop | 当可接收对象被拖曳到真正进入容器时调用的函数 |

下面的例子展示了 droppable() 的基本用法，实现了将对象拖入购物车，实例文件请参考本书配套的资源文件：第 9 章\9-5.html。

```
1    <body>
2      <div class="draggable red">draggable red</div>
3      <div class="draggable green">draggable green</div>
4      <div id="droppable-accept" class="droppable">droppable<br></div>
5
6      <script src="jquery-3.6.0.min.js"></script>
7      <script src="jquery-ui.min.js"></script>
8      <script>
9      $(function(){
10       $(".draggable").draggable({helper:"clone"});
```

< 151 >

```
11    $("#droppable-accept").droppable({
12      accept: function(draggable){
13        //接收类别为 green 的对象
14        return $(draggable).hasClass("green");
15      },
16      drop: function(){
17        $(this).append($("<div></div>").html("drop!"));
18      }
19    });
20  });
21  </script>
22 </body>
```

以上代码中共有两个<div>块用于拖曳，并有一个购物车容器 droppable 用于接收对象。在代码中接收容器只接收类别为 green 的对象。运行结果如图 9.6 所示，可以看到拖曳红色块到容器中时没有任何反应，而拖曳绿色块到容器中时其会被正常接收。

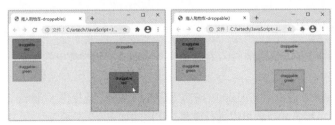

图 9.6　拖入购物车-droppable()

# **9.2** 流行的 Tab 菜单

Tab 菜单目前在网络上越来越流行，因为它能够在很小的空间里容纳更多的内容。尤其是门户网站，更是会频繁地使用 Tab 菜单。图 9.7 所示为网易的 Tab 菜单。

图 9.7　网易的 Tab 菜单

jQuery UI 插件提供了用于直接生成 Tab 菜单的 tabs()方法。该方法可以直接针对项目列表生成对应的 Tab 菜单，举例如下，实例文件请参考本书配套的资源文件：第 9 章\9-6.html。

```
1  <!DOCTYPE html>
2  <html>
3  <head>
4    <title>流行的 Tab 菜单</title>
5  </head>
6  <link rel="stylesheet" href="jquery-ui.min.css">
7  <style type="text/css">
```

< 152 >

```
8    body{
9      background:#ffe7bc;
10     font-size:12px;
11     font-family:Arial, Helvetica, sans-serif;
12   }
13   </style>
14   <body>
15     <div id="container">
16       <ul>
17         <li><a href="#fragment-1"><span>One</span></a></li>
18         <li><a href="#fragment-2"><span>Two</span></a></li>
19         <li><a href="#fragment-3"><span>Three</span></a></li>
20       </ul>
21       <div id="fragment-1">春节(Spring Festival)中国民间最隆重最富有特色的传统节日，它标
                            志农历旧的一年结束和新的一年的开始。……</div>
22       <div id="fragment-2">农历五月初五，俗称"端午节"。端是"开端""初"的意思。初五可以称
                            为端五。……</div>
23       <div id="fragment-3"> 农历九月九日，为传统的重阳节。重阳节又称为"双九节""老人节"因
                            为古老的《易经》中把"六"定为阴数，……</div>
24     </div>
25
26     <script src="jquery-3.6.0.min.js"></script>
27     <script src="jquery-ui.min.js"></script>
28     <script>
29       $(function(){
30         //直接制作 Tab 菜单
31         $("#container").tabs();
32       });
33     </script>
34   </body>
35   </html>
```

以上代码将 Tab 菜单的 3 项分别放置于项目列表的<li>中，每个超链接地址与<li>对应的<div>相关联，运行结果如图 9.8 所示，可以看到很轻松地实现了 Tab 菜单的效果。注意，要实现 Tab 菜单的效果，需要引入样式文件 jquery-ui.min.css。

图 9.8　流行的 Tab 菜单（一）

采用上述方法创建的 Tab 菜单是蓝色的，倘若要使用其他的配色方案，则需要手动修改插件的代码。插件的所有样式对应的代码都放在一个名为 jquery-ui.min.css 的文件中，其中边框和文字的背景颜色比较好修改，默认设置为：

```
1    .ui-widget-header .ui-state-active {
2      border: 1px solid #003eff;
```

< 153 >

```
3       background: #007fff;
4       font-weight: normal;
5       color: #fff;
6    }
```

例如要将背影颜色修改为绿色，文件中的<style>标签内的样式的优先级高于<link>引入的样式的优先级，因此在<style>标签中会覆盖<Link>引入的样式，如下所示：

```
1    <style type="text/css">
2    body{
3      /* 代码已省略 */
4    }
5
6    .ui-widget-header .ui-state-active {
7        background: #519e2d;
8        border: 1px solid #51af2d;
9    }
10   </style>
```

此时页面效果如图 9.9 所示，Tab 菜单变成了绿色。倘若希望使用其他颜色的 Tab 菜单，设置方法是类似的。

图9.9　流行的 Tab 菜单（二）

另外，tabs()方法还可以通过接收参数来设置 Tab 菜单的各个细节。例如下面的代码会实现在初始化时自动选择 Tab 菜单的第二项，并且在用户切换选项时配合出现动画效果，运行结果如图9.10 所示，实例文件请参考本书配套的资源文件：第 9 章\9-7.html。

```
1    <body>
2    <div id="container">
3        <ul>
4            <li><a href="#fragment-1"><span>One</span></a></li>
5            <li><a href="#fragment-2"><span>Two</span></a></li>
6            <li><a href="#fragment-3"><span>Three</span></a></li>
7        </ul>
8        <div id="fragment-1">春节(Spring Festival)中国民间最隆重最富有特色的传统节日，它标志农历旧的一年结束和新的一年的开始。……</div>
9        <div id="fragment-2">农历五月初五，俗称"端午节"。端是"开端""初"的意思。初五可以称为端五。……</div>
10       <div id="fragment-3"> 农历九月九日，为传统的重阳节。重阳节又称为"双九节""老人节"因为古老的《易经》中把"六"定为阴数，……</div>
11   </div>
12
13   <script src="jquery-3.6.0.min.js"></script>
```

< 154 >

```
14   <script src="jquery-ui.min.js"></script>
15   <script>
16   $(function(){
17       //直接制作 Tab 菜单，默认选择第二项，且切换的时候会配合出现动画效果
18       $("#container").tabs({active:1, show:'slideDown', hide:'slideUp'});
19   });
20   </script>
21   </body>
```

图 9.10　设置 Tab 菜单的细节

## 本章小结

　　本章讲解了 jQuery UI 插件的几个常用组件，包括鼠标拖曳、Tab 菜单等。该插件在各种网站中有实际的运用，希望读者能够体会插件所带来的好处——只需要用少量的代码就能实现丰富的功能。在使用插件的过程中，关键是看懂对应的使用说明。各种插件的使用方式是类似的。丰富的插件生态体系给 jQuery 带来了更强大的生命力，因为大量的功能都被封装成了插件。

## 习题 9

**一、关键词解释**

jQuery 插件　jQuery UI

**二、实操题**

使用 jQuery UI 插件中的 sortable 组件实现对列表进行排序，效果如题图 9.1 所示。

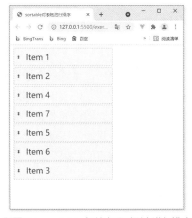

题图 9.1　sortable 组件实现对列表进行排序

< 155 >

# 第10章 综合实例一：网页留言本

众所周知，只有把理论知识同具体实际相结合，才能正确回答实践提出的问题，扎实提升读者的理论水平与实战能力。

前文已对 JavaScript 和 jQuery 进行了大量讲解，本章将介绍一个综合实例，实现一个简单的网页留言本，主要包括以下知识点：

- 使用插件对表单进行处理；
- 使用插件对表单数据进行验证；
- 使用 AJAX 方式提交表单。

网页留言本是在很多网站上常见的一种收集用户意见的工具，很多电子商务网站，都会让用户写下自己对于商品的留言或评价等。本章会结合网页留言本讲解一些与表单有关的内容。本章思维导图如下。

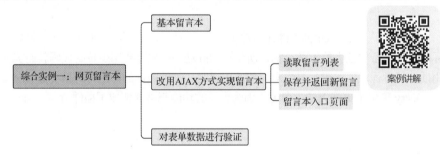

## 10.1 基本留言本

假设一个页面上有一个基本的用于用户留言的表单，结构如下所示：

```
1   <form id="comment-form" action="guestbook.aspx" method="post">
2     <p>姓名: <input type="text" name="name"/></p>
3     <p>留言: <textarea name="comment" ></textarea></p>
4     <input type="submit" value="提交"/>
5   </form>
```

通常情况下，用户单击"提交"按钮之后，系统就会根据\<form>标记的 action 属性所指定的 URL 向服务器发送 POST 请求。服务器获得表单数据之后，就会进行相应的处理，例如把提交的留言保存到数据库中，然后返回给浏览器处理成功的信息。这种方式被称为"HTML 表单"，其结果会使整个页面刷新。我们先实现一个采用这种方式的基本留言本。

如果要使留言能真正留言并显示出留言的结果，就一定需要服务器端配合。我们用简单的方式来实现一个可以留言的留言本。

这里使用 ASP.NET 作为后端语言，因为这是极方便的能在本地运行服务器端代码的方法，不需要额外下载软件，只需要使用 Windows 自带的 IIS Web 服务器就可以运行代码。当然也可以用其他任何后端语言来实现相同的功能，如 PHP、Java 等。读者可以阅读与本书相关的扩展内容，以了解相关知识。

先看下面的代码，其看起来读者可能会觉得眼熟，但是它又和普通页面的代码有所区别。这个区别在于<%和%>之间的内容浏览器是无法识别的，它们都是后端代码，服务器会执行这些代码并在它们被替换为普通的 HTML 内容之后把整个页面发送给浏览器。这个过程被称为"服务器端渲染"。

当我们把这个混杂了一些后端代码的页面文件的扩展名从.html 改为.aspx 的时候，这个页面就成了一个后端页面。完整代码如下，实例文件请参考本书配套的资源文件：第 10 章\basic-guestbook\guestbook.aspx。

```
1    <%@ Page Language="C#" ContentType="text/html"
2      ResponseEncoding="utf-8" %>
3    <%@ Import Namespace="System.IO" %>
4
5    <html>
6    <body>
7      <form id="comment-form" action="guestbook.aspx" method="POST">
8      <p>姓名: <input type="text" name="name"/></p>
9      <p>留言: <textarea name="comment" ></textarea></p>
10        <input type="submit" value="提交"/>
11     </form>
12     <p>
13     <%
14       string path = Server.MapPath("guestbook.txt");
15       string content = string.Empty;
16       if (File.Exists(path))
17       {
18         content = File.ReadAllText(path);
19       }
20       if(Request.HttpMethod == "POST")
21       {
22          string time = DateTime.Now.ToString();
23          string name = Request.Form["name"];
24          string comment = Request.Form["comment"];
25          content = time + Environment.NewLine
26              + name + "留言说: " + Environment.NewLine
27              + comment + Environment.NewLine
28              + "<hr/>"
29              + content;
30          File.WriteAllText(path, content, Encoding.UTF8);
31       }
32       Response.Write(content.Replace(Environment.NewLine, "<br/>"));
33     %>
34     </p>
35   </body>
36   </html>
```

在解释这段代码之前，我们先看一下代码实现的效果，如图 10.1 所示。注意，必须要用 IIS 配置网站，这样才能在本地访问这个页面，而且可以看到网址是 http://localhost/aspx/加上这个页面的文件名。具体配置方法参见本书的配套视频资源。

图 10.1 的上方是表单，下方是以前的留言列表。在表单中只需要输入姓名和留言内容两项，单击"提交"按钮后，页面即会刷新，而后最新留言就会出现在下方留言列表的最上方。

这里需要简单理解一下服务器端代码的功能。在留言列表对应代码的<p>标记中，<%和%>之间的代码完成了如下几件事。

< 157 >

- 在指定的路径访问一个文本文件（就是.aspx 文件所在文件夹里面名为 guestbook.txt 的一个文本文件）的内容，这个文本文件用来保存所有的留言。
- 判断这个访问是 GET 方式的请求还是 POST 方式的请求。
  - 如果是 GET 方式的请求，则直接把文本文件的内容输出。
  - 如果是 POST 方式的请求，则先从请求中读出两个表单项的内容，然后将它们拼接在一起，并将之加入留言列表，再将之保存回文本文件。这样，每次的留言就不会丢失了。

图 10.1　网页留言本效果

正常情况下，网站都会使用数据库（如 MySQL、Oracle、SQL Server 等）来保存数据。这里为了简化，使用一个文本文件保存数据，它可以被看作一个简单的留言本，也可以被看作一个简单的有一点实际功能的后端页面。

但是读者要特别注意，前面的程序代码仅作为演示，绝对不能直接将其发布到互联网上。对于后端程序，一定要做好必要的安全措施，以防止出现各种漏洞和被攻击。这样才能将其发布到互联网上，否则会非常危险。

需要注意，上面的方式虽然能够实现基本的功能，但是每次提交留言以后，都是整个页面刷新，这样就会出现短暂的白屏，看起来会"闪一下"。下面我们介绍改用 AJAX 的提交方式来避免页面的"闪一下"。

# 10.2　改用 AJAX 方式实现留言本

我们将原来的 guestbook.aspx 文件拆成 3 个文件，即一个普通的 HTML 文件（guestbook.html，可作为留言本入口），以及两个.aspx 文件。在 guestbook.html 中会通过 AJAX 调用这两个。.aspx 文件。

## 10.2.1　读取留言列表

第一个.aspx 文件是 comment-list.aspx，作用是读取文本文件，把内容直接返回给浏览器，如果这个文本文件不存在，则返回一个空字符串，代码如下所示：

< 158 >

```
1  <%@ Page Language="C#" ContentType="text/html" ResponseEncoding="utf-8" %>
2  <%@ Import Namespace="System.IO" %>
3
4  <%
5    string path = Server.MapPath("guestbook.txt");
6    string content = File.Exists(path) ? File.ReadAllText(path) : string.Empty;
7    Response.Write(content.Replace(Environment.NewLine, "<br/>"));
8  %>
```

## 10.2.2　保存并返回新留言

另一个.aspx 文件是 comment.aspx，作用是读取表单中的姓名和留言内容，然后按照统一的格式将它们保存到文本文件中，再把新添加的留言返回给浏览器，代码如下所示：

```
1  <%@ Page Language="C#" ContentType="text/html" ResponseEncoding="utf-8" %>
2  <%@ Import Namespace="System.IO" %>
3
4  <%
5  string path = Server.MapPath("guestbook.txt");
6  string content = string.Empty;
7  if (File.Exists(path))
8   content = File.ReadAllText(path);
9  string time = DateTime.Now.ToString();
10 string name = Request.Form["name"];
11 string comment = Request.Form["comment"];
12 string newComment = time + Environment.NewLine
13    + name + "留言说: " + Environment.NewLine
14    + comment + Environment.NewLine
15    + "<hr/>";
16 content = newComment + content;
17 File.WriteAllText(path, content, Encoding.UTF8);
18 Response.Write(newComment.Replace(Environment.NewLine, "<br/>"));
19 %>
```

## 10.2.3　留言本入口页面

准备好上面两个.aspx 文件之后，就可以制作留言本入口页面文件了。将原来的 guestbook.aspx 另存为 guestbook.html，让它成为一个普通的.html 静态页面文件。删除所有由<%和%>标识的后端代码，然后增加一段 JavaScript 代码，并且将留言列表的内容改为两个<span>标记的内容，分别设置 id 为 new-comment 和 comment-list。前者用于显示新添加的留言，后者用于显示原有的留言列表，代码如下所示：

```
1  <html>
2  <head>
3    <script src="jquery-3.5.1.min.js"></script>
4    <script src="jquery.form.min.js"></script>
5    <script>
6      $(function() {
7        $("#comment-list").load("guestbook-list.aspx");
8        $('#comment-form').ajaxForm({success: function(response){
9          $("#new-comment").prepend(response);
10       }});
11     });
12   </script>
13 </head>
```

< 159 >

```
14    <body>
15      <h1>网页留言本</h1>
16      <form id="comment-form" action="comment.aspx" method="POST">
17        <p>姓名: <input type="text" name="name"/></p>
18        <p>留言: <textarea name="comment" ></textarea></p>
19            <input type="submit" value="提交"/>
20      </form>
21      <p>
22        <hr/>
23        <span id="new-comment"></span>
24        <span id="comment-list"></span>
25      </p>
26    </body>
27    </html>
```

可以看到，加入的这段 JavaScript 代码中的$(function() {})说明在页面加载完成后，执行$(function() {})里面的代码，分为两种情况。

- 使用 jQuery 的 load()函数，调用 guestbook-list.aspx，并在$("#comment-list")中插入 comment-list.aspx 文件返回的留言列表。
- 使用 jQuery Form 插件的 ajaxForm()方法，将普通的表单改为用 AJAX 方式提交的表单。这个方法的参数是一个 options 对象，其指定了调用完成以后如何处理返回结果。在这里，简单地把返回的 response 字符串插入 span#new-comment 就可以了。这个表单和普通的表单基本没有区别，只是改为了用 AJAX 方式提交。提交表单后，效果如图 10.2 所示。

图 10.2　改为用 AJAX 方式提交表单的留言本

注意，在 span#new-comment 中插入一条新留言的时候，不能使用 html()方法，而要使用 prepend()方法，因为 html()方法会把 span#new-comment 中的内容清空，然后插入新留言，而 prepend()方法不会清空内容，而会直接将留言插入最前面。

从图 10.2 中可以看到，提交成功以后，最新的留言内容仍保留在表单中，这是没有刷新整个页面而导致的，因此可以再稍微完善一下。插入新留言之后，调用 jQuery Form 插件提供的重置方法 resetForm()，把表单重置为最初的状态。JavaScript 部分的完整代码如下所示：

```
1    <script>
2      $(function() {
3        $("#comment-list").load("comment-list.aspx");
```

< 160 >

```
4    $('#comment-form').ajaxForm({success: function(response){
5      $("#new-comment").prepend(response);
6      $('#comment-form').resetForm();
7    }});
8    });
9    </script>
```

# 10.3 　对表单数据进行验证

现在观察图 10.3，可以发现目前这个留言本还存在以下两个问题。

- 如果用户没有填写姓名和留言内容，直接单击"提交"按钮，就会在留言列表中出现空白留言。我们希望用户不能提交空白留言。
- 如果有人输入<script>这样的代码，则是很危险的，应该禁止这样的内容被输入。

图 10.3　需要进行数据验证的表单

这就涉及关于表单的一个重要内容——数据验证。在提交数据给服务器之前，应该确保数据是有效的、安全的。例如，如果一个表单中提交的某一项内容是电话号码，那么我们就应该验证它是否符合电话号码的格式要求，只有符合格式要求才能被提交。

具体代码如下，增加了一个 beforeSubmit 选项，它是一个函数，参数是所有的表单项。在这个函数中，需要进行以下两个判断。

- 判断是否存在包含"<"的表单项，如果存在，则用 alert()方式给出警告，然后返回 false，取消这次提交操作。
- 判断是否存在为空字符串的表单项，如果存在，则用 alert()方式给出警告，然后返回 false，取消这次提交操作。

```
1    <script>
2    $(function() {
3      $("#comment-list").load("comment-list.aspx");
4      $('#comment-form').ajaxForm({
5        success: function(response){
6          $("#new-comment").prepend(response);
7          $('#comment-form').resetForm();
8        },
9        beforeSubmit: function(param){
```

< 161 >

```
10        if(param.some(item => item.value.includes("<"))){
11          alert('姓名和留言内容中不能包含 "<" 字符');
12          return false;
13        }
14        if(param.some(item => item.value.trim()==="")){
15          alert('姓名和留言内容不能为空');
16          return false;
17        }
18      }
19    });
20  });
21  </script>
```

修改代码之后，实现的效果如图 10.4 所示。

图 10.4　对表单数据进行验证

关于这个案例，还有以下几点需要注意。

- 在上面的判断语句中，使用了数组的 some()方法，非常方便。意思是对这个数组的所有元素调用后面参数传入的函数，如果存在某些元素调用该函数后返回 false，那么返回 false。与 some()类似的还有 every()，该方法用于判断一个数组的所有元素是否都满足某个条件。
- 数据的安全验证是非常重要的，而且不能只进行客户端验证，还要进行服务器端的验证，即服务器端程序读入数据以后，在做实际处理之前，一定要验证数据的安全性，因为任何客户端输入的数据都是不可靠的。
- 本例中只用了非常简单的数据验证方法，实际工作中遇到的表单可能会非常复杂，特别是在一些企业应用中，表单中的项目数量多、逻辑复杂，对此可以应用专门用于表单数据验证的 jQuery 插件，以降低手动开发的复杂度。

实例文件请参考本书配套的资源文件：第 10 章\ajax-guestbook\guestbook.html、comment.aspx、comment-list.aspx。

## 本章小结

本章举了一个前后端配合的综合实例。本例中的前后端逻辑都非常简单，目的是给读者演示在一个真正的网站中前后端是如何配合的。但由于做了大幅度的简化，本例并不能完全真实地反映实际工作中会遇到的场景。希望读者能够寻找一些案例和场景，通过自己的摸索来掌握相关的知识点。

< 162 >

# Bootstrap篇

# 第 11 章  Bootstrap 基础

前文讲解了与 jQuery 相关的知识，jQuery 是 JavaScript 的框架，而 CSS 也有相应的框架，Bootstrap 就是其中优秀的代表。从本章开始，我们介绍 Bootstrap 前端框架，它是全球受欢迎的前端框架和开源项目之一，用于构建响应式、移动设备优先的网站。本章思维导图如下。

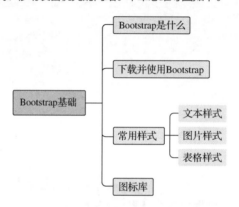

本章导读

## 11.1  Bootstrap 是什么

知识点讲解

Bootstrap 是美国推特公司的设计师马克·奥托（Mark Otto）和雅各布·桑顿（Jacob Thornton）主导开发的，是基于 HTML5、CSS3、JavaScript 的简洁、直观、强大的前端开发框架。使用它可以快速、优雅地构建网页和网站。2011 年 8 月，推特公司将其开源。至今，推特公司已经发布了以下几个重要的 Bootstrap 版本。

- Bootstrap 2，主要是将响应功能添加到了整个框架中。
- Bootstrap 3，重写了该框架，使其默认采用移动设备优先的方法进行响应。
- Bootstrap 4，再次重写了该框架，将 Less 迁移到 Sass，并且向 CSS 的 flexbox 迁移，目的是通过更新的 CSS 属性、更少的依赖以及新技术，推动开发社区向前发展一小步。
- Bootstrap 5，是新版本，通过尽可能少的更改来改进 Bootstrap 4。主要改进了现有功能和组件，删除了对 IE 以及旧版浏览器的支持，还删除了对 jQuery 的依赖，并采用了 CSS 的自定义属性等对未来发展更友好的技术。

本书介绍的是 Bootstrap 5。它支持所有的主流浏览器，如果需要支持 IE 浏览器，则请使用 Bootstrap 3 或 Bootstrap 4。Bootstrap 框架具有如下特点。

- 响应式设计。Bootstrap 的 CSS 样式是基于响应式布局而构建的，遵循移动设备优先的原则。它提供一套响应式栅格系统，以及响应式工具类，其各组件也支持响应式，这可使开发人员快速上手响应式布局的设计。

- 工具类优先。Bootstrap 5 引入了工具类优先的理念，预置了大量的工具类来帮助设置颜色、尺寸、布局等样式，因此开发人员不必为各种 CSS 类的命名而苦恼。
- 丰富的组件。Bootstrap 提供了功能强大的组件库，支持按钮、菜单导航、卡片、模态框等组件。开发人员可以选取合适的组件来快速搭建页面，并且可以根据实际需要进行定制。
- 学习曲线平缓。学习 Bootstrap 的门槛不高，读者只需要具备 HTML5、CSS3 和 JavaScript 的基础知识即可。它有完善的中文和英文文档，因此读者在遇到问题时可以通过文档方便地查找解决办法。
- CSS 预编译。Bootstrap 基于 Sass 构建，能够方便地和前端工程化流程结合，更适合实际项目。Sass 是 CSS 预处理器，可以使用更便捷的语法和特性编写代码，这使 CSS 样式代码更容易被维护和扩展。
- 易与其他框架结合使用。Bootstrap 5 不依赖 jQuery，但它仍然可以和 jQuery 框架一起使用，也可以和非常流行的 Vue.js 框架一起使用。

在学习 Bootstrap 的过程中，我们不应局限于学习它的各种类和组件，要注意学习它的类命名规则、组件划分方法、框架设计原则等，以养成良好的编程习惯。

# 11.2 下载并使用 Bootstrap

在 Bootstrap 官网下载 Bootstrap，如图 11.1 所示。本书案例使用的 Bootstrap 版本是 v5.0.0-beta3。

图 11.1　下载 Bootstrap

✏️ 说明

Bootstrap 5 在编者编写本书时还未发布正式版，一般正式版发布前会先发布测试版——alpha 版本和 beta 版本，用于收集反馈意见并修改，等到稳定后才会发布正式版。本书介绍的 beta3 版本是最后一个测试版本，和正式版差别不大。

Bootstrap 提供了多种使用方式供开发人员选择，如下所示。
- 下载预编译的文件，直接使用。
- 下载源代码文件，手动编译。
- 不下载任何文件，直接使用 CDN（content delivery network，内容分发网络）。

如果不需要了解 Bootstrap 的源代码，则可以直接下载预编译的文件。下载好预编译的文件后会得到压缩包 bootstrap-5.0.0-beta3-dist.zip，解压后的文件结构如下所示：

```
1   bootstrap/
2   ├── css/
```

< 165 >

```
3   │      ├── bootstrap-grid.css
4   │      ├── bootstrap-grid.css.map
5   │      ├── bootstrap-grid.min.css
6   │      ├── bootstrap-grid.min.css.map
7   │      ├── bootstrap-grid.rtl.css
8   │      ├── bootstrap-grid.rtl.css.map
9   │      ├── bootstrap-grid.rtl.min.css
10  │      ├── bootstrap-grid.rtl.min.css.map
11  │      ├── bootstrap-reboot.css
12  │      ├── bootstrap-reboot.css.map
13  │      ├── bootstrap-reboot.min.css
14  │      ├── bootstrap-reboot.min.css.map
15  │      ├── bootstrap-reboot.rtl.css
16  │      ├── bootstrap-reboot.rtl.css.map
17  │      ├── bootstrap-reboot.rtl.min.css
18  │      ├── bootstrap-reboot.rtl.min.css.map
19  │      ├── bootstrap-utilities.css
20  │      ├── bootstrap-utilities.css.map
21  │      ├── bootstrap-utilities.min.css
22  │      ├── bootstrap-utilities.min.css.map
23  │      ├── bootstrap-utilities.rtl.css
24  │      ├── bootstrap-utilities.rtl.css.map
25  │      ├── bootstrap-utilities.rtl.min.css
26  │      ├── bootstrap-utilities.rtl.min.css.map
27  │      ├── bootstrap.css
28  │      ├── bootstrap.css.map
29  │      ├── bootstrap.min.css
30  │      ├── bootstrap.min.css.map
31  │      ├── bootstrap.rtl.css
32  │      ├── bootstrap.rtl.css.map
33  │      ├── bootstrap.rtl.min.css
34  │      └── bootstrap.rtl.min.css.map
35  └── js/
36         ├── bootstrap.bundle.js
37         ├── bootstrap.bundle.js.map
38         ├── bootstrap.bundle.min.js
39         ├── bootstrap.bundle.min.js.map
40         ├── bootstrap.esm.js
41         ├── bootstrap.esm.js.map
42         ├── bootstrap.esm.min.js
43         ├── bootstrap.esm.min.js.map
44         ├── bootstrap.js
45         ├── bootstrap.js.map
46         ├── bootstrap.min.js
47         └── bootstrap.min.js.map
```

　　从文件结构中可以看出，它包含 css 和 js 两个文件夹，其中 bootstrap.*是经过编译的文件，bootstrap.min.*是压缩后的文件，bootstrap.*.map 是源代码的映射文件，MAP 文件可与某些浏览器的开发者工具协同使用。虽然预编译的 Bootstrap 提供了众多的 CSS 文件和 JS 文件，但重要的是 bootstrap.css 和 bootstrap.min.css，包含全部的样式；bootstrap.bundle.js 和 bootstrap.bundle.min.js（集成的 JS 文件），包含组件依赖的 Popper 库。其他文件只包含部分功能，这里不具体介绍。下面介绍如何引入 Bootstrap，以下是使用 Bootstrap 的页面模板，实例文件请参考本书配套的资源文件：第 11 章\template.html。

```
1   <!doctype html>
2   <html lang="zh-CN">
3   <head>
```

< 166 >

```
4       <!-- 必需的 <meta> 标签 -->
5       <meta charset="utf-8">
6       <meta name="viewport" content="width=device-width, initial-scale=1">
7
8       <!-- Bootstrap 的 CSS 文件 -->
9       <link rel="stylesheet" href="../dist/css/bootstrap.min.css">
10
11      <title>Hello, Bootstrap!</title>
12    </head>
13    <body>
14      <h1>Hello, Bootstrap!</h1>
15
16      <!-- Bootstrap 所需的 JS 文件 -->
17      <script src="../dist/js/bootstrap.bundle.min.js"></script>
18
19    </body>
20    </html>
```

从模板中可以看出，引入两个核心文件 bootstrap.min.css 和 bootstrap.bundle.min.js 后，就可以使用 Bootstrap 的全部功能了。还需要注意以下几点。

- HTML5 声明，Bootstrap 要求文档类型（doctype）是 HTML5。
- 设置视口（viewport），这是让网页支持响应式布局的关键设置。
- 盒子模型，Bootstrap 将全局的 box-sizing 的值从 content-box 调整为 border-box，目的是确保内边距 padding 的设置不会影响计算元素的最终宽度，这有助于进行弹性盒子布局。

准备好 Bootstrap 的模板后，我们就可以开始 Bootstrap 的学习了。

# 11.3　常用样式

案例讲解

在 Web 页面开发中，为了使各浏览器的表现一致，通常会对浏览器的默认样式进行重置，并提供全局的基准样式。Bootstrap 也是这么处理的，例如它删除了 body 的默认外边距，并将字体大小设置为 1rem。字体和边距使用 rem 作为单位，更便于缩放，以响应设备。一般浏览器默认的 1rem 是 16px。本节将介绍 Bootstrap 提供的常用文本、图片和表格样式。

## 11.3.1　文本样式

常用的文本样式分为三大类：标题类、文本类和列表类。在对博客内容或一大段文字进行排版时会经常用到这些文本样式，下面分别介绍它们。

### 1. 标题类

标题是网页中比较醒目的文字，通常使用<h1>～<h6>标签来表示，Bootstrap 对这些标题标签的默认样式进行了覆盖。举例如下，实例文件请参考本书配套的资源文件：第 11 章\heading.html。

```
1    <h1>h1 一级标题</h1>
2    <h2>h2 二级标题</h2>
3    <h3>h3 三级标题</h3>
4    <h4>h4 四级标题</h4>
5    <h5>h5 五级标题</h5>
```

< 167 >

```
6    <h6>h6 六级标题</h6>
```

页面效果如图 11.2 所示。<h6>表示的字体的大小是 1rem（16px），每增加一级，字体大小会增大 0.25rem 或 0.5rem。

图 11.2　标题样式

此外，Bootstrap 还提供了.h1、.h2、.h3、.h4、.h5、.h6 这 6 个类来设置字体大小，它们分别对应各级标题的字体大小。

有时网页中还会用到副标题，Bootstrap 中的副标题是在标题标签中使用<small>标签来表示的，举例如下，实例文件请参考本书配套的资源文件：第 11 章\heading-small.html。

```
1    <h2>
2      二级标题
3      <small class="text-muted">副标题</small>
4    </h2>
5    <h3>
6      三级标题
7      <small class="text-muted">副标题</small>
8    </h3>
```

<small>标签表示的副标题的字体大小是 0.875 倍的主标题字体大小，它会相对于主标题字体大小进行变化。.text-muted 类可使副标题颜色变浅，在浏览器中的效果如图 11.3 所示。

图 11.3　副标题样式

如果希望标题更加突出，可以使用一系列的 display 类来设置标题样式，举例如下，实例文件请参考本书配套的资源文件：第 11 章\heading-display.html。

```
1    <h1 class="display-1">Display 1</h1>
2    <h1 class="display-2">Display 2</h1>
3    <h1 class="display-3">Display 3</h1>
4    <h1 class="display-4">Display 4</h1>
5    <h1 class="display-5">Display 5</h1>
6    <h1 class="display-6">Display 6</h1>
```

< 168 >

display 类会让标题显得更大，.display-6 的字体大小是 2.5rem，相当于一级标题字体的大小，每增加一级，字体大小增加 0.5rem，在浏览器中的效果如图 11.4 所示。

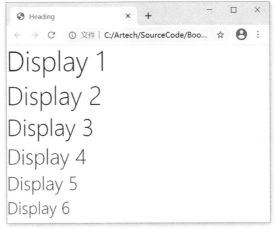

图 11.4    display 样式

下面我们总结一下与标题类相关的字体大小的内容，如表 11.1 所示。

**表 11.1    标题类字体大小**

| 类或标签 | 字体大小 | 换算 |
| --- | --- | --- |
| .display-1 | 5rem | 80px |
| .display-2 | 4.5rem | 72px |
| .display-3 | 4rem | 64px |
| .display-4 | 3.5rem | 56px |
| .display-5 | 3rem | 48px |
| .h1, h1, .display-6 | 2.5rem | 40px |
| .h2, h2 | 2rem | 32px |
| .h3, h2 | 1.75rem | 28px |
| .h4, h4 | 1.5rem | 24px |
| .h5, h5 | 1.25rem | 20px |
| .h6, h6 | 1rem | 16px |

**2. 文本类**

段落是文本的重要组成部分，它用<p>标签来表示。Bootstrap 重置了段落标签的外边距，上外边距设置为 0rem，下外边距设置为 1rem，这会使文字更易于阅读。

如果想突出显示重要的段落，可以给<p>标签使用.lead 类，举例如下，实例文件请参考本书配套的资源文件：第 11 章\lead.html。

```
1    <h2>标题</h2>
2    <p>这是一个常规段落。这是一个常规段落。</p>
3    <p class="lead">
4        这是一个主要段落。它从常规段落中"脱颖而出"。
5    </p>
6    <p>这是一个常规段落。这是一个常规段落。</p>
```

在浏览器中的效果如图 11.5 所示。

< 169 >

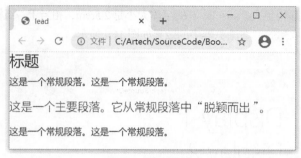

图 11.5　突出段落样式

此外，对于很多常用的内联文本，例如下画线、强调、加粗、斜体、缩略语、快引用等相关处理，Bootstrap 提供了美观的样式，举例如下，实例文件请参考本书配套的资源文件：第 11 章\text.html。

```
1    <p>可以使用 mark 标签来 <mark>强调</mark> 文本。</p>
2    <p><del>此行文本应视为已删除的文本。</del></p>
3    <p><u>此行文本将显示为带下画线。</u></p>
4    <p><strong>此行显示为粗体文本。</strong></p>
5    <p><em>此行显示为斜体文本。</em></p>
6    <p><abbr title="HyperText Markup Language">缩略语：HTML</abbr></p>
7    <blockquote class="blockquote">
8      <p>-- 来自 Bootstrap</p>
9    </blockquote>
```

上面的代码展示了不同元素在页面中的使用，效果如图 11.6 所示。

图 11.6　文本样式

以上只是文本样式的简单用法，更多的设置方法，比如颜色、大小等的设置方法，将在后文介绍。

### 3. 列表类

对于列表元素，Bootstrap 提供了两种排版样式：一种是使用.list-unstyled 类，其会去掉默认样式、移除左边距；另一种是使用.list-inline 类，其会将列表设置为内联样式，且需要结合.list-inline-item 类进行使用。使用方法如下，实例文件请参考本书配套的资源文件：第 11 章\list.html。

```
1    <h2>前端基础</h2>
2    <ul class="list-unstyled">
3      <li>HTML5</li>
```

< 170 >

```
4      <li>CSS3
5        <ul>
6          <li>flexbox</li>
7          <li>grid</li>
8        </ul>
9      </li>
10     <li>JavaScript</li>
11   </ul>
12   <hr>
13   <h2>前端框架</h2>
14   <ul class="list-inline">
15     <li class="list-inline-item">Bootstrap</li>
16     <li class="list-inline-item">Tailwind</li>
17     <li class="list-inline-item">Semantic UI</li>
18   </ul>
```

运行结果如图 11.7 所示。注意，.list-unstyled 类只能移除直接子级的默认样式，嵌套列表中的默认样式不会被移除，其需要手动移除。

图 11.7　列表样式

## 11.3.2　图片样式

图片是网页中不可缺少的元素。巧妙地在网页中使用图片可以为网页增色不少。通过 Bootstrap 所提供的.img-fluid 类让图片支持响应式布局的原理是，将图片的相关代码设置为 max-width: 100%、height: auto，以便其随父元素一起缩放。此外还可以使用.img-thumbnail 类使图片在支持响应式布局的同时具有 1px 宽度的圆角边框。使用方法如下，实例文件请参考本书配套的资源文件：第 11 章\image.html。

```
1    <div style="width: 300px; margin-bottom: 10px;
2      border: 1px solid #000; padding: 5px;">
3      <img src="1.jpg" alt="眺望">
4    </div>
5
6    <div style="width: 300px; float: left;">
7      <img src="1.jpg" class="img-fluid" alt="眺望">
8    </div>
9
10   <div style="width: 300px; float: right;">
11     <img src="1.jpg" class="img-thumbnail" alt="眺望">
12   </div>
```

< 171 >

在浏览器中的效果如图 11.8 所示。可以看到，如果不使用.img-*类，则图片会超出父元素的边界。

图 11.8　图片样式

> ✏️ 说明
>
> 如果想让图片变成圆形，例如头像的显示，则可以结合边框工具类.rounded-circle 一起使用。这在后文会为大家介绍。

## 11.3.3　表格样式

表格作为传统的 HTML 元素，一直受到网页设计者的青睐。使用表格表示数据、制作调查表等应用在网络中屡见不鲜。Bootstrap 提供了多种优雅的表格样式，而且可以让表格支持响应式布局，可谓非常实用。

基本的表格用法是在\<table\>元素上使用.table 类，例如下面是一个成绩单表格对应的代码，实例文件请参考本书配套的资源文件：第 11 章\table.html。

```
1   <table class="table">
2     <caption>期中考试成绩单</caption>
3     <thead>
4       <tr>
5         <th>姓名</th> <th>物理</th> <th>化学</th> <th>数学</th> <th>总分</th>
6       </tr>
7     </thead>
8     <tbody>
9       <tr><th>牛小顿</th> <td>32</td> <td>17</td> <td>14</td> <td>63</td></tr>
10      <tr><th>伽小略</th> <td>28</td> <td>16</td> <td>15</td><td >59</td></tr>
11      <tr><th>薛小谔</th> <td>26</td> <td>22</td> <td>12</td> <td>60</td></tr>
12      <tr><th>海小堡</th> <td>16</td> <td>22</td> <td>16</td> <td>54</td></tr>
13      <tr><th>波小尔</th> <td>25</td> <td>11</td> <td>12</td><td >48</td></tr>
14      <tr><th>狄小克</th> <td>15</td> <td>8</td> <td>9</td> <td>32</td></tr>
15    </tbody>
16  </table>
```

页面显示效果如图 11.9 所示。

< 172 >

图 11.9　基本的表格样式

如果想实现斑马纹效果，则可以使用.table-striped 类，代码如下，实例文件请参考本书配套的资源文件：第 11 章\table-striped.html。

```
1    <table class="table table-striped">
2      ……
3    </table>
```

此时，页面效果如图 11.10 所示。

图 11.10　斑马纹效果

使用.table-bordered 类能够给单元格的所有边添加边框，代码如下，实例文件请参考本书配套的资源文件：第 11 章\table-bordered.html。

```
1    <table class="table table-striped table-bordered">
2      ……
3    </table>
```

带边框的表格效果如图 11.11 所示。

Bootstrap 能使网页实现响应式布局，表格也不例外，其通过.table-responsive 类可以让表格支持响应式布局。注意，这个类不是应用在<table>元素上的，而是要作为<table>的父元素，使用方法如下，实例文件请参考本书配套的资源文件：第 11 章\table-responsive.html。

```
1    <style>
2      th { min-width: 120px; }
3    </style>
4
5    <div class="table-responsive text-nowrap">
```

< 173 >

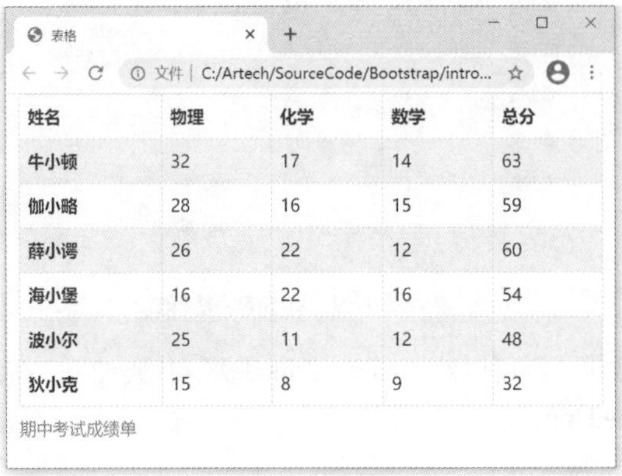

```
6      <table class="table table-striped table-bordered">
7         ......
8      </table>
9   </div>
```

图 11.11　带边框的表格

　　.table-responsive 类使得表格可水平移动（添加滚动条），.text-nowrap 类的作用是让表格中的文字不换行显示。因为成绩单表格的每个单元格宽度很小，所以这里将将每列的宽度设置为 120px，此时将浏览器窗口调整到最小，效果如图 11.12 所示。

图 11.12　响应式的表格

知识点讲解

# 11.4  图标库

　　在网站中使用风格一致的图标，能够让用户更加明确网站的主题，从而提高用户与网站的亲密度。从 Bootstrap 4 开始，图标库从 Bootstrap 项目中分离出来，并成了一个单独的项目 Bootstrap Icons 开始独立发展，目前最新的版本是 v1.4.1。它拥有近 1300 个图标，是免费的、高质量的开源图标库，可以在任何项目中使用，而不局限于在使用 Bootstrap 的项目中使用。

　　我们先从 Bootstrap Icons 官网下载图标库，如图 11.13 所示。

< 174 >

图 11.13　下载图标库

下载后得到压缩包 ICONS-1.4.1.zip，解压后的文件目录结构如图 11.14 所示。

图 11.14　文件目录结构

其中，font 文件夹中包含相应的字体文件 bootstrap-icons.woff 和 bootstrap-icons.woff2，以及使用字体图标所需要的样式文件 bootstrap-icons.css 等。使用字体图标的方式非常简单，只需要将 bootstrap-icons.css 引入 HTML，然后找到相应的图标类 bi-*并将其添加到<i>标签中即可，举例如下，实例文件请参考本书配套的资源文件：第 11 章\icons.html。

```
1   <!DOCTYPE html>
2   <html lang="zh-CN">
3   <head>
4     <meta name="viewport" content="width=device-width, initial-scale=1">
5     <link rel="stylesheet" href="../dist/css/bootstrap.min.css">
6     <link rel="stylesheet" href="../dist/bootstrap-icons.css">
7     <title>icons</title>
8   </head>
9   <body class="p-3 text-center">
10    <i class="bi-chat-dots"></i>
11    <i class="bi-chat-dots-fill"></i>
12    <i class="bi-chat-dots-fill text-primary"></i>
13    <i class="bi-chat-dots-fill fs-2"></i>
```

< 175 >

```
14    <button class="btn btn-primary">
15       按钮
16       <i class="bi-chat-dots-fill"></i>
17    </button>
18  </body>
19  </html>
```

既然是字体，那我们就能够设置它的大小和颜色等，在浏览器中的效果如图 11.5 所示。这里需要注意，bootstrap-icons.css 文件和字体文件的相对路径与下载文件夹中的相对路径须保持一致。

图 11.15　字体图标

除了使用字体图标，还可以使用 SVG。图 11.14 所示的文件目录结构中的 icons 文件夹中包含所有图标对应的 SVG 矢量图，使用举例如下：

```
<img src="/icons/chat-dots.svg" alt="chat" class="text-primary">
```

## 本章小结

本章介绍了 Bootstrap 的发展历史以及它的特点，并且讲解了如何下载和使用 Bootstrap；然后通过一些简单的案例带领读者了解了 Bootstrap 的常用文本、图片和表格样式；最后说明了图标库的使用方法。可以发现，Bootstrap 容易上手，使用它能够提高前端开发的效率。

## 习题 11

### 一、关键词解释
CSS 框架　Bootstrap　Sass　浏览器默认样式　rem　border-box　字体图标

### 二、描述题
1. 请简单描述一下 Bootstrap 框架的特点。
2. 请简单描述一下 Bootstrap 提供的文本样式分为几大类，分别是什么，对应的设置方式都有哪些。
3. 请简单描述一下如何设置图片支持响应式布局。
4. 请简单描述一下本章介绍的美化表格的类名有哪些，如何让表格支持响应式。
5. 请简单描述一下如何使用 Bootstrap 的字体图标。

### 三、实操题
使用本章讲解的相关知识，实现题图 11.1 所示的页面效果。

题图 11.1　页面效果

< 176 >

# 第 **12** 章　CSS 原子化与工具类

在 Bootstrap 3.0 中有一些辅助类，例如.pull-left 和.pull-right，它们可以使任意元素向左或向右浮动。这些类已经符合一定的原子化理念，但 3.0 版本没有大规模地提供工具类。从 4.0 版本开始，Bootstrap 引入了 CSS 原子化与工具类的理念，提供了完善的工具类体系。本章将介绍工具类的理念、规则以及应用方法等。本章思维导图如下。

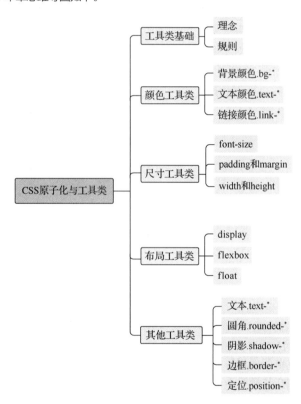

本章导读

## **12.1**　CSS 原子化理念

知识点讲解

每种被广泛使用的技术都有自己的一套理念和哲学，它们是技术的"灵魂"。从历史角度考察 CSS，占据主流的是组件化思想。在软件开发领域，组件化几乎是永恒的"基础哲学"，因为在软件开发领域，组件化是提升开发效率、实现可维护性的基石。因此，CSS 诞生以后，产生的各种以 CSS 为核心的 UI 层框架就把组件化当作重点。

基于这种思想，把各种常用的网页样式需求提炼和抽象出来以为开发人员提供各种"开箱即用"的组件成为一种深入人心的做法。例如，假设页面上有一个"提示框"类，可以给它起一个名字，叫作 alert-box，然后定义好它的 CSS 样式属性：

```
1   <div class="alert-box">
2     some content
3   </div>
4
5   <style>
6   .alert-box{
7     position: relative;
8     font-size: 14px;
9     color: red;
10    ……
11  }
12  </style>
```

有了这个预先定义好的 CSS 类，以后在同一个项目中，所有用到这个样式的地方都可以直接在某个 HTML 元素上使用这个 alert-box 组件，这确实是非常高效的做法。更重要的是，使用了组件的方式后，对于大规模的项目，若需要多名开发人员来共同完成，则他们可以使用同一套预先定义好的组件库，这样可以大大提高代码的一致性，对于后期的维护也会非常有帮助。如果需要修改这个样式，只要修改一次，所有使用这个样式的页面就都会被修改。如果不这样做，一个项目中的多名开发人员"各自为战"来修改一个相同的样式就会复杂得多。

事实上，早期的 Bootstrap 就预先定义好了大量的 CSS 类和复杂的组件，用户只要按照约定编写 HTML 结构，并配合相应的 CSS 类，就可以实现精致的、具有充足设计感的网页效果，这也给开发人员带来了极大的便利。

但是，随着时间的推移，人们逐渐发现，基于组件化 CSS 的设计哲学仅仅是"看起来很美好"。在实际开发中，尤其是项目规模扩大之后，隐藏的种种问题就会逐渐暴露出来，并且会给开发人员带来相当大的困扰，主要有以下几点。

- CSS 中所有的样式都是全局作用的，只能通过复杂的选择器实现作用范围内的具体化。这会导致容易发生重名或者不经意间错误地覆盖规则。
- 复杂的规则重叠、代码冗余和"膨胀"、难以消除无用代码。
- 在组件化开发中，需要大量的具有准确语义、易于理解和记忆的名称，这对于开发团队内部保证命名规则的一致性非常困难。

这些问题使得对 CSS 代码的管理和维护变得非常困难，导致的结果是基于组件的 CSS 项目只在开始的时候降低了复杂度，随着项目不断进展，组件化反而会提高项目开发的复杂度。

由此，近年在 CSS 工程领域，出现了一种新的 CSS 哲学——原子化。它与组件化正好不同，例如上面的例子中，alert-box 组件被拆解为一组独立的微型 CSS 类：

```
1   <div class="fs-1 p-2 text-red">
2     some content
3   </div>
4
5   <style>
6     .fs-1{ font-size:2.5rem; }
7     .p-1{ padding: 2rem; }
8     .text-red{ color:red; }
9     ……
10  </style>
```

可以看到，基于原子化哲学，根据直观的命名规则构造出一套 CSS 类，每一个 CSS 类包含非常精简的 CSS 规则，然后直接用于 HTML 中。这些原子化的 CSS 类被称为工具类。当然，在实际开发中，

< 178 >

这些原子化的工具类都是经过精心设计的。

CSS 原子化的理念在 2013 年被提出，经过了几年的发展，其逐步被业界所接受。目前出现了一些彻底的原子化 CSS 框架，例如 Tailwind 框架。另一些就是像 Bootstrap 这样的传统框架，它们大多都引入了原子化的工具类，但是仍然保留了组件的概念。

Bootstrap 3.0 是典型的基于组件的框架，其 4.0 版本正式引入了基于原子化理念的工具类体系，并且遵循了工具类优先的理念，倡导使用精心设计好的工具类，例如 d-flex、p-2、mb-3、fs-1、bg-dark 等，可直接在 HTML 中组合使用，以此来快速构建出网页。第一眼看上去，这些工具类的名字颇为古怪，有点像"密码"，但是一旦掌握了它们的命名习惯和规则，开发人员几乎不需要额外的学习，就可以非常容易地使用它们，开发效率也会变得非常高。

使用（原子化的）工具类和使用内联样式有什么区别呢？实际上使用工具类相比使用内联样式具有以下重要的优点。

- 基于"约束"的设计。使用内联样式，每个属性值都可以使用。而使用工具类，则只能从预定义的类中选择，这使得构建统一的 UI 更加容易。
- 响应式的设计。在内联样式中不能使用媒体查询（media query），但可以使用响应式工具类来构建完全响应式的页面。

不仅如此，使用工具类还在很大程度上解决了前面提到的 CSS 开发过程中的几个痛点。

- 类命名更容易。如果使用自定义的类，则往往需要进行语义化的命名，命名本身就比较困难，而且随着代码的增长其会变得更加难以维护。
- CSS 文件更小。使用工具类，几乎不用添加 CSS 类，文件大小不会随着页面增加而线性增长。
- 维护更容易。工具类是在 HTML 中使用的，因此它只对当前页面的局部产生影响，而不会影响全局。

我们在正式学习 Bootstrap 提供的工具类之前，先通过一个例子来了解工具类的用法。假设现在要设计图 12.1 所示的用于在线教学网站的课程卡片。

图 12.1　课程卡片

如果采用传统的做法，则会先确定 HTML 结构，然后创建一个类似于 course-card 这样的名字，再定义一个 CSS 规则集合。在每个需要显示这个课程卡片的地方，放置相同的 HTML 结构。

但是使用工具类思路则完全不同，开发人员根本不用新增 CSS 样式类，代码如下所示，实例文件请参考本书配套的资源文件：第 12 章\card.html。

```
1  <div class="rounded-top border w-25 position-relative">
2    <img src="images/1.jpg" class="img-fluid rounded-top" alt="...">
```

< 179 >

```
3      <div class="p-3">
4        <a href="#" class="fs-5 text-dark d-block mb-3 text-decoration-none
5   stretched-link">户外风景摄影课程</a>
6        <div class="d-flex justify-content-between align-items-baseline">
7          <span class="text-danger">￥99.00</span>
8          <small class="text-secondary">39 人学过</small>
9        </div>
10   </div>
```

先来解释一下上面代码中出现的 CSS 样式类，这些样式类都是 Bootstrap 提供的工具类，因此具有很好的一致性。上面代码中依次出现了如下工具类。

- rounded-top：上侧使用圆角，相当于设定 border-radius 属性。
- border：相当于设定 border 属性。
- w-25：相当于设定 width 的值为 25%。
- position-relative：相当于设定 position 的值为 relative。
- img-fluid：用来设置响应式图片，表示设定 max-width 的值为 100%、height 的值为 auto。
- p-3：相当于设定 padding 的值为 1rem。
- fs-5：相当于设定 font-size 的值为 1.25rem。
- text-dark：相当于设定 color 的值为#212529。
- d-block：相当于设定 display 的值为 block。
- mb-3：相当于设定 margin-bottom 的值为 1rem。
- text-decoration-none：相当于设定 text-decoration 的值为 none。
- stretched-link：表示链接，实现使其包含的块整体可被单击。
- d-flex：相当于设定 display 的值为 flex。
- justify-content-between：相当于设定 justify-content 的值为 space-between。
- align-items-baseline：相当于设定 align-items 的值为 baseline。
- text-danger：相当于设定 color 的值为#dc3545。
- text-secondary：相当于设定 color 的值为#6c757d。

> **注意**
>
> 高效使用工具类的前提是，开发人员已经能够比较熟练地使用基本的 CSS 样式类来对页面进行操作。因此，如果没有真正掌握 CSS 的基本知识，建议读者先把 CSS 的基本知识掌握好，否则学习 Bootstrap 会比较困难。

理解了上述代码的含义后，读者自然会想到，如果写好了这样一个课程卡片的代码，那么如果需要复用这些样式类该怎么办呢？一个项目中，每次出现课程卡片都需要重写一次吗？复制、粘贴显然不是正确的方法。这时有两种思路，第一种是组件化的思路，即在上述代码的基础上，再次封装一个组件。而在实际开发过程中，随着前端 JavaScript 开发框架不断发展成熟，还可以采用第二种思路，即抽取出通用的 HTML 结构，并通过前端框架将其封装成一个组件。例如，使用目前非常流行的前端框架 Vue.js，就非常容易实现前端代码的封装和复用。例如将上述课程卡片的相关代码封装成如下组件：

```
1   Vue.component('course-card', {
2     props: ['course'],
3     template: `
4       <div class="rounded-top border position-relative">
5         <img src="{{ course.image }}" class="img-fluid rounded-top" alt="...">
6         <div class="p-3">
```

< 180 >

```
7        <a href="#" class="fs-5 text-dark d-block mb-3 text-decoration-none
         stretched-link">{{ course.name }}</a>
8        <div class="d-flex justify-content-between align-items-baseline">
9          <span class="text-danger">{{ course.price }}</span>
10         <small class="text-secondary">{{ course.num }}人学过</small>
11       </div>
12     </div>
13   `
14 })
```

上面代码中，通过 Vue.js 创建了一个名为 course-card 的组件，然后在项目的 HTML 代码中，可以在任意需要使用这个组件的地方，直接将它当作一个新的 HTML 标记来使用，如下所示。

```
1  <body>
2  <header></header>
3  <section>
4      <course-card course="data.lesson01"></course-card>
5      <course-card course="data.lesson03"></course-card>
6      <course-card course="data.lesson03"></course-card>
7  </section>
8  </body>
```

这样 course-card 就会像一个原生的 HTML 标记一样被使用，从而把复杂的细节隐藏了。这样，HTML 结构一目了然，特别清晰、易懂。当然，这要求开发人员掌握使用 Vue.js 等框架的方法。由此可以看出，在当下的 Web 前端开发领域，已经建立了非常成熟的工具体系。人才是第一资源，如果读者希望成为一名合格的开发工程师，就需要把相关的知识和技能都掌握扎实。

人才是第一资源

# 12.2 Bootstrap 的工具类规则

知识点讲解

前面介绍过，工具类遵循原子化的理念，一个 CSS 样式类只做一件事，通常只包含一个属性，例如 .d-flex 表示 display:flex。Bootstrap 提供的工具类非常多，命名规则通常如下，但存在一些特殊情况，后面会具体介绍。

```
.{属性缩写}-{值}
```

例如在 CSS 中有一个基本的 padding（内边距）属性，它的缩写是 p，且对应如下这样一组工具类：

```
1  .p-0    /* 表示 padding 值为 0         */
2  .p-1    /* 表示 padding 值为 0.25rem */
3  .p-2    /* 表示 padding 值为 0.5rem   */
4  .p-3    /* 表示 padding 值为 1rem     */
5  .p-4    /* 表示 padding 值为 1.5rem   */
6  .p-5    /* 表示 padding 值为 3rem     */
```

由此可知，Bootstrap 把 padding 属性的值分成 6 级，最小的是 p-0，padding 的值是 0；其他的依次增大；最大的是 p-5，对应的是 3rem。

根据类似的方式，可将 CSS 的一些常用属性缩写为如表 12.1 所示。

< 181 >

表 12.1　CSS 的常用属性的缩写

| 属性 | 缩写 |
|---|---|
| font-size | fs |
| font-weight | fw |
| font-style | fst |
| padding | p |
| padding-top | pt |
| margin | m |
| display | d |

因此，开发人员根本不需要记住所有工具类的名称。一方面，根据规则很容易就能获知工具类的名称；另一方面，在编写代码时，VS Code 等编辑器都会有智能提示，我们只需要了解工具类的命名规则即可。深入掌握以后，甚至可以根据规则来为不同的项目扩展工具类。

此外，另一类常见的工具类的命名规则如下所示，名称中带有"断点"（breakpoint）。

.{属性缩写}-{断点}-{值}

有断点的类又被称为响应式工具类，断点的值包括 xs、sm、md、lg、xl 和 xxl 这 6 个，对应于不同设备的大小。Bootstrap 将浏览器窗口的宽度从小到大分成了 6 级，每一级都有一个名称，这个名称非常直观，就像我们买衣服时看到的尺寸标识，xs 是最小号、sm 是小号、md 是中号、lg 是大号、xl 是特大号、xxl 是超大号。

通过使用响应式工具类，可以让同一个页面在不同的浏览器中自动选择指定的样式。

并不是所有的属性都有对应的响应式工具类，常用的响应式工具类是 margin 和 padding，例如上面演示了 p-*工具类，其如果加上断点，就变成了响应式工具类。例如下面的代码中，<div>对 padding 属性设置了一组工具类。

```
1    <div class="p-1 p-md-2 p-xl-4">
2        ……
3    <div>
```

上面代码中的样式就很直观，p-1 表示如果不指定断点，则使用 1 级 padding 属性；p-md-2 表示如果浏览器的宽度大于或等于中号宽度，则使用 2 级 padding，即对于大于或等于中号的设备，它会覆盖掉前面 p-1 的设置；同理，p-xl-4 表示如果是大于或等于特大号的设备，则使用 4 级 padding。因此最终的结果是，最小号和小号设备使用 1 级 padding，中号和大号设备使用 2 级 padding，特大号和超大号设备使用 4 级 padding。

说明

可以看出，Bootstrap 使用移动设备优先的原则，即如果不指定断点，就将设备当作最小的设备，如果希望在大一些的设备上使用不同的样式，则需要进行针对性的设置。

上面介绍了工具类的基本规则和使用方法，下面开始按照不同的属性，对常用的工具类进行讲解。

# 12.3 颜色工具类

Bootstrap 定义了一套主题色，可以针对文本、背景和链接设置相应的颜色，规则如下。

< 182 >

```
1    .text-{color}    /* 设置文本颜色 */
2    .bg-{color}      /* 设置背景颜色 */
3    .link-{color}    /* 设置链接颜色 */
```

color 可取的值是 primary、secondary、success、danger、warning、info、light 和 dark。以背景颜色为例，代码如下，显示的颜色如图 12.2 所示，实例文件请参考本书配套的资源文件：第 12 章\color.html。

```
1    <div class="bg-primary text-white">.bg-primary</div>
2    <div class="bg-secondary text-white">.bg-secondary</div>
3    <div class="bg-success text-white">.bg-success</div>
4    <div class="bg-danger text-white">.bg-danger</div>
5    <div class="bg-warning text-dark">.bg-warning</div>
6    <div class="bg-info text-dark">.bg-info</div>
7    <div class="bg-light text-dark">.bg-light</div>
8    <div class="bg-dark text-white">.bg-dark</div>
```

图 12.2　各种背景颜色

这种颜色命名规则贯穿整个 Bootstrap，它使用语义化的名称，包括主色（primary）、次色（secondary）以及各种提示色。各种提示色可分别代表不同的情景，包括操作成功（success）、危险操作（danger）、警告（warning）、信息（info）、浅色（light）和深色（dark）。

在后续讲解组件时还会遇到相关内容，例如按钮和警告框组件，也使用了相同的颜色体系。

此外，链接的颜色 link-*还针对:hover 和:focus 状态进行了设置。背景颜色还有两个常用的工具类，即白色背景和透明背景工具类，相应的颜色值定义如下：

```
1    .bg-white {
2      background-color: #fff!important;
3    }
4    .bg-transparent {
5      background-color: transparent!important;
6    }
```

对于作用于文本的颜色还有几个额外的工具类，包括浅色文字（text-muted）、白色文字（text-white）、50%透明黑色（text-black-50）以及 50%透明白色（text-white-50）工具类，相应的颜色值定义如下：

```
1    .text-muted {
2      color: #6c757d!important;
3    }
4    .text-white {
5      color: #fff!important;
6    }
7    .text-black-50 {
8      color: rgba(0,0,0,.5)!important;
9    }
10   .text-white-50 {
11     color: rgba(255,255,255,.5)!important;
12   }
```

< 183 >

说明

在 Bootstrap 的工具类的相关代码中，都会加上!important，以防止自身被其他样式覆盖。

# 12.4 尺寸工具类

尺寸工具类是按等级来划分的，一般分为 0~5 这 6 个等级。

需要特别注意的是，尺寸对应的单位是 rem，它是 CSS3 中为适配多终端的响应式设计而引入的新单位，其含义是相对于页面中根元素（<html>元素）的字体大小的倍数。当前主流的浏览器通常默认 1rem 是 16px。

使用 rem 作为尺寸单位后，针对不同设备，只要设置了各自<html>元素的字体大小，那么整个页面的所有属性就都可以以它为基准来计算和设置大小了。因此，其特别适用于多终端的响应式页面。

## 12.4.1 font-size

表示字体大小的属性 font-size 的缩写是 fs，其有 6 个等级，单位是 rem，如下所示：

```
1    .fs-1    /* 2.5rem   */
2    .fs-2    /* 2rem     */
3    .fs-3    /* 1.75rem  */
4    .fs-4    /* 1.5rem   */
5    .fs-5    /* 1.25rem  */
6    .fs-6    /* 1rem     */
```

## 12.4.2 padding 和 margin

前面以内边距 padding 为例讲解了工具类的命名规则，下面对内边距 padding 和外边距 margin 一起进行完整的讲解。它们的工具类的使用格式如下：

```
1    {property}{sides}-{size}
2    {property}{sides}-{breakpoint}-{size}
```

其中 property 的取值为：

- m，表示 margin；
- p，表示 padding。

sides 的取值为：

- t，表示 margin-top 或 padding-top；
- b，表示 margin-bottom 或 padding-bottom；
- s，start 的缩写，表示 margin-left 或 padding-left；
- e，end 的缩写，表示 margin-right 或 padding-right；
- x，表示同时设置-left 和-right；
- y，表示同时设置-top 和-bottom；
- 无，用于在元素的四周设置 margin 或 padding。

size 的取值为：

- 0，表示消除 margin 或 padding；
- 1，表示 0.25rem；

< 184 >

- 2，表示 0.5rem；
- 3，表示 1rem；
- 4，表示 1.5rem；
- 5，表示 3rem；
- auto，表示 margin:auto。

根据以上规则，可以创建大量的工具类，这里不一一介绍，只举几个具体的例子：

```
1    .pt-3        /*3 级 padding-top，即 1rem*/
2    .px-1        /*1 级水平方向的 padding，即 padding-left 和 padding-right，值为 0.25rem*/
3    .ms-auto     /*margin-left，即 auto*/
4    .mb-5        /*5 级 margin-bottom，即 3rem*/
5    .pb-md-3     /*针对中号及以上的设备，设定 3 级 padding-bottom，即 1rem*/
6    .py-lg-1     /*针对大号及以上的设备，设定 1 级竖直方向的 padding，即 0.25rem*/
```

📝 说明

这里比较特殊的是水平方向的表示方法。Bootstrap 没有使用我们习惯使用的 left 和 right，而是使用了 start 和 end，这是因为 Bootstrap 还支持 RTL（right-to-left，从右向左）语言的排版。阿拉伯文、希伯来文是从右向左书写的。在 RTL 语言中，start 表示 right，end 表示 left。要让网页支持 RTL 语言的排版，需要在<html>标签上设置 <html lang="ar" dir="rtl">。

## 12.4.3　width 和 height

宽度工具类使用的单位是百分比，形如.w-{value}，具体定义方式如下：

```
1    .w-25 {
2      width: 25%!important;
3    }
4    .w-50 {
5      width: 50%!important;
6    }
7    .w-75 {
8      width: 75%!important;
9    }
10   .w-100 {
11     width: 100%!important;
12   }
13   .w-auto {
14     width: auto!important;
15   }
```

高度工具类和宽度工具类类似，包括.h-25、.h-50、.h-75、.h-100 和.h-auto。此外还可以设置最大宽度和最大高度，例如：

```
1    .mw-100 {
2      max-width: 100%!important;
3    }
4    .mh-100 {
5      max-height: 100%!important;
6    }
```

< 185 >

# 12.5 布局工具类

布局是网页开发中的重要部分。CSS3 引入弹性盒子布局方式后，Bootstrap 4.0 开始不再使用浮动定位方式进行页面布局，而是改为使用弹性盒子进行布局。

因此，读者务必先掌握弹性盒子布局的基本原理，然后学习使用 Bootstrap 的相关工具类。

## 12.5.1 display

使用.d-flex 工具类可以将元素设置为使用弹性盒子布局，即 display:flex;。我们先介绍一下与 display 属性相关的工具类。display 的缩写是 d，相应的工具类使用以下格式命名：

```
1  .d-{value}
2  .d-{breakpoint}-{value}
```

value 的取值就是 display 属性的值，包括：none、inline、inline-block、block、grid、table、table-cell、table-row、flex、inline-flex。

在响应式设计中，有时需要控制元素在不同设备上的显示和隐藏，这可以通过组合响应式工具类来实现。

要隐藏元素，可使用.d-none 工具类；如果希望针对某类设备隐藏元素，则可使用.d-{断点}-none。

因此，可以通过组合.d-{断点}-none 和.d-{断点}-block，实现针对不同设备选择性地显示和隐藏某个元素。例如.d-none .d-md-block .d-xl-none 表示仅在中号（md）设备上显示该元素，而在其他尺寸的设备上则隐藏该元素。具体用法如表 12.2 所示。

表 12.2　工具类的具体用法

| 屏幕尺寸 | 类 |
| --- | --- |
| 都隐藏 | .d-none |
| 仅在 xs 上隐藏 | .d-none .d-sm-block |
| 仅在 sm 上隐藏 | .d-sm-none .d-md-block |
| 仅在 md 上隐藏 | .d-md-none .d-lg-block |
| 仅在 lg 上隐藏 | .d-lg-none .d-xl-block |
| 仅在 xl 上隐藏 | .d-xl-none .d-xxl-block |
| 仅在 xxl 上隐藏 | .d-xxl-none |
| 都显示 | .d-block |
| 仅在 xs 上显示 | .d-block .d-sm-none |
| 仅在 sm 上显示 | .d-none .d-sm-block .d-md-none |
| 仅在 md 上显示 | .d-none .d-md-block .d-lg-none |
| 仅在 lg 上显示 | .d-none .d-lg-block .d-xl-none |
| 仅在 xl 上显示 | .d-none .d-xl-block .d-xxl-none |
| 仅在 xxl 上显示 | .d-none .d-xxl-block |

## 12.5.2 flexbox

传统的 CSS 布局方式主要依赖于浮动和定位属性，而对于复杂的页面结构，需要复杂的 HTML

< 186 >

结构配合，为此 CSS3 新增了弹性盒子的布局方式 flexbox。使用它可以很好地解决这些问题。Bootstrap 4.0 开始大量使用这种布局方式。

关于弹性盒子布局方式，需要设置的选项比较多。本书不详细讲解它的使用方法，感兴趣的读者可以参考相关书籍和资料加以了解。

由于 flexbox 可以实现非常丰富的布局方式，因此相关的属性比较多，相关的工具类也比较多，并且每个工具类都有对应的响应式工具类。

读者必须先明白 CSS3 中的弹性盒子布局的原理和方法，然后才能使用相关的工具类。弹性盒子布局方式的设置主要涉及以下内容。

- 设置为弹性盒子布局（display）。

```
.d-{flex|inline-flex}
```

- 设置布局方向（flex-direction）。

```
.flex-{row|row-reverse|column|column-reverse}
```

- 设置对齐方式（justify-content 和 align-items）。

```
1  .justify-content-{start|end|center|between|around|evenly}
2
3  .align-items-{start|end|center|baseline|stretch}
```

- 设置弹性（flex-grow 和 flex-shrink）。

```
.flex-{grow|shrink}-{0|1}
```

- 设置间距。

```
.g-{0|1|2|3|4|5}
```

- 设置顺序。

```
.order-{0|1|2|3|4|5|first|last}
```

此外，针对 flex-wrap、align-self 等属性也有相应的工具类，使用方法大同小异。下面介绍如何使用这些工具类来实现一个响应式的导航栏。

### 12.5.3　实例：制作导航栏

导航栏是网站常用的组件之一。我们要创建一个基本的导航栏，使其实现针对手机和 PC 自适应地改变布局方式。在手机端的显示效果如图 12.3 所示，可以看到基本的菜单项是竖直排列的；而在 PC 端的显示效果如图 12.4 所示，此时菜单项变为从最左端开始排列，并且特殊的"登录/注册"菜单项显示在最右端。

图 12.3　手机端的显示效果

图 12.4　在 PC 端的显示效果

< 187 >

我们采用移动设备优先的原则，先实现手机端的效果。首先创建 HTML 结构，并设置简单的样式，代码如下，实例文件请参考本书配套的资源文件：第 12 章\nav-1.html。

```
1   <body>
2     <nav>
3       <ul>
4       <li><a href="#">首页</a></li>
5       <li><a href="#">图书</a></li>
6       <li><a href="#">资源</a></li>
7       <li><a href="#">联系我们</a></li>
8       <li><a href="#">登录/注册</a></li>
9       </ul>
10    </nav>
11  </body>
```

目前 HTML 结构非常简单，还没有用到任何工具类，此时手机端的效果如图 12.5 所示。

图 12.5　基础的菜单效果

然后添加相应的工具类，代码如下，实例文件请参考本书配套的资源文件：第 12 章\nav-2.html。

```
1   <nav class="bg-dark">
2     <ul class="d-flex flex-column list-unstyled text-center">
3       <li><a href="#" class="d-block p-3 text-decoration-none text-white">首页</a>
        </li>
4       <li><a href="#" class="d-block p-3 text-decoration-none text-white">图书</a>
        </li>
5       <li><a href="#" class="d-block p-3 text-decoration-none text-white">资源</a>
        </li>
6       <li><a href="#" class="d-block p-3 text-decoration-none text-white">联系我们
        </a></li>
7       <li><a href="#" class="d-block p-3 text-decoration-none text-white">登录/注
        册</a></li>
8     </ul>
9   </nav>
```

可以看到，将<ul>元素设置为了 flex，并且按竖直方向排列。这里用到了几个工具类，通过名称可以很容易地理解它们的含义：

- list-unstyled 表示 list-style: none 以及 padding-left: 0；
- text-center 表示 text-align: center!important；
- text-decoration-none 表示 text-decoration: none!important。

此时，基础的导航栏就设置好了，手机端的效果如图 12.6 所示。

< 188 >

图 12.6　使用工具类后的菜单效果

其有些地方还需要调整，比如在菜单项之间增加横线以及增加 hover 效果。这时使用 Bootstrap 的工具类来实现则并不方便，可以写少量的 CSS 代码加以实现，代码如下，实例文件请参考本书配套的资源文件：第 12 章\nav-3.html。

```
1    nav a:hover {
2      background: #0d6efd; /* 主色 */
3    }
4    nav ul li:not(:last-child) a {
5      border-bottom: 1px solid #6c757d; /* 次色 */
6    }
```

此时手机端的菜单就制作完成了，效果如图 12.7 所示。

图 12.7　手机端的菜单效果

如果要在 PC 端浏览，则只需要将主轴方向改为横向，然后将"登录/注册"菜单项右对齐即可。此时需要使用响应式工具类，这里选取 md 断点，使用两个类 flex-md-row 和 ms-md-auto，表示当视口尺寸大于或等于 768px 时会应用新的样式，具体改动如下，实例文件请参考本书配套的资源文件：第 12 章\nav-pc.html。

```
1    <nav class="...">
2      <ul class="... flex-md-row">
3        <li><a href="#" class="...">首页</a></li>
4        <li><a href="#" class="...">图书</a></li>
5        <li><a href="#" class="...">资源</a></li>
6        <li><a href="#" class="...">联系我们</a></li>
7        <li class="ms-md-auto"><a href="#" class="...">登录/注册</a></li>
8      </ul>
9    </nav>
```

< 189 >

此外还需要去掉下边框，需要使用媒体查询@media 指令加以实现，且仍然选取 md 断点，代码如下。

```
1   @media (min-width: 768px) { /*md 断点*/
2     nav a {
3       border-bottom: none !important;
4     }
5   }
```

此时 PC 端的菜单效果如图 12.8 所示。

图 12.8　PC 端的菜单效果

可以看到，使用工具类（只需要编写极少量的 CSS 代码）即可快速构建页面。

> **说明**
>
> Bootstrap 不是纯工具类优先的框架，读者若想深入了解它，可以学习流行的 CSS 框架 Tailwind CSS。它能够直接使用工具类设置 hover、focus 状态的样式。

## 12.5.4　float

浮动工具类没有使用缩写来命名，它的命名规则如下：

```
1   .float-{start|end|none}
2   .float-{breakpoint}-{start|end|none}
```

清除浮动使用.clearfix 类。例如下面的例子，父元素内部包含两个<div>块，一个向左浮动，另一个向右浮动。父元素使用.clearfix 类清除浮动，代码如下，实例文件请参考本书配套的资源文件：第 12 章\float.html。

```
1   <div class="bg-info clearfix"> <!--清除浮动-->
2     <div class="p-2 text-white bg-secondary float-start">向左浮动</div>
3     <div class="p-2 text-white bg-secondary float-end">向右浮动</div>
4   </div>
5
6   <div class="bg-info mt-3"> <!--未清除浮动-->
7     <div class="p-2 text-white bg-secondary float-start">向左浮动</div>
8     <div class="p-2 text-white bg-secondary float-end">向右浮动</div>
9   </div>
```

此时在浏览器中的效果如图 12.9 所示，可以看到，清除浮动后的父元素高度扩展了，其效果和未清除浮动（去掉 clearfix）的效果形成了明显的对比。

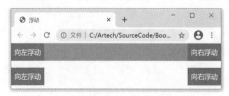

图 12.9　清除浮动和未清除浮动比对

< 190 >

在 CSS3 中引入弹性盒子布局后，使用浮动的机会大大减少了，常用的布局方式是使用弹性盒子布局，再配合使用定位属性。

# 12.6　其他工具类

除了前面介绍的工具类之外，Bootstrap 还提供了其他工具类。限于篇幅，本书不详细介绍它们，只进行简单的说明。

（1）文本工具类（.text-*）。

文本工具类如表 12.3 所示。

表 12.3　文本工具类

| CSS 属性 | 工具类 |
| --- | --- |
| text-align | .text-{start\|center\|end} |
| text-wrap | .text-{wrap\|nowrap} |
| text-decoration | .text-decoration-{none\|underline\|line-through} |
| text-transform | .text-{lowercase\|uppercase\|capitalize} |
| word-wrap 和 word-break | .text-break |
| font-weight | .fw-{normal\|light\|lighter\|bold\|bolder} |
| font-style | .fst-{normal\|italic} |

（2）圆角工具类（.rounded-*）。

它的规则如下：

```
1   .rounded-{size}
2   .rounded-{top|end|bottom|start}
```

size 的取值包括：

- 0，表示无圆角；
- 1，表示 border-radius:.2rem；
- 2，表示 border-radius:.25rem；
- 3，表示 border-radius:.3rem；
- circle，表示 border-radius:50%，用于制作圆形；
- pill，表示 border-radius:50rem，用于制作胶囊样式。

此外，.rounded-top 表示设置上方两个角为圆角，即设置 border-top-left-radius 和 border-top-right-radius。依次类推，.rounded-start 表示设置左边框的两个角为圆角。

（3）阴影工具类（.shadow-*）

Bootstrap 提供了以下 4 个阴影工具类：

```
1   .shadow-none {
2     box-shadow: none!important;
3   }
4   .shadow {
5     box-shadow: 0 .5rem 1rem rgba(0,0,0,.15)!important;
6   }
7   .shadow-sm {
8     box-shadow: 0 .125rem .25rem rgba(0,0,0,.075)!important;
9   }
```

< 191 >

```
10    .shadow-lg {
11      box-shadow: 0 1rem 3rem rgba(0,0,0,.175)!important;
12    }
```

例如下面的例子，利用圆角工具类和阴影工具类可创建不同的样式，实例文件请参考本书配套的资源文件：第 12 章\box.html。

```
1    <body class="p-3 text-white">
2      <div class="shadow-none p-3 mb-3 bg-info rounded-bottom">shadow-none, rounded-
       bottom</div>
3      <div class="shadow-sm p-3 mb-3 bg-primary rounded-3">shadow-sm, rounded-3</div>
4      <div class="shadow p-3 mb-3 bg-success rounded">shadow, rounded</div>
5      <div class="shadow-lg p-3 bg-secondary rounded-pill">shadow-lg, rounded-
       pill</div>
6    </body>
```

在浏览器中的圆角和阴影效果如图 12.10 所示。

图 12.10　圆角和阴影效果

（4）边框工具类（.border-*）。

边框工具类在设置图像、按钮时非常有用。可以使用.border 工具类将所有边框设置为 1px solid #dee2e6；相应地，.border-{top|end|bottom|start}可用于分别设置上、右、下、左边框。

此外，.border-0 用于去掉所有边框，即将边框设为 0。.border-{top|end|bottom|start}-0 表示去掉对应的单个边框。还可以使用.border-{color}类设置边框的颜色，color 的取值和前面介绍的颜色体系一致。

（5）定位工具类（.position-*）。

```
.position-{static|relative|absolute|fixed|sticky}
```

# 12.7 动手练习：创建嵌套的留言布局

案例讲解

留言或者评论是很多网站都有的功能。图 12.11 用色块显示了一个典型的留言布局，其左侧方块表示用户头像，右侧两个长方形表示姓名和留言内容。而且我们还需要实现可以嵌套的留言结构，即可以按照层级方式显示回复。本例将介绍如何使用 Bootstrap 提供的工具类来实现这种效果。

✏ 说明

　　由于还没有介绍表单元素的设置方法，因此本例使用设置了特定背景色的<div>元素代表具体元素。问题是时代的声音，回答并指导解决问题是理论的根本任务。本例的目的是希望读者能够理解使用工具类和flexbox 的原理，进行方便地实现可以进行嵌套和扩展的 HTML 结构。如果读者真正理解了这个例子，那么读者对 CSS 的理解会深入很多。

< 192 >

图 12.11　留言布局示意

### 12.7.1　搭建框架

先不考虑嵌套的情况，我们首先搭建基础的 HTML 结构，代码如下。

```
1  <body>
2    <div>
3      <img src="images/64.gif">
4      <div>
5        <h5> </h5>
6        <p></p>
7      </div>
8    </div>
9  </body>
```

### 12.7.2　用工具类布局

然后开始布局，具体设置如下。

```
1  <body class="container">
2    <div class="d-flex align-items-start border">
3      <img src="images/64.gif" class="img-fluid me-3">
4      <div class="flex-grow-1">
5        <h5 class="fs-5 bg-secondary mb-3"> </h5>
6        <p class="bg-secondary minh-1"></p>
7      </div>
8    </div>
9  </body>
```

代码中使用了 flex 工具类来布局，并且使用了 me-3 和 mb-3 来设置外边距，以及使用了 bg-secondary 来设置背景颜色。此外还用到了一个自定义的类.minh-1，表示 min-height:6.25rem，这是为了让留言内容有一个最小高度，以便于展示。此时在浏览器中的效果如图 12.12 所示。

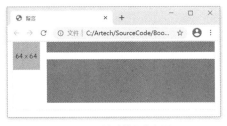

图 12.12　基础的留言布局

< 193 >

实例文件请参考本书配套的资源文件：第 12 章\media-1.html。

### 12.7.3　头像放在右侧

如果我们想把头像放在右侧，则不用修改 HTML 结构，只需要调整两个地方即可，具体如下。

```
1   <body class="container">
2     <!-- 增加 flex-row-reverse -->
3     <div class="d-flex align-items-start border flex-row-reverse">
4       <img src="images/64.gif" class="img-fluid ms-3"> <!-- 将 me-3 改为 ms-3 -->
5       <div class="flex-grow-1">
6         <h5 class="fs-5 bg-secondary mb-3"> </h5>
7         <p class="bg-secondary minh-1"></p>
8       </div>
9     </div>
10  </body>
```

可以看到，增加了类.flex-row-reverse 使得排列方向改为从右往左，并且将头像的右外边距改为了左外边距。此时在浏览器中的效果如图 12.13 所示。

图 12.13　将头像放在右侧的留言布局

实例文件请参考本书配套的资源文件：第 12 章\media-2.html。

### 12.7.4　实现布局的嵌套

留言一般都有回复，因此留言布局通常是嵌套的。其实我们不需要再修改任何样式，只需要嵌套 HTML 即可，非常灵活，其代码如下。

```
1   <body class="container">
2     <div class="d-flex align-items-start border">
3       <img src="images/64.gif" class="img-fluid me-3">
4       <div class="flex-grow-1">
5         <h5 class="fs-5 bg-secondary mb-3"> </h5>
6         <p class="bg-secondary minh-1"></p>
7
8         <!-- 嵌套 -->
9         <div class="d-flex align-items-start border">
10          <img src="images/64.gif" class="img-fluid me-3">
11          <div class="flex-grow-1">
12            <h5 class="fs-5 bg-secondary mb-3"> </h5>
13            <p class="bg-secondary minh-1"></p>
14            <!-- 可继续嵌套 -->
15          </div>
16        </div>
17      </div>
18    </div>
19  </body>
```

< 194 >

此时在浏览器中的效果如图 12.14 所示。例子中只嵌套了一层，读者可以实验多层嵌套。

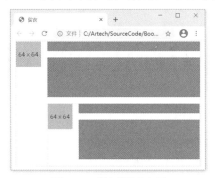

图 12.14　嵌套的留言布局

这个例子利用了弹性盒子布局的灵活特性。用好弹性盒子，可以通过非常简洁的代码实现一些看起来很复杂的效果。实例文件请参考本书配套的资源文件：第 12 章\media-3.html。

## 本章小结

本章首先介绍了工具类的理念和规则；然后重点讲解了 Bootstrap 的工具类体系，涉及颜色工具类、尺寸工具类、布局工具类等。这些工具类有着相似的命名规则，此外，读者可以根据规则定义适合自己使用的工具类。最后本章通过一个例子展示了工具类的使用方法。

## 习题 12

### 一、关键词解释

组件化　原子化　工具类　断点　响应式工具类

### 二、描述题

1. 请简单描述一下相比于内联样式，工具类有哪些优势。
2. 请简单描述一下响应式工具类的断点包含哪几个值。
3. 请简单描述一下文本、背景和链接设置相应颜色的规则分别是什么，颜色类型有哪些。
4. 请简单描述一下 Bootstrap 默认的尺寸单位是什么。
5. 请简单描述一下本章中设置布局的方式有哪几种。
6. 请简单描述一下本章介绍的其他工具类还有哪些，对应的属性分别是什么含义。

### 三、实操题

根据本章所学内容，实现题图 12.1 所示的页面效果。

题图 12.1　页面效果

< 195 >

# 第 13 章 Bootstrap 的栅格布局

Bootstrap 最初能被广大前端开发人员喜欢，重要的一点就是 Bootstrap 提供了一套非常好用的基于栅格的页面布局系统，至此，前端开发人员不再需要从零开始一点一点地写复杂的 CSS 样式代码就可以实现很复杂的页面结构。此后，Bootstrap 又经过不断改进和完善，到 Bootstrap 5 时为前端开发人员提供了一套响应式、移动设备优先的栅格系统。本章思维导图如下。

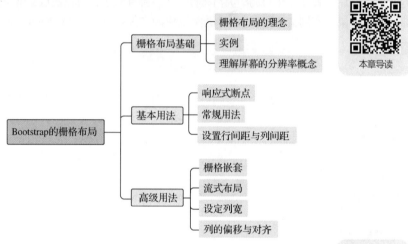

本章导读

## 13.1 栅格布局基础

知识点讲解

我们先来讲解一些与栅格系统相关的技术背景和基础知识，内容包括栅格布局理念的来源以及 Bootstrap 栅格布局的基本原理。

### 13.1.1 栅格布局的理念

在网页出现之前，报纸就开始发展并承担起了向大众传递信息的使命。经过长时间的发展，报纸已经成为世界上成熟的大众传媒载体之一。从视觉方面来看，网页与报纸有着很多类似的地方，因此对于网页的布局和设计，可以将报纸作为非常好的参考和借鉴。

报纸的排版通常都是基于一种被称为"栅格"的方式进行的。传统的报纸经常使用的是 8 列设计，例如图 13.1 中显示的这份报纸就是典型的 8 列设计，相邻的列之间会有一定的空白缝隙。而图 13.2 中显示的则是现在更为流行的 6 列设计，例如《北京青年报》等报纸的大部分关于新闻时事的版面都是 6 列设计，而文艺副刊等版面则通常会使用更灵活的布局方式。读者可以找几份身边的报纸，仔细看一看它们是如何分列、布局的，同时思考一下不同的布局方式会给阅读者带来什么样的心理感受。

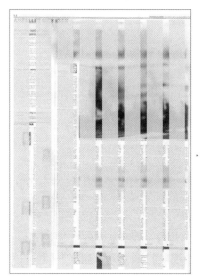 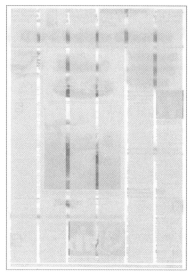

图 13.1　8 列设计的报纸布局　　　　　　　　图 13.2　6 列设计的报纸布局

如果仔细观察更多的报纸，我们实际上还可以找到其他列数的设计方式。但是总体来说，报纸排版的列数通常要比网页的多，这是因为如果比较报纸的一个页面和浏览器窗口，则会发现报纸的一个页面在横向上容纳的文字字数远远超过浏览器窗口的。

这里我们仔细分析一下阅读报纸和阅读网页的动作差异，以及不同动作所产生的效果差异。人们通常会手持报纸进行阅读，若每一个版面分为 6 列，那么每一列的宽度大约是 15 个汉字的宽度，在阅读时，看一行文字基本不用横向移动眼球，目光只聚焦于很窄的范围，这样阅读效率是很高的。因此，这种布局特别适合报纸这样的"快餐"类媒体。由于报纸的宽度是固定的，又比较宽（可容纳正文文字近 100 个），因此其通常都会分很多栏。

浏览器窗口的宽度所能容纳的文字比报纸少得多，因此通常不会有像报纸那么多的列。读者研究一下即可发现，现在网页的布局形式越来越复杂和灵活了，这是因为相关的技术在不断发展和成熟。

总之，我们仍可以从报纸的排版中学到很多多年积累下来的经验，且学习的核心是借鉴"网格"的布局思想，其具有如下优点。

- 使用基于网格的设计可以使大量页面保持很好的一致性，这样无论是在一个页面内，还是在网站的多个页面之间，都可以实现统一的视觉风格。这显然是很重要的。
- 均匀的网格以大多数人认为合理的比例将网页划分为一定数目的等宽列，这样会有很好的均衡感。
- 使用网格可以把标题、标志、内容和导航目录等各种元素合理地分配到适当的区域，这样可以为内容繁多的页面建立一种潜在的秩序，或者称之为"背后"的秩序。报纸的读者通常并不会意识到这种秩序的存在，但是这种秩序实际上起着重要的作用。
- 网格的设计不但可以约束网页的设计，从而产生一致性，而且具有很好的灵活性。在网格的基础上，通过跨越多列等手段，可以创建出各种变化的方式。这些方式既保持了页面的一致性，又具有风格的变化性。
- 使用网格可大大提高整个页面的可读性，因为在任何文字媒体上，一行文字的宽度与读者的阅读效率和舒适度有着直接的关系。如果一行文字过长，读者在换行阅读的时候，眼睛就必须"剧烈"运动，以找到下一行文字的开头。这样既容易打断读者的思路，又容易使眼睛和脖子的肌肉紧张，使读者的疲劳感明显增加。而通过使用网格，可以把一行文字的宽度限制在适当的范围内，以使读者阅读起来既方便又舒适。

< 197 >

报纸排版术语和 CSS 术语的对比，大致如图 13.3 所示。

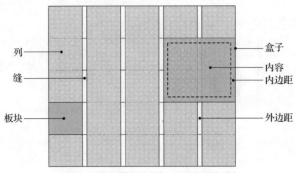

图 13.3　报纸排版术语与 CSS 术语的对比

使用网格进行设计的灵活性在于，设计时可以灵活地将若干列在某些位置进行合并。例如在图 13.4（a）中，将极重要的一则新闻（通常称为"头版头条"）放在了非常明显的位置，并且横跨了 8 列中的 6 列。其余的部分，在需要的地方也可以横跨若干列。这样的版式就明显地打破了统一的网格所带来的"呆板"效果。在图 13.4（b）中，同样对重要的内容使用了横跨多列的设计手法。

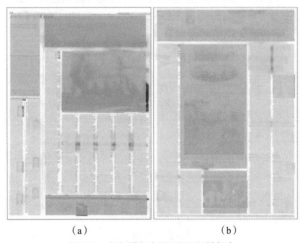

（a）　　　　　　　　　　　　　　　（b）

图 13.4　报纸排版中列可以灵活地组合

## 13.1.2　实例

在详细讲解 Bootstrap 的栅格布局之前，我们先动手制作一个简单的案例页面，体验一下其中的基本概念和方法。在这个案例中，将制作一个图 13.5 所示的软件开发公司的网站首页。这个页面没有使用任何图片，且除了使用 Bootstrap 提供的样式，没有添加任何额外的样式，只用了非常精简的 HTML 代码，就实现了现在这样一个相当精致的页面。

可以看到，这个页面分为页头、主体和页脚 3 个部分。中间的主体部分又从上到下分为 3 个部分，上面是主体区域，包括网站的宣传语，如果是在真正的网站上，这里常常是一张可以循环播放的大尺寸图片；在它的下面，是水平排列的 3 个<div>元素所对应的内容，每个<div>元素对应的内容会展示公司的一个特点；再下面的部分则是两行对公司的业务介绍，每行分为左右两栏，左边是标题，右边是内容。

现在我们使用 Bootstrap 的工具类和栅格布局来制作这个网页，不添加额外的样式类，看看这样一个网站是如何实现的。

< 198 >

图 13.5　软件开发公司的网站首页

### 1．准备空白页面

首先准备一个空白页面，引入 Bootstrap 的 CSS 文件，代码如下所示。实例文件请参考本书配套的资源文件：第 13 章\hands-on\ hands-on-1.html。

```
1   <!doctype html>
2   <html lang="zh-CN">
3   <head>
4     <meta charset="utf-8">
5     <meta name="viewport" content="width=device-width, initial-scale=1, shrink-
      to-fit=no">
6     <link href="../bootstrap.min.css" rel="stylesheet">
7     <title>软件开发公司首页案例</title>
8   </head>
9   <html>
10    <body>
11    </body>
12  </html>
```

### 2．页头和页脚

接着，添加页头和页脚部分，代码如下所示。实例文件请参考本书配套的资源文件：第 13 章\hands-on\hands-on-2.html。

```
1   <body >
2     <header class="py-2 bg-dark">
3       <div class="container">
4         <strong class="text-white">Artech Software Studio</strong>
5       </div>
6     </header>
7     <footer class="py-5 bg-light">
8       <div class="container">
9         <p class="float-end"><a href="#">返回顶部</a></p>
10        <p>&copy; 2008-2021 Artech, Inc. &middot; <a href="#">Privacy</a> &middot;
          <a href="#">Terms</a></p>
```

< 199 >

```
11      </div>
12    </footer>
13  </body>
```

添加上述代码后，页面效果如图 13.6 所示。

图13.6  页头和页脚效果

可以看到，使用了 HTML5 新增的语义化元素<header>和<footer>，分别使用 py-2 和 py-5 工具类设置了竖直方向的 padding 属性，以及分别使用 bg-dark 和 bg-light，实现了页头部分是深色背景、页脚部分是浅色背景。

⚠ 注意

如果读者对 py-2 和 py-5 这样的工具类的名称还不熟悉，则请复习第 12 章的内容，务必要在熟练掌握工具类的使用方法等之后再来学习本章的内容。

接下来在<header>和<footer>元素中分别加入一个<div>元素，并设定了 class="container"。这个 container 类是 Bootstrap 为了实现栅格系统而定义的一个非常重要的类，是每个栅格布局的最外面一层，也被称为 "容器元素"。一个页面中可以包含多个使用了 container 类的 HTML 元素，它们各自可以形成栅格布局，并且它们之间不会相互影响。

使用了 container 类的 HTML 元素会自动产生适当的固定宽度，在不同的设备上宽度会不同。如果读者亲自实验就会看到，如果改变浏览器窗口的宽度，从最小变到最大，页面都能正常显示。这就是 Bootstrap 的响应式布局的优点。

在页头和页脚的容器元素里面，由于没有再分为几行或分列，因此其里面的元素使用的都是普通的 Bootstrap 工具类。页头部分使用 class="text-white"将文字设置为白色，显示的是公司名称。页脚部分使用 class="float-end"将文字移到了最右端。

### 3．主体部分

理解了页头和页脚这两个部分之后，在<header>和<footer>之间，添加一个<main>元素，它也是 HTML5 新增的语义化元素。先在<main>的内部制作出主体部分，新增代码如下所示。实例文件请参考本书配套的资源文件：第 13 章\hands-on\hands-on-3.html。

```
1   <main>
2     <div class="container text-center py-5">
3       <div class="row py-lg-4">
4         <div class="col-md-8 mx-auto">
5           <h1 class="fw-light">网络连接世界 软件定义未来</h1>
6           <p class="lead text-muted">我们为企业定制开发适合业务需要的软件，帮助他们将非凡
              的远见和创意，付诸实践，助力他们的高速成长，成为行业中的领导者。</p>
7           </p>
8           <p>
9             <a href="#" class="btn btn-primary my-2">深入了解</a>
10            <a href="#" class="btn btn-secondary my-2">成功案例</a>
11          </p>
12        </div>
13      </div>
```

< 200 >

```
14      </div>
15    </main>
```

效果如图 13.7 所示。

图 13.7  页面主体上面部分的效果

可以看到，<main>元素里的<div>元素也被设置了 container 类，说明其也会使用栅格布局，因此这个部分就出现了新的与栅格布局相关的元素。首先在容器<div>里加入一个<div>，这个<div>使用了 row 这个 Bootstrap 定义的类，表示这个<div>会成为容器<div>中的一行。一个 container 中可以有多行，每行都需要一个 div.row。

接下来需要在 div.row 中嵌入一个<div>，在 div.row 内部的每个<div>将一行分为若干列，每列用一个<div>。这个案例的代码中使用了 col-md-8 这个类，说明它是一个响应式类，其含义就是在中号及以上设备上显示时，这个<div>占 12 列中的 8 列。注意，Bootstrap 默认将栅格中的一行分为 12 列。

与第 12 章介绍的一致，Bootstrap 遵循移动设备优先的原则，因此这个<div>针对最小号和小号设备没有指定列宽，这意味着占满 12 列。

由于这一列只占了 12 列中的 8 列，因此还有 4 列的宽度剩余，故后面又用了 mx-auto 工具类，表示水平方向的 margin 为 auto，即居中对齐。

这样做的效果是，在比较窄的浏览器中，这一列会比较宽，内容会占满整个宽度，而在比较宽的浏览器中，内容只会占据 8/12 的宽度。

上面代码中的剩余部分就与布局无关了，希望读者能读懂代码中出现的工具类的含义。

### 4．公司特点部分

接下来，我们要制作的是页面主体中间部分的 3 个水平并列的区域，代码如下所示。实例文件请参考本书配套的资源文件：第 13 章\hands-on\hands-on-4.html。

```
1   <div class="py-4 bg-light">
2     <div class="container">
3       <div class="row gx-5">
4         <div class="col-lg-4 my-5" >
5           <h3 class="fw-light text-center mb-4">沟通协作</h3>
6           <p>只有舒适而精准的协作，才能创作出赏心悦目的作品。良好的沟通是成功的基础，我们有众
              多长期合作，超过 10 年的服务经验，一切源于坦诚务实的沟通和理解。</p>
7           <p class="text-center"><a class="btn btn-secondary" href="#" role=
              "button">了解详情 »</a></p>
8         </div>
9         //省略其余两个结构相同的区域的代码
10      </div>
11    </div>
12  </div>
```

效果如图 13.8 所示。

< 201 >

图 13.8 页面主体中间部分的效果

为了给这个部分整体加上一直到窗口左右两端的灰色背景，我们在栅格容器<div>的外面，再套一层<div>，用工具类 bg-light 设置背景颜色。

接着在栅格容器<div>中加入一个 class="row"类的行，注意还有一个 gx-5 的类名，表示设置比默认值更宽的列间距。接下来依次是 3 个结构完全相同的<div>元素，它们都添加了 col-lg-4 类名，表示对于宽屏设备，每一列占 12 份中的 4 份的宽度，也就是 3 列平均布局以占满整个宽度。

对于内部的样式，使用的依然是工具类，故这里不再赘述。

### 5．公司业务部分

最后，制作页面主体的下面部分，代码如下。实例文件请参考本书配套的资源文件：第 13 章\hands-on\hands-on-5.html。

```
1   <div class="container">
2     <div class="row py-4 my-4">
3       <div class="col-md-5">
4         <p>REDEFINING THE WORLD</p>
5         <h2 class="fw-light mb-5">通过软件重新定义未来</h2>
6       </div>
7       <div class="col-md-7">
8         <p>今天，所有行业都离不开信息技术的支撑和驱动。每个行业的佼佼者，内在都是一家领先的
          软件和数据公司。今天，软件定义一切，软件能力是每一个企业的核心竞争力，所有生意值得重
          做一遍，我们和您一起通过软件重新定义世界。</p>
9         <p>我们将是您的最佳软件合作伙伴，实际上我们不像一家公司，更像一支乐队，您也参与其中，
          只有高效而精准的协作，才能创作出赏心悦目的作品。 </p>
10      </div>
11    </div>
12    <hr>
13    //省略其余结构相同的区域的代码……
14  </div>
```

效果如图 13.9 所示。

到这里，相信读者已经可以自己看懂这几行代码了。同样最外层是栅格容器<div>，里面一层是行<div>，再里面一层把这一行分为了两列，左边的占 5 份，右边的占 7 份，两列同样占满了整个宽度。注意，这里使用的仍然是响应式的类名，col-md-5 和 col-md-7 表示只有在中号及以上的设备上才会这样分配宽度。如果是小号的设备，没有指定宽度，就表示每一列都占满整行。

因此，我们可以观察一下在浏览器窗口最窄的情况下的效果，内容都会占满窗口的宽度，原来左右并列的内容，自动地变成了上下排列，而用户阅读起来依然非常流畅，如图 13.10 所示。

< 202 >

图 13.9　页面主体下面部分的效果

图 13.10　移动端页面展示效果

　　上面的例子为读者演示了制作一个简单、基本的使用 Bootstrap 栅格布局的页面，主要包括以下几个基本要点。

- 外层一定要有一个类名为 container 的容器元素，通常是<div>。
- 在容器元素中，通过使用类名为 row 的元素来设置行元素。
- 每一行内部，再分为若干列，对于每列，可以指定其宽度为占总共 12 份中的几份。
- 必要时还可以通过 gx 指定列之间的水平距离。

　　希望读者能把这个例子的代码看懂。除了栅格布局部分，对于其他部分出现的工具类，希望读者也能把它们认真看懂。这样就可以在理解 Bootstrap 栅格布局的基本原理之后，针对相关内容进行深入、细致的学习。

< 203 >

这里再介绍一下如何方便地在 Chrome 浏览器中模拟不同的设备来查看网页。

打开浏览器的开发者工具（按快捷键 Ctrl+Shift+I），然后单击开发者工具菜单栏最左侧的第 2 个图标（图 13.11 中数字 1 所指示的位置）。这时在页面顶端就出现了选择设备的下拉按钮（图 13.11 中数字 2 所指示的位置），单击该按钮会弹出下拉列表。这时就可以根据需要来切换设备了。

图 13.11　在 Chrome 浏览器中模拟设备

可以看到，Chrome 浏览器的开发者工具中，已经提供了常见的一些设备选项。选中一个选项后，选择设备的下拉按钮旁边就会显示其逻辑分辨率，在逻辑分辨率旁边还可以设置显示的比例。最右边有一个按钮，可以用于切换设备的方向，模拟竖屏观看或者横屏观看。

如果下拉列表中没有包含所需的设备，则可以选择最上方的选项 "Responsive"，自行设置逻辑分辨率。关于逻辑分辨率的概念，13.1.3 小节中会介绍。

## 13.1.3　理解屏幕的分辨率概念

前面讲解了从报纸排版的经验中人们学习到了栅格布局的思想，从而发展出适合网页的栅格布局方法，并通过一个实例，初步讲解了使用栅格布局的基本方法。

当然，网页的布局并不完全等同于报纸的布局，它有着自己的特点。世界上有各种各样的电子设备，比如手机、平板电脑和笔记本电脑等，它们的屏幕尺寸各不相同，视口尺寸也不相同。随着屏幕尺寸越来越多，出现了响应式网页设计的概念，这是一种允许网页更改其布局和外观以适应不同屏幕宽度和分辨率的做法。

因此，在这里必须要对当今的屏幕做一些介绍。现在电子设备无处不在，屏幕也千差万别，因此前端开发人员以及设计师一定要对屏幕的一些参数进行比较深入的学习。

在移动设备没有出现之前，人们通常只在台式计算机上访问网站，当时只有分辨率这一个概念。它就是显示器真实的物理分辨率。分辨率是用像素来衡量的。

十几年前主流的显示器的分辨率一般是 1024 像素×768 像素，其是指在整个屏幕上水平显示 1024 个像素，垂直显示 768 个像素。分辨率的水平像素和垂直像素的总数总是成一定比例的，一般为 4∶3、16∶9 等。每个显示器都有自己的最高分辨率，并且可以兼容其他较低的分辨率，因此一个显示器可以设置多种不同的分辨率。

近年来移动设备大量普及，分辨率变化极大，同时出现了高分辨率显示屏（简称高分屏），导致在

< 204 >

高分屏上一个像素变得特别小。如果仍然按照像素大小来设计，那么页面显示在普通的屏幕上，与显示在高分屏上，二者差别极大。

因此，分辨率这个概念就被区分为物理分辨率和逻辑分辨率这两个概念。

- 物理分辨率是指原来的分辨率，其由设备上的物理像素量决定。我们在宣传广告上看到的分辨率通常都是物理分辨率，它表示了设备技术水平的高低。
- 逻辑分辨率则是将若干像素合起来作为一个像素看待所得到的分辨率，它的目的是使各种设备的分辨率有大致相当的可比性，从而支持进行统一的设计。我们在进行 Web 页面开发的时候，通常只关心逻辑分辨率。

以一台 iPhone 12 手机为例，它的屏幕尺寸是 6.1 英寸（1 英寸=2.54 厘米），物理分辨率为 1170 像素×2532 像素，逻辑分辨率为 390 像素×844 像素，二者是 3∶1 的关系，一个逻辑像素的长度等于 3 个物理像素的长度（面积为 9 倍）。它的物理像素密度高达 458 像素/英寸，而逻辑像素密度为 153 像素/英寸。

再如，一台 2015 款 MacBook Air 13 英寸的笔记本电脑，它的物理分辨率和逻辑分辨率都是 1440 像素×900 像素，二者是 1∶1 的关系。它的像素密度只有 128 像素/英寸。

可以看到一部屏幕面积小得多的手机，它的实际像素数却要比屏幕面积比它大很多的笔记本电脑的像素数多很多。

这时如果制作一个页面，就要能够同时适应这些不同的设备。在页面设计和软件开发时，都应使用逻辑分辨率，尽管不同设备的物理分辨率可能相差极大，但是逻辑分辨率是接近的。因此，在设计页面和开发软件时，仍可以很方便地在基本相同的尺度上进行设计和开发。实际上，在网页设计和开发中，我们真正关心的是逻辑分辨率，而不是物理分辨率。

✏️(说明)

对于设计师来说，其仍然需要理解物理分辨率的含义，因为这样的话其在输出设计图的时候，就可以根据设备的物理分辨率输出高分辨率的设计图。设计师通常需要对一个设计方案按照不同的物理分辨率输出不同的效果图，供客户审核。此外，虽然设计时的尺度要按照逻辑分辨率，但是对于要显示在页面上的图片，例如页面上的 Logo（标志）图片等，则需要将其根据设备的物理分辨率输出为高清的图片，否则在高分屏上图片就会显得非常模糊。

通常来说，物理分辨率和逻辑分辨率都是整数倍的比例关系。以 iPhone 手机为例，表 13.1 中列出了从第 1 代到第 12 代 iPhone 的不同尺寸的屏幕的逻辑分辨率以及其与对应的物理分辨率相差的倍数。

表 13.1　历代 iPhone 不同尺寸的屏幕的逻辑分辨率以及其与对应的物理分辨率相差的倍数

| 历代 iPhone 屏幕的尺寸 | 逻辑分辨率 | 与物理分辨率相差的倍数 |
|---|---|---|
| 3.5 英寸 | 320 像素×480 像素 | 1 倍 |
| 4 英寸 | 320 像素×568 像素 | 2 倍 |
| 4.7 英寸 | 375 像素×667 像素 | 2 倍 |
| 5.4 英寸 | 375 像素×812 像素 | ~2.9 倍 |
| 5.5 英寸 | 414 像素×736 像素 | ~2.6 倍 |
| 5.8 英寸 | 375 像素×812 像素 | 3 倍 |
| 6.1 英寸（2018~2019） | 414 像素×896 像素 | 2 倍 |
| 6.1 英寸（2020） | 390 像素×844 像素 | 3 倍 |
| 6.5 英寸 | 414 像素×896 像素 | 3 倍 |
| 6.7 英寸 | 428 像素×926 像素 | 3 倍 |

< 205 >

可以看到，只有两种尺寸的屏幕（iPhone 6～iphone 8 的 Plus 版，以及 iPhone 12 的 mini 版）很特殊，它们的物理分辨率与逻辑分辨率不是相差整数倍。因此这里又引入了另一个概念——渲染分辨率，也就是说，它们是先按照 3 倍"渲染"成图像，然后缩小一点显示到实际的物理屏幕上的。因此，仍然按照 3 倍输出设计图即可。

总结一下，我们购买设备的时候，更关心物理分辨率，而在 Web 页面开发过程中，则通常更关心逻辑分辨率。在进行 CSS 设置的时候，也都是按照逻辑分辨率进行设置的，因此后面提到的所有像素，都是基于逻辑分辨率来说的。也就是说，对于 iPhone 12 这样的手机，将它的宽度仍然看作 390 像素即可，而不用考虑它的物理分辨率。

事实上，在进行 Web 页面开发时，PC 端比手机端更复杂，因为手机的逻辑分辨率通常都是固定的，用户一般不会自行修改。而对台式计算机来说，目前有大量的低分屏和高分屏并存，设计时需要都考虑；另外，对于桌面计算机，用户通常会选择不同的分辨率，从而会导致实际存在的分辨率相差很大。

比较简单的做法是，按照 1200 像素宽度考虑 PC 端的效果。之前版本的 Bootstrap 也默认把这个宽度作为最大的页面宽度。在最新版本的 Bootstrap 中，增加了一个更宽（1400 像素）的屏幕宽度。在实际开发时，可以根据实际情况决定宽度。

那么处在屏幕最小的手机和屏幕最大的桌面计算机中间的，就是一些类似 iPad 的设备了。它们比较典型的宽度有两个尺寸：768 像素和 1024 像素。前者是 iPad 竖直方向使用时的宽度，后者是 iPad 水平方向使用时的宽度。

因此，从实用角度来看，我们仅考虑以下几种情况即可。

- 小于 768 像素宽度的都当作手机屏幕效果。
- 从 768 像素宽度开始当作 iPad 竖直方向使用时的屏幕效果。
- 从 1024 像素宽度开始当作 iPad 或者 iPad Pro 竖直方向使用时的效果或者一些老旧的桌面计算机屏幕效果。
- 从 1200 像素宽度开始当作正常的桌面计算机屏幕效果，如果从 1400 像素宽度开始则当作更大的桌面计算机屏幕效果，或者一些特殊的大屏设备屏幕效果。

掌握了分辨率的概念以后，在 13.2 节我们开始学习 Bootstrap 栅格布局的基本使用方法。

# *13.2* 基本用法

案例讲解

在本节中，我们讲解 Bootstrap 栅格布局的基本使用方法。使用这些方法能满足在实际工作中常遇到的大多数设计需要。本节之后将介绍一些不一定经常遇到（但是如果遇到了也需要掌握）的方法。

## 13.2.1 响应式断点

断点是响应式设计中的重要概念。由于设备的宽度差别很大，因此 Bootstrap 预定义了若干常用的特征点，对不同的宽度应用不同的样式，以达到响应式设计的目标。它的内部是使用 CSS 的媒体查询功能来实现的。

我们通常说的浏览器窗口这个概念不太严谨，严格来说应该叫视口。

视口表示当前正在查看的区域。以 Web 浏览器来讲，它通常是指浏览器窗口，但不包括浏览器的菜单栏等部分，也就是真正显示网页的部分。网页可能很长，而视口是当前可见的内容。与视口相关的内容包括屏幕的大小、浏览器是否处于全屏模式、是否通过浏览器对页面进行放大或缩小等。比如

< 206 >

在 Chrome 浏览器中，按 F11 键，就可以切换是否以全屏模式显示，按 Ctrl+加号键或 Ctrl+减号键可以放大或缩小内容，其中按 Ctrl+加号键会放大内容，可以理解为放大了逻辑像素的大小，也就相当于缩小了视口的大小。

概括来说，视口可以理解为当前可见的文档部分。Bootstrap 布局遵循以下原则。

- 断点是响应式设计的基础。开发人员可以使用断点来控制如何在特定视口上调整布局。
- 使用媒体查询按照断点构建 CSS。媒体查询是 CSS 的一个功能，即可以根据一组浏览器和操作系统参数有条件地应用样式。
- 移动设备优先。Bootstrap 的原则是在默认情况下，使用最少的样式设置，使布局应用在最小的设备上，然后通过使用更多的断点，针对较大的设备调整设计。这样可以优化 CSS 代码，缩短渲染时间，并为访问者带来更好的体验。

Bootstrap 包含 5 个默认断点，把设备分成了 6 类，用于构建响应式布局，表 13.2 中详细说明了各响应断点的设置。这些响应断点的名称请务必牢记。这些宽度数值是 Bootstrap 根据设备情况预设的值；在绝大多数情况下，不需要调整它们。

表 13.2　响应断点

| 响应断点 | CSS 类中缀 | 宽度 |
|---|---|---|
| 最小号 | 无 | <576px |
| 小号 | sm | ≥576px |
| 中号 | md | ≥768px |
| 大号 | lg | ≥992px |
| 特大号 | xl | ≥1200px |
| 超大号 | xxl | ≥1400px |

选择断点的目的是更好地容纳 12 列的容器。需要注意的是，断点代表的是常见设备尺寸的集合，并非专门针对某个特定的设备。这些断点几乎为所有设备提供了一致的基础，它是从小到大逐步应用的。

表 13.1 第 2 列中的这些名称，通常不会独立使用，而是会用在预设的一些类名中，用于指定样式专用于相应的设备。

!注意

需要特别注意的是，最小号设备没有名称，这是因为 Bootstrap 遵循移动设备优先的原则，不指定时就当作手机对待，因此最小号设备没有指定的名称，后面我们会看到实际的用法。

### 13.2.2　常规用法

Bootstrap 的栅格系统使用容器、布局行以及布局列来布局和对齐内容。Bootstrap 内部是使用 CSS 的弹性盒子布局方式布局构建的，具有完全的响应能力。在大多数设计中，我们希望得到的结果是在手机上看到的效果和在台式计算机上看到的效果有不同的布局方式。

因此，Bootstrap 引入了响应式布局类的概念。如果希望在页面中使用相同的 HTML 结构，但是在不同设备上的布局有所区别，则可以灵活地使用响应式布局类，实际上使用的不是一个 CSS 样式类，而是一系列的 CSS 样式类，形式如下：

```
col-{断点名}-{在12份中所占的份数}
```

< 207 >

断点名称可以选择 sm、md、lg、xl、xxl 这几个中的一个，但要注意以下几点。

- 举例来说，col-lg-3 表示这一列在大号以及更大的设备上占 12 份中的 3 份。
- 对一行中的各个列，可以同时应用多个设置，例如 col-6 col-md-4 col-lg-3，表示从移动设备开始，最小号设备上这个布局列占 12 份中的 6 份（一行可以放下两个这样的布局列），然后到中号设备时，变为占 4 份（一行可以放下 3 个这样的布局列），再增大到大号设备时，变为占 3 份（一行可以放下 4 个这样的布局列）。
- 如果没有选择任何一个断点名称，例如设置为 col-6，则表示在从手机开始的所有设备上占 6 份，直到被指定断点的设置改变。

掌握了上述的基本概念之后，现在来看一个简单的实例，它演示了如何实现一个极为常见的开发需求。

假设一个电商网站上的商品列表页，每页显示 12 种商品，使用卡片式布局，每种商品显示为一个长方形的卡片，那么我们往往会希望实现在不同宽度的设备上，每一行显示不同数量的商品卡片。例如手机宽度很小，每行只显示两个商品；宽度大一些的设备，比如 iPad 竖屏观看时，每行显示 3 个商品；宽度再大一些的设备，比如 iPad 横屏观看时，每行显示 4 个商品；再到台式计算机，每行显示 6 个商品，效果如图 13.12 所示。

图 13.12　在不同设备上的显示效果

可以看到，对于这样的效果，如果用 CSS 的媒体查询来手动实现，还是非常烦琐的。而且这仅仅是非常简单的效果，如果是一个复杂页面，包含很多不同的元素，若还要实现灵活地根据设备自适应显示，就会非常困难。

如果使用 Bootstrap 的栅格布局就非常简单了，代码如下所示。实例文件请参考本书配套的资源文件：第 13 章\layout-1.html。

```
1   <div class="container mt-5 fs-4">
2     <div class="row g-5">
3       <div class="col-6 col-md-4 col-lg-3 col-xl-2 text-center">
4         <div class="p-3 rounded border border-primary border-2">Prod ABCD</div>
5       </div>
6       <div class="col-6 col-md-4 col-lg-3 col-xl-2 text-center">
7         <div class="p-3 rounded border border-primary border-2">Prod ACBD</div>
8       </div>
9       //省略其余相同结果的<div>
10    </div>
11  </div>
```

可以看到，最外层<div>使用了 container 类，使之成为布局容器；里面一层使用 row 类，使之成为布局行，里面放入 12 个<div>，对应 12 个商品卡片。

请注意，这里每个商品卡片实际上有两层<div>：外层<div>用于设置 col-*样式，实现布局；内层<div>用于设置卡片的边框和内边距。

< 208 >

12 个商品卡片<div>元素从左上角开始排列，到合适的位置就会换行，依次显示。在实际工作中，这些商品卡片中的数据都是从服务器上获取的，然后循环生成，非常方便。

现在我们主要关注商品卡片<div>的 CSS 类，可以看到依次使用了 col-6 col-md-4 col-lg-3 col-xl-2 这 4 个响应式列对应的类名。正如前面介绍的，这 4 个 CSS 样式类对应了 4 种不同设备上的效果。

- 在手机和小号设备上使用 col-6，表示一个商品卡片占 6 份，因此每两个商品卡片占一行。
- 到了中号设备（例如竖屏观看的 iPad），改为 col-md-4，即一个商品卡片占 4 份，每行可以放下 3 个商品卡片。
- 再到大号设备（例如横屏观看的 iPad，或者竖屏观看的 iPad Pro），改为 col-md-3，即一个商品卡片占 3 份，每行可以放下 4 个商品卡片。
- 到了特大号或者超大号设备（图中没有显示），一行可以显示 6 个商品卡片，一共显示两行。

相信通过这个例子，读者已经看到 Bootstrap 响应式布局的核心方法了，即可以方便地让布局元素自由地合理排列。

> **说明**
>
> 在上面代码的列元素上，还使用了 mt-5 工具类，目的是设置比较宽的外边距。fs-4 是为了使读者看清楚，因此设置成了比较大的字体，还有 rounded、border、border-primary、border-2，它们都是常用的工具类，且在第 12 章已经进行了介绍，读者如果不熟悉则请复习第 12 章的内容。

在上面代码中，row 类的后面使用了一个 g-5 类，这个看起来"不起眼"的类实际上非常重要，它的作用是设置各个商品卡片之间的间距。我们将在 13.2.3 小节中对其进行详细介绍。

## 13.2.3　设置行间距与列间距

在实际的项目中，开发人员往往需要根据网页设计师的意图设置行、列间距，这时可以在 row 上使用 3 组样式类来实现设置间距。

- 使用 gx-*类可以设置行间距。
- 使用 gy-*类可以设置列间距。
- 使用 g-*类可以同时设置相同的行间距和列间距。

*代表的间距可以设置为 0~5 这 6 个等级，具体如表 13.3 所示。

表 13.3　行、列间距的样式类

| 等级 | 间距 | 示例 |
|:---:|:---:|:---:|
| 0 | 0.rem | .gx-0、.gy-0、.g-0 |
| 1 | 0.25rem | .gx-1、.gy-1、.g-1 |
| 2 | 0.5rem | .gx-2、.gy-2、.g-2 |
| 3 | 1rem | .gx-3、.gy-3、.g-3 |
| 4 | 1.5rem | .gx-4、.gy-4、.g-4 |
| 5 | 3rem | .gx-5、.gy-5、.g-5 |

默认情况下栅格系统的行间距是 1.5rem，列间距是 0rem。

这里真正需要认真理解的是，为什么在 13.2.2 小节的商品卡片案例中，每个商品卡片还需要多嵌套一层<div>，而不是直接把商品卡片的内容写到上一层的<div>中呢？

我们通过 Chrome 浏览器的开发者工具来观察一下设置了行、列间距（g-5）后的页面结构，如图 13.13 所示。

< 209 >

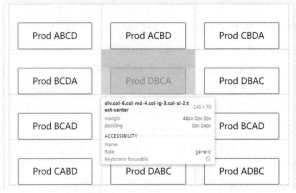

图 13.13　通过开发者工具观察设置了行、列间距的页面结构

在 13.2.2 小节的例子中，我们使用了 g-5 类，表示行间距和列间距都是 3rem，基准的 1rem 等于16px，因此 3rem 就等于 48px。

图 13.13 所示的是使用 Chrome 浏览器的开发者工具观察到的效果，从中可以看出，Bootstrap 的行间距是使用外边距（margin）实现的，正是 48px，而列间距是使用内边距（padding）实现的，分布在每个商品卡片的左右两边，分别是 24px。图 13.13 中的虚线是以弹性盒子布局方式实现的分隔线。

因此需要记住，列间距以内边距方式分布在商品卡片两边，行间距以外边距方式出现在商品卡片的上侧，但是最上面一行商品卡片是没有外边距的。图 13.13 中的最上面一行的 3 个商品卡片的外边距是用 mt-5 工具类来实现的，而不是通过行间距样式类 g-5 实现的。

> **⚠ 注意**
>
> 这里说的"行"，和前面说的通过 row 类定义的布局行是两个不同的概念。一个 row 类定义的布局行里面所包含的元素在实际页面中可能会折行，即显示为多行效果，但是它们仍属于一个布局行。
>
> 在前面的代码中，只有一个布局行，但是当其所包含的 12 个商品卡片在一行中显示不完时，会换行产生多个显示行。

从图 13.13 中可以清楚地看到，如果要给每个商品卡片设置边线，就必须要嵌入一层<div>，否则如果将边线设置在<col-*>元素上，其便会出现在外边距和内边距之间，左右相邻的商品卡片之间就不会产生间距了。因此，必须嵌入一层<div>，并给它设置边线，这样才能产生我们希望的间距效果。

基于同样的道理，在使用 Bootstrap 布局时，需要特别注意的是两端的对齐问题，特别是有边线的时候，如果不注意就会出现边线没有对齐的问题。例如我们在前面例子的基础上，不改变商品卡片阵列，而是在它的上面，再增加一个通栏的布局行（通栏的意思就是占满 12 列），并且给它加上边线，代码如下所示。实例文件请参考本书配套的资源文件：第 13 章\layout-2.html。

```
1    <div class="container mt-5 fs-4">
2      <div class="row mb-3">
3        <div class="col-12 rounded border border-primary border-2">
4            这是一个通栏的行
5        </div>
6      </div>
7      <div class="row g-5">
8        <div class="col-6 col-md-4 col-lg-3 col-xl-2 text-center">
9          <div class="p-3 rounded border border-primary border-2">Prod ABCD</div>
10       </div>
11       //省略其余相同结果的<div>
12     </div>
13   </div>
```

< 210 >

　　这时效果如图 13.14 所示，可以看到，这个通栏行区域的左右边线和下面的商品卡片阵列的左右边线错开了一些，这很难看，通常设计师不会这样设计页面。作为开发人员，一个像素不差地还原设计师的设计是必须具备的基本功。

　　为什么会出现相差像素的问题呢？这是因为 Bootstrap 会给容器\<div\>自动地预设左右两端各 0.75rem 的内边距。最左侧的商品卡片的左边线与通栏行区域的内容的左边线对齐，但是由于我们把上面的通栏行区域的边线设在了\<row\>元素上，因此边线在内边距的外边，这才导致边线没有对齐。

图 13.14　相差像素的展示效果

　　解决的方法仍然是再嵌套一层\<div\>，然后把边线设置到这个内层的\<div\>上，代码如下所示。实例文件请参考本书配套的资源文件：第 13 章\layout-3.html。

```
1   <div class="container mt-5 fs-4">
2     <div class="row mb-3">
3       <div class="col-12">
4         <div class="rounded border border-primary border-2">
5           这是一个通栏的行
6         </div>
7       </div>
8     </div>
9     <div class="row g-5">
10      <div class="col-6 col-md-4 col-lg-3 col-xl-2 text-center">
11        <div class="p-3 rounded border border-primary border-2">Prod ABCD</div>
12      </div>
13      //省略其余相同结果的<div>
14    </div>
15  </div>
```

　　修改代码后，效果如图 13.15 所示，可以看到页面最左侧和最右侧的边线对齐了。

图 13.15　解决相差像素问题后的展示效果

　　现在我们回忆一下本章开头介绍的实例，其并没有做任何额外的处理，没有嵌入额外的\<div\>，但是页面也很整齐，如图 13.16 所示，图中加了两条虚线，可以看到左右边线对得非常整齐。

　　二者的区别在哪里呢？就在于在本章开头介绍的实例中，所有的区域都没有边线，而在前面商品卡片的案例中，每个区域都有自己的边线。

　　如果给本章开头介绍的实例中的区域也加上边线，就会发现边线是不整齐的。初学者在学习这一部分内容时很容易遇到问题。

　　总结一下，在实际工作中，按照 Bootstrap 约定的方法构建 HTML 结构，container、row、col-*都不应缺少。如果希望区域带有边线，就再嵌套一层\<div\>，在这一层\<div\>上设置边线，页面边线就会变整齐了，而不要在外层容器上设置边线。

< 211 >

图 13.16　对齐效果

　　Bootstrap 默认的列间距是 1.5rem，每一列的两端会有 0.75rem 的内边距（即内边距的一半）。同时，Bootstrap 会让\<row>元素的左右各有间距宽度的一半的负外边距，从而抵消掉左右两端的"半个内边距"。这样，对于同一个容器中的多个布局行，如果设置了不同的行间距，左右两端的边线仍然是对齐的，但是如果要加边线，则必须嵌套一层\<div>，并把边线设置到这一层\<div>上，而不能在 col-* 这些\<div>上设置边线。

　　了解了上面的方法后，就已经可以来实现实际工作中的大部分页面了。下面介绍几个在特殊情况下可能需要使用的方法。

# 13.3　高级用法

知识点讲解

## 13.3.1　栅格嵌套

　　Bootstrap 支持嵌套的栅格布局，因此可以创建出更复杂的布局，如在一个布局列元素中嵌套布局行元素。

　　介绍一个简单的例子，首先制作一个简单的栅格布局页面，一个布局行，分为 9:3 的两列，代码如下所示。

```
1   <div class="container">
2     <div class="row">
3       <div class="col-md-9">
4         <!-- 等待插入嵌套的栅格布局 -->
5       </div>
6       <div class="col-md-3">
7         Side Bar
8       </div>
9     </div>
10  </div>
```

　　接着，在左边的列中，嵌套两个布局行，分别包含 6:6 的两列，以及 4:4:4 的 3 列，增加的代码如下。

< 212 >

```
1   <div class="row">
2     <div class="col-md-6">
3       Top News
4     </div>
5     <div class="col-md-6">
6       Top News
7     </div>
8   </div>
9   <div class="row">
10    <div class="col-md-4">
11      Story
12    </div>
13    <div class="col-md-4">
14      Story
15    </div>
16    <div class="col-md-4">
17      Story
18    </div>
19  </div>
```

在浏览器中的效果如图 13.17 所示。实例文件请参考本书配套的资源文件：第 13 章\layout-4.html。

图 13.17　嵌套的栅格布局

可以发现这个布局是很常见的布局方式，例如一些新闻类网站的布局，最右边有一个通高的侧边栏，左边是主内容区域，其又可以按照不同的行各自划分为不同的几个分区。

> ⚠️ **注意**
>
> 这个案例中，所有的布局列都仅设置了 col-md-*，它的作用就是从中号设备开始，所有的设备都用指定的布局，而对于中号以下的两种设备，将它们都当作手机，结果就是所有的布局列都堆叠排列，效果如图 13.18 所示，这个效果实现在手机上也是非常适当的。

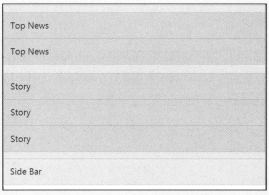

图 13.18　中号以下设备布局列堆叠排列

## 13.3.2　流式布局

在前面的案例中，我们已经知道.container 类的作用和重要性，它也就是栅格布局的最外层容器。

< 213 >

实际上 Bootstrap 提供了以下 3 种不同的容器。

- .container，默认容器，也就是前面提到的容器。它的特点是在不同的设备上，都会有自动预设的最大宽度。
- .container-fluid，流式容器。它的特点是不考虑任何断点，在所有设备上都是从左往右一直"顶"到浏览器窗口的左右两端的。
- .container-{断点}，响应式容器。它是上面两种容器的结合，也就是指定一个断点，当 max-width 值小于该断点时按照流式容器处理，当 max-width 值大于或等于该断点时按照默认容器处理。

表 13.4 中说明了每个响应式容器的 max-width 值，以及与默认容器和流式容器的比较。

表 13.4　响应式容器

| 容器类型 | 最小号<br><576px | 小号<br>≥576px | 中号<br>≥768px | 大号<br>≥992px | 特大号<br>≥1200px | 超大号<br>≥1400px |
| --- | --- | --- | --- | --- | --- | --- |
| .container | 100% | 540px | 720px | 960px | 1140px | 1320px |
| .container-sm | 100% | 540px | 720px | 960px | 1140px | 1320px |
| .container-md | 100% | 100% | 720px | 960px | 1140px | 1320px |
| .container-lg | 100% | 100% | 100% | 960px | 1140px | 1320px |
| .container-xl | 100% | 100% | 100% | 100% | 1140px | 1320px |
| .container-xxl | 100% | 100% | 100% | 100% | 1140px | 1320px |
| .container-fluid | 100% | 100% | 100% | 100% | 100% | 100% |

在实际工作中，大多数页面都会有固定宽度，完全伸展到按照浏览器窗口左右边界的布局形式较少遇到。特别是在比较大的设备上，更是很少遇到。因此，通常使用默认容器就可以了。这里不再举例说明。

## 13.3.3　设定列宽

在栅格布局中，如何确定布局列的宽度是实际工作中很重要的事，前面我们介绍了通过 col-* 的方式可以设定一个布局列的宽度是 12 份中的几份，这是通常的做法。

此外，还有两种情况在实际开发中也会遇到。

- 等宽列：在一个布局行中，其他列的宽度已经确定，剩余的宽度被几个等宽列平均分配。
- 自动宽度列：根据其中包含的内容的宽度，来决定这个列的宽度。

### 1. 整行等宽列

如果想让每列的宽度都相同，则可直接给每列使用类.col。例如下面的容器中包含两行，各行中每列的宽度都相同。实例文件请参考本书配套的资源文件：第 13 章\layout-5.html。

```
1  <div class="container">
2    <div class="row">
3      <div class="col">两等分</div>
4      <div class="col">两等分</div>
5    </div>
6    <div class="row">
7      <div class="col">三等分</div>
8      <div class="col">三等分</div>
9      <div class="col">三等分</div>
10   </div>
11 </div>
```

< 214 >

在手机和计算机上的效果如图 13.19 所示。

图 13.19　整行等宽列

⌨️ **说明**

学习过 CSS 中的弹性盒子布局知识的读者，可以理解这里的关键是将.row 的 display 定义为 flex。相应地，.col 设置了 flex:1 0 0%;，它表示.col 的基准宽度 flex-basis 的值是 0，扩张因子 flex-grow 的值是 1（纯数值，无单位，表示权重）。这意味着每列的扩张因子的值都相等，即每一行平均分配给每一列，因此列是等宽的。

**2. 部分等宽列**

除了在一个布局行中所有列都是等宽列之外，更为实用的是设置某一列（或几列）的宽度，然后把剩余的宽度平均分配给其余列。例如在下面代码中，有两个布局行，每行都包含 3 列，其中各有一列设置了宽度，其余两列就会平均分配剩余的宽度。实例文件请参考本书配套的资源文件：第 13 章\layout-6.html。

```
1    <div class="container">
2      <div class="row">
3        <div class="col">1 of 3</div>
4        <div class="col-6">2 of 3 (col-6)</div>
5        <div class="col">3 of 3</div>
6      </div>
7      <div class="row">
8        <div class="col">1 of 3</div>
9        <div class="col-5">2 of 3 (col-5)</div>
10       <div class="col">3 of 3</div>
11     </div>
12   </div>
```

在手机和计算机上的效果如图 13.20 所示。注意，同级的.col 列会自动调整自身大小，平均分配剩余空间，即它们仍然是等宽的。

图 13.20　部分等宽列

< 215 >

这里的关键是.col-6 的定义 flex: 0 0 auto;with: 50%;，这意味着.col-6 占这一行的 50%的宽度，不扩张也不收缩。列剩余的宽度会平均分配给每个.col 列。同样地，.col-5 的宽度约为 41.666 667%（5/12）。

### 3．自动宽度列

除了可以被动地分配剩余的宽度外，Bootstrap 还支持自动宽度列，这种列的宽度是根据它包含的内容决定的，使用的类是.col-{断点名称}-auto。先看一个简单的例子，代码如下。实例文件请参考本书配套的资源文件：第 13 章\layout-7.html。

```
1    <div class="container bg-info">
2      <div class="row">
3        <div class="col col-lg-2">Left</div>
4        <div class="col col-md-auto">自动宽度</div>
5        <div class="col col-lg-2">Right</div>
6      </div>
7    </div>
```

可以看到上面的代码只涉及一个布局行，里面有左、中、右 3 列。在最小号和小号设备上，3 列都是 col 类产生作用，因此，看到的效果是 3 列平均分配整行的宽度。当设备增大到中号时，col-md-auto 类产生作用，因此中间列宽度变小，仅为容纳其中的内容的宽度，即"自动宽度"这 4 个字的宽度，而左右两列仍然是等宽列，即平均分配剩余的宽度。设备继续增大到大号设备时，左右两列的 col-lg-2 类产生作用，这时这两列的宽度变为 12 份中的两份，因此宽度变小，露出了外层容器由 bg-info 工具类实现的背景色。

自动宽度列在不同设备上的效果如图 13.21 所示。

图 13.21　自动宽度列

这里的关键是.col-md-auto 的定义 flex: 0 0 auto;with: auto;，它表示基准宽度 flex-basis 的值是 auto，不扩张也不收缩；auto 表示宽度是其内容的自动宽度。

## 13.3.4　列的偏移与对齐

有的时候，我们可能会希望某个布局列水平偏移一定的距离。Bootstrap 提供了两种方法来偏移列：使用响应式 offset-*类（偏移类）或者 margin 工具类。偏移类可以准确地指定偏移的列数，而工具类对于偏移宽度可变的快速布局而言更方便。

### 1．使用偏移类

使用.offset-{断点名称}-{偏移量}*类可将列往右移动。这些类会使列往右偏移相应的列数，例如.offset-md-4 会在 md 断点处将列往右偏移 4 列，而不带断点的.offset-3 类会在所有尺寸下将列往右偏移 3 列，举例如下。实例文件请参考本书配套的资源文件：第 13 章\layout-8.html。

```
1    <div class="container">
```

< 216 >

```
2    <div class="row">
3      <div class="col-md-4">.col-md-4</div>
4      <div class="col-md-4 offset-md-4">.col-md-4 .offset-md-4</div>
5    </div>
6    <div class="row">
7      <div class="col-md-3 offset-md-3">.col-md-3 .offset-md-3</div>
8      <div class="col-md-3 offset-md-3">.col-md-3 .offset-md-3</div>
9    </div>
10   <div class="row">
11     <div class="col-md-6 offset-3">.col-md-6 .offset-3</div>
12   </div>
13   </div>
```

在浏览器中的效果如图 13.22 所示。md 适用于中号以上的设备。请读者观察代码中出现的
offset-md-*类，该类与图中偏移的位置有对应关系。

图 13.22　使用偏移类

其中第三行实际上是使一个占 6 份宽度的列居中，这在实际页面中经常会遇到。

### 2. 使用工具类

除了使用 offset-*类实现列的偏移之外，还可以使用 margin 工具类来实现列的偏移。margin 工具类
包括以下 3 个关于外边距的工具类。

- mx-auto 的作用是给某个指定的列（水平方向）的左右两边分别设置自动外边距。
- ms-auto 的作用是给某个指定的列的左边设置自动外边距。
- me-auto 的作用是给某个指定的列的右边设置自动外边距。

> **说明**
>
> 　　前面介绍过，使用 ms（margin start）和 me（margin end），而不是 left 和 right，是为了支持 RTL 语言的
> 排版，即从右向左书写的语言的排版。start 表示开始，end 表示结束。对于汉语、英语及绝大多数语言，ms
> 就表示左边，me 就表示右边。

可以把设置为 auto 的 margin 理解为一个"弹簧"，如果两个列之间存在一个弹簧，那么弹簧就会
把它两侧的元素尽可能地推开。

看一个简单的案例，代码如下所示。实例文件请参考本书配套的资源文件：第 13 章\layout-9.html。

```
1    <div class="container">
2      <div class="row">
3        <div class="col-md-4">.col-md-4</div>
4        <div class="col-md-4 ms-auto">.col-md-4 .ms-auto</div>
5      </div>
6      <div class="row">
7        <div class="col-md-3 ms-md-auto">.col-md-3 .ms-md-auto</div>
8        <div class="col-md-3 ms-md-auto">.col-md-3 .ms-md-auto</div>
9      </div>
10     <div class="row">
11       <div class="col-auto me-auto">.col-auto .me-auto</div>
12       <div class="col-auto">.col-auto</div>
```

< 217 >

```
13    </div>
14  </div>
```

在浏览器中的效果如图 13.23 所示。margin 工具类也支持响应式布局，ms-auto 会在所有尺寸下将元素设置为 margin-left:auto，而 ms-md-auto 只针对 md 断点进行相应的设置。

图 13.23　使用工具类

现在回顾一下本章开头的实例，主体部分正是使用了 col-md-8 mx-auto 这两个类，实现了在小号设备上占满整个宽度，在中号及以上设备上占 12 份中的 8 份，且居中显示的效果。

学完 13.3.4 小节就会知道，如果不用 mx-auto 工具类，则还可以用 offset-md-2 类以得到完全相同的效果。

使用 offset-*类和 margin 工具类都可以实现列的偏移。某些特殊情况下的偏移实际上就是对齐，例如上面介绍了两种让某个列在一行中居中对齐的方法。

此外，Bootstrap 还提供了一个预定义的专门的工具类 justify-content-*来实现列的对齐。当把这个类应用于一个<row>元素上时，其中包含的列就会按照指定的方式对齐，需要注意的是，描述方向的时候，不能使用 left 和 right，而要使用 start 和 end。

举一个简单的例子，代码如下所示。实例文件请参考本书配套的资源文件：第 13 章\layout-10.html。

```
1   <div class="container">
2     <div class="row justify-content-start">
3       <div class="col-4">左对齐</div>
4       <div class="col-4">左对齐</div>
5     </div>
6     <div class="row justify-content-center text-center">
7       <div class="col-4">居中对齐</div>
8       <div class="col-4">居中对齐</div>
9     </div>
10    <div class="row justify-content-end text-end">
11      <div class="col-4">右对齐</div>
12      <div class="col-4">右对齐</div>
13    </div>
14    <div class="row justify-content-around">
15      <div class="col-4">均匀分布</div>
16      <div class="col-4">均匀分布</div>
17    </div>
18    <div class="row justify-content-between">
19      <div class="col-4">两端对齐</div>
```

< 218 >

```
20      <div class="col-4 text-end">两端对齐</div>
21    </div>
22  </div>
```

应用各种不同的对齐方式在浏览器中所实现的效果如图 13.24 所示。

图 13.24　列的水平对齐

✏️ 说明

　　现在再次回顾本章开头的实例，其主体部分如果使用 justify-content-md-center 也可以得到完全相同的效果。区别是这个类要应用到布局行上，而不是布局列上。

## 本章小结

　　本章主要讲解了 Bootstrap 的响应式布局体系，栅格系统的实现原理和实际应用，包括内置的 6 种断点、自动宽度列布局、响应式布局类、列的对齐和偏移等。Bootstrap 的布局是基于 CSS3 的弹性盒子功能的，其他的一些组件也依赖弹性盒子。

## 习题 13

**一、关键词解释**

栅格布局　分辨率　物理分辨率　逻辑分辨率　响应式设计　断点　嵌套布局　流式布局 flexbox

**二、描述题**

1. 请简单描述一下栅格布局的优点是什么。
2. 请简单描述一下分辨率分为哪两种，它们的区别是什么。
3. 请简单描述一下响应式断点将设备分成了几类，它们分别是什么。
4. 请简单描述一下设置行间距和列间距的类分别是什么。
5. 请简单描述一下 Bootstrap 的栅格布局中的基本要点是什么。
6. 请简单描述一下 Bootstrap 如何实现整行等宽列、部分等宽列和自动等宽列。
7. 请简单描述一下偏移类和 margin 工具类分别是什么，它们分别是如何被使用的。

< 219 >

### 三、实操题

利用本章所讲的栅格布局，实现京东官网首页顶部和 banner 部分的布局结构，效果如题图 13.1 所示；使用色块代替相关部分，实现的布局效果如题图 13.2 所示。

题图 13.1　京东官网首页顶部和 banner 部分的布局结构

题图 13.2　布局效果

< 220 >

第 14 章

# Bootstrap 的表单样式

本章将主要介绍 Bootstrap 的表单用法。表单是交互式网站的一个很重要的应用，使用它可以实现网上投票、网上注册、网上登录、网上发信息和网上交易等功能。表单的出现使网页实现了从单向的信息传递到与用户进行交互对话的发展。通过本章的学习，读者可以掌握 Bootstrap 的表单知识，制作出易用且表现一致的表单。本章思维导图如下所示。

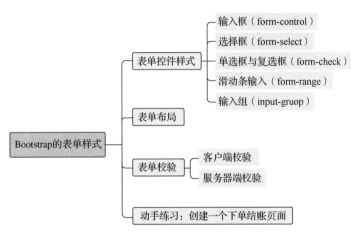

本章导读

## 14.1 表单控件样式

知识点讲解

Bootstrap 对与表单相关的样式进行了抽象，使用了预定义的类，可以在浏览器和设备之间提供更一致的呈现。与表单相关的 CSS 类都是以 form-开头的，针对不同的表单控件，Bootstrap 提供了对应的类，下面分别介绍。

### 14.1.1 输入框

针对<input>标签和<textarea>标签，使用 form-control 类。例如制作一个留言表单，其中包含"邮箱"和"留言"两个输入框，代码如下，实例文件请参考本书配套的资源文件：第 14 章\input.html。

```
1    <body class="p-3">
2     <form>
3      <div class="mb-3">
4       <label for="email" class="form-label">邮箱</label>
5       <input type="email" class="form-control" id="email" placeholder=
        "name@example.com">
```

```
6        <div id="emailHelp" class="form-text">您的邮箱不会被公开。</div>
7      </div>
8      <div class="mb-3">
9        <label for="content" class="form-label">留言</label>
10       <textarea class="form-control" id="content" rows="3">请输入</textarea>
11     </div>
12     <button type="submit" class="btn btn-primary">提交</button>
13   </form>
14 </body>
```

页面效果如图 14.1 所示。对于"提交"按钮，使用 btn btn-primary 设置了其样式。按钮的设置会在第 15 章中讲解。

图 14.1　form-control

从图 14.1 中可以看出，输入框是圆角的、浅色的边框，placeholder 对应的文字是浅色的，并且在焦点状态下四周有阴影。从源代码中可以看出，.form-control 的主要设置如下：

```
1  .form-control {
2    display: block;
3    width: 100%;
4    padding: .375rem .75rem;
5    font-size: 1rem;
6    font-weight: 400;
7    line-height: 1.5;
8    color: #212529;
9    background-color: #fff;
10   background-clip: padding-box;
11   border: 1px solid #ced4da;
12   appearance: none;
13   border-radius: .25rem;        /*圆角*/
14   transition: border-color .15s ease-in-out,
15   box-shadow .15s ease-in-out;
16 }
17 .form-control:focus {          /*焦点状态*/
18   color: #212529;
19   background-color: #fff;
20   border-color: #86b7fe;
21   outline: 0;
22   box-shadow: 0 0 0 0.25rem rgba(13, 110, 253, 0.25);
23 }
24 .form-control::placeholder {  /*占位符*/
```

< 222 >

```
25      color: #6c757d;
26      opacity: 1;
27  }
```

此外，<label>元素使用了.form-label 类，它的作用是设置 margin-bottom 为 0.5rem。对于提示信息，使用.form-text 类，使字体变小、颜色变浅。

表单控件有 disabled 和 readonly 这两种常用的属性。Bootstrap 针对它们定制了样式，举例如下，实例文件请参考本书配套的资源文件：第 14 章\input-state.html。

```
1   <form>
2     <div class="mb-3">
3       <label for="email1" class="form-label">邮箱 disabled</label>
4       <input type="email" class="form-control" id="email1" placeholder=
        "disabled@example.com" disabled>
5     </div>
6     <div class="mb-3">
7       <label for="email2" class="form-label">邮箱 readonly</label>
8       <input type="email" class="form-control" id="email2" placeholder=
        "readonly@example.com" readonly>
9     </div>
10    <div class="mb-3">
11      <label for="email3" class="form-label">邮箱 readonly plaintext</label>
12      <input type="email" class="form-control-plaintext" id="email3"placeholder=
        "plaintext@example.com" readonly>
13    </div>
14  </form>
```

页面效果如图 14.2 所示。

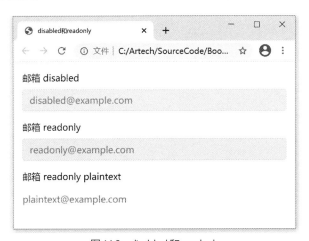

图 14.2　disabled 和 readonly

关于控件的大小，Bootstrap 也考虑到了，并提供了.form-control-sm 和.form-control-lg 来设置小一号和大一号的样式。但要注意，这两个类不能单独使用，需要和 form-control 组合使用，用法如下：

```
1   <input class="form-control form-control-lg" type="text" placeholder="大一号">
2   <input class="form-control" type="text" placeholder="正常大小">
3   <input class="form-control form-control-sm" type="text" placeholder="小一号">
```

除了 text 类型的输入框，file 和 color 类型的输入框也可以使用.form-control 来设置样式，且同样支持设置 disabled 属性和设置大小。举例如下，实例文件请参考本书配套的资源文件：第 14 章\file.html。

< 223 >

```
1    <form>
2      <div class="mb-3">
3        <label for="file" class="form-label">单文件选择</label>
4        <input class="form-control" id="file" type="file">
5      </div>
6      <div class="mb-3">
7        <label for="fileMultiple" class="form-label">多文件选择</label>
8        <input class="form-control" id="fileMultiple" type="file" multiple>
9      </div>
10     <div class="mb-3">
11       <label for="fileDisabled" class="form-label">禁用样式</label>
12       <input class="form-control" id="fileDisabled" type="file" disabled>
13     </div>
14     <div class="mb-3">
15       <label for="fileSm" class="form-label">小一号</label>
16       <input class="form-control form-control-sm" id="fileSm" type="file">
17     </div>
18     <div class="mb-3">
19       <label for="fileLg" class="form-label">大一号</label>
20       <input class="form-control form-control-lg" id="fileLg" type="file">
21     </div>
22     <div class="mb-3">
23       <label for="color" class="form-label">选择颜色</label>
24       <input class="form-control form-control-color" id="color" type="color"
           value="#fff">
25     </div>
26   </form>
```

注意，color 类型的控件还使用了.form-control-color 类。页面效果如图 14.3 所示。

图 14.3　file 和 color

## 14.1.2　选择框

针对<select>标签，需要使用.form-select 类，其用法和.form-control 一致，支持设置 disabled 属性和设置大小。下面的例子涉及两级联动输入，第一级选择申请的职位，第二级选择擅长的技能，代码如

< 224 >

下，实例文件请参考本书配套的资源文件：第 14 章\select.html。

```
1   <form>
2     <div class="mb-3">
3       <label for="single" class="form-label">申请的职位</label>
4       <select class="form-select" id="single">
5         <option selected>--请选择--</option>
6         <option value="front">前端开发</option>
7         <option value="back">后端开发</option>
8       </select>
9     </div>
10    <div class="mb-3">
11      <label for="multiple" class="form-label">擅长的技能</label>
12      <select class="form-select" id="multiple" multiple>
13      </select>
14    </div>
15  </form>
16
17  <script src="jquery-3.6.0.min.js"></script>
18  <script>
19    $(function(){
20      let $first = $('#single'), $second = $('#multiple');
21      let data = {
22        "front": ["CSS", "Bootstrap", "jQuery", "Vue.js"],
23        "back": ["Java", "Python", "SQL", "C#"]
24      }
25      $first.change(function(){
26        let val = $first.val();
27        if (val) {
28          $second.empty();
29          $.each(data[val], function(index, value) {
30            $second.append('<option value="${value}">${value}</option>');
31          })
32        }
33      })
34    })
35  </script>
```

从代码中可以看到，使用了 jQuery 框架来处理选择框的变化事件，改变职位后，第二级选择框的选项会相应变化。页面效果如图 14.4 所示，图 14.4（a）表示初始状态，图 14.4（b）表示选中状态。

（a）初始状态　　　　　　　　　　　　　　　　　（b）选中状态

图 14.4　两级联动输入

### 14.1.3　单选框与复选框

在 Bootstrap 中，会使用 .form-check、.form-check-input 和 .form-check-label 来设置单选框

< 225 >

（type="radio"）和复选框（type="checkbox"）的样式。基础的用法如下，实例文件请参考本书配套的资源文件：第 14 章\checkbox.html。

```
1   <div class="form-check">
2     <input class="form-check-input" type="checkbox" value="" id="checkbox">
3     <label class="form-check-label" for="checkbox">
4       Default checkbox
5     </label>
6   </div>
7   <div class="form-check">
8     <input class="form-check-input" type="checkbox" value="" id="checkedbox"
      checked>
9     <label class="form-check-label" for="checkedbox">
10      Checked checkbox
11    </label>
12  </div>
13  <div class="form-check">
14    <input class="form-check-input" type="radio" id="radio">
15    <label class="form-check-label" for="radio">
16      Default radio
17    </label>
18  </div>
19  <div class="form-check">
20    <input class="form-check-input" type="radio" id="checkedradio" checked>
21    <label class="form-check-label" for="checkedradio">
22      Default checked radio
23    </label>
24  </div>
```

在浏览器中的效果如图 14.5 所示。

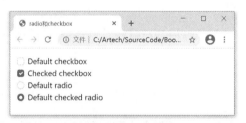

图 14.5　单选框与复选框

对于复选框，Bootstrap 还提供了 switch 样式。应用该样式只需要将.form-switch 和.form-check 组合在一起即可。这种样式在设置选项页面时会经常使用，非常流行。举例如下，实例文件请参考本书配套的资源文件：第 14 章\switch.html。

```
1   <div class="form-check form-switch">
2     <input class="form-check-input" type="checkbox" id="checked" checked>
3     <label class="form-check-label" for="checked">新消息通知</label>
4   </div>
5   <div class="form-check form-switch">
6     <input class="form-check-input" type="checkbox" id="switch">
7     <label class="form-check-label" for="switch">振动提醒</label>
8   </div>
```

在浏览器中的效果如图 14.6 所示。

上面的样式中，单选框或复选框都是竖直排列的，但这类控件经常需要在行内显示，如图 14.7 所示的京东网站的商品筛选栏。

< 226 >

| 图 14.6　消息提醒开关 | 图 14.7　商品筛选栏 |

实现行内布局非常简单，只需要加上.form-check-inline 类即可，举例如下：

```
1    <div>体育爱好：</div>
2    <div class="form-check form-check-inline">
3      <input class="form-check-input" type="checkbox" id="inline1" value="1">
4      <label class="form-check-label" for="inline1">足球</label>
5    </div>
6    <div class="form-check form-check-inline">
7      <input class="form-check-input" type="checkbox" id="inline2" value="2">
8      <label class="form-check-label" for="inline2">篮球</label>
9    </div>
10   <div class="form-check form-check-inline">
11     <input class="form-check-input" type="checkbox" id="inline3" value="3" disabled>
12     <label class="form-check-label" for="inline3">排球 (disabled)</label>
13   </div>
```

## 14.1.4　滑动条输入

.form-range 类针对的是 type="range"的<input>元素，用法非常简单，举例如下，实例文件请参考本书配套的资源文件：第 14 章\range.html。

```
1    <div class="mb-3">
2      <label for="range" class="form-label">价格区间</label>
3      <input type="range" class="form-range" min="0" max="5" step="1" id="range">
4    </div>
5    <div>
6      <label for="range" class="form-label">适宜温度 (禁用状态)</label>
7      <input type="range" class="form-range" id="range" disabled>
8    </div>
```

在浏览器中的效果如图 14.8 所示。

图 14.8　滑动条输入

## 14.1.5　输入组

输入组是指将输入项和按钮、图标或文本组合起来，这在网页中经常会用到，比如搜索引擎的搜索框。在 Bootstrap 中，输入组需要使用.input-group 类将输入项和按钮、图标或文本进行标识，举例如下，实例文件请参考本书配套的资源文件：第 14 章\group.html。

< 227 >

```
1  <div class="input-group mb-3">
2    <input type="text" class="form-control">
3    <button class="btn btn-primary" type="button">搜索</button>
4  </div>
5  <div class="input-group mb-3">
6    <input type="text" class="form-control">
7    <i class="bi-search input-group-text"></i>
8  </div>
9  <div class="input-group mb-3">
10   <span class="input-group-text" id="basic-addon3">https://example.com/users/
     </span>
11   <input type="text" class="form-control">
12 </div>
```

input-group 的主要作用是将元素设置为 flexbox，在浏览器中的效果如图 14.9 所示。

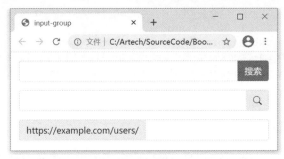

图 14.9　输入组

因为是弹性盒子布局，所以可以将各种类型的元素和输入项组合使用，比如下拉菜单、链接等，或者将多个元素组合起来。这里不再一一介绍，读者可以自行实验。

表单控件样式涉及的类比较多，下面将相关内容总结成表格形式，如表 14.1 所示，以供读者查询。

表 14.1　表单控件样式涉及的类

| 表单控件样式 | Bootstrap 类 |
| --- | --- |
| text/file/color 等类型的<input>、<textarea> | .form-control、.form-control-{sm\|lg}、.form-control-color |
| <select> | .form-select、.form-select-{sm\|lg} |
| radio、checkbox | div.form-check、input.form-check-input、label.form-check-label、.form-switch, form-check-inline |
| range | .form-range |
| 输入组 | .input-group、input-group-text |
| label | .form-label |
| 提示信息 | .form-text |

# 14.2　表单布局

案例讲解

常用的表单布局有以下 3 种。

- 内联表单，输入框和按钮等都在一行中，例如某些网站页头中的搜索表单。
- 水平表单，输入项很少，每个输入项占一行，一个一个从上往下排列，例如网站常用的登录注册表单。

< 228 >

- 复杂表单，输入项非常多，通常创建复杂对象时需要使用它，例如某教务系统录入个人信息的表单。

这 3 种表单布局，都可以使用栅格系统来实现。以某登录表单（内联表单）为例，其包含 4 项内容：用户名、密码、"Remember me"（记住登录状态）复选框和"登录"按钮。内联表单的设置如下，实例文件请参考本书配套的资源文件：第 14 章\inline.html。

```
1   <form class="row g-3 align-items-center">
2     <div class="col-auto">
3       <input type="text" class="form-control" placeholder="用户名">
4     </div>
5     <div class="col-auto">
6       <input type="password" class="form-control" placeholder="密码">
7     </div>
8     <div class="col-auto">
9       <div class="form-check">
10        <input class="form-check-input" type="checkbox" id="checkbox">
11        <label class="form-check-label" for="checkbox">
12          Remember me
13        </label>
14      </div>
15    </div>
16    <div class="col-auto">
17      <button type="submit" class="btn btn-primary">登录</button>
18    </div>
19  </form>
```

代码中将行设置为.col-auto，即每项的宽度都是自动宽度（auto），此时在浏览器中的效果如图 14.10 所示。

图 14.10　内联表单布局

接下来我们将内联表单改为水平表单，代码如下，实例文件请参考本书配套的资源文件：第 14 章\horizontal.html。

```
1   <form>
2     <div class="row mb-3">
3       <label for="name" class="col-sm-2 col-form-label">用户名</label>
4       <div class="col-sm-10">
5         <input type="text" class="form-control" id="name" placeholder="用户名">
6       </div>
7     </div>
8     <div class="row mb-3">
9       <label for="pwd" class="col-sm-2 col-form-label">密码</label>
10      <div class="col-sm-10">
11        <input type="password" class="form-control" id="pwd" placeholder="密码">
12      </div>
13    </div>
14    <div class="row mb-3">
15      <div class="col-sm-10 offset-sm-2">
16        <div class="form-check">
```

< 229 >

```
17        <input class="form-check-input" type="checkbox" id="checkbox">
18        <label class="form-check-label" for="checkbox">
19          Remember me
20        </label>
21      </div>
22    </div>
23  </div>
24  <div class="row mb-3">
25    <div class="col-sm-10 offset-sm-2">
26      <button type="submit" class="btn btn-primary">登录</button>
27    </div>
28  </div>
29 </form>
```

对于水平表单，每个输入项和对应的标签在一行中，组合成栅格系统中的一个.row，并且使用工具类.mb-3 设置行的间距。<label>标签不使用.form-label 类，而是使用.col-form-label 类，目的是让它垂直居中。此时在浏览器中的效果如图 14.11 所示。

图 14.11  水平表单布局

对于复杂表单的布局，方法是类似的，根据每个输入项占的列数来设置相应的.col-{num}类即可。掌握了栅格系统的布局后，这些都非常容易实现。

# *14.3* 表单校验

案例讲解

表单用于用户和网站进行数据交互，用户输入的数据需要按一定的格式进行校验，例如注册时输入的邮箱必须符合邮箱格式。如果校验不通过，则需要提醒用户。Bootstrap 提供了相应的样式，用于区分通过校验和未通过校验的输入项。数据校验分为客户端校验和服务器端校验。通常在一个网站中，这两种校验都要实现，前者用于改善用户体验，后者用于保证数据的有效性。下面分别介绍在 Bootstrap 中这两种校验的用法。

## 14.3.1  客户端校验

对于客户端校验，Bootstrap 利用了 HTML5 新增的表单数据校验功能。在 HTML5 中可以对输入项使用如下属性进行数据校验。

- type：表示指定数据类型，比如 HTML5 新增的 number、email、tel、range、url、date 等。
- required：表示是否必填。
- minlength、maxlength：分别表示指定文本类型的最小字符串长度、最大字符串长度。
- min、max：分别表示指定数值类型的最小值、最大值。
- pattern：表示指定输入数据需要遵循的正则表达式。

< 230 >

设置校验属性后，可以通过伪类:valid和:invalid 来设置对应元素通过与未通过校验的样式。例如个人信息修改表单的校验方式如下，实例文件请参考本书配套的资源文件：第 14 章\validate.html。

```
1    <form class="row g-3" novalidate>
2      <div class="col-6">
3        <label for="phone" class="form-label">手机号码</label>
4        <input type="tel" class="form-control" id="phone" required pattern= "^1[0-9]
         {10}$">
5        <div class="invalid-feedback">请输入手机号码</div>
6      </div>
7      <div class="col-6">
8        <label for="username" class="form-label">用户名</label>
9        <div class="input-group has-validation">
10         <span class="input-group-text">@</span>
11         <input type="text" class="form-control" id="username" required>
12         <div class="invalid-feedback">请输入用户名</div>
13       </div>
14     </div>
15     <div class="col-4">
16       <label for="province" class="form-label">省份</label>
17       <select class="form-select" id="province" required>
18         <option selected disabled value="">请选择</option>
19         <option>...</option>
20       </select>
21       <div class="invalid-feedback">请选择省份</div>
22     </div>
23     <div class="col-4">
24       <label for="city" class="form-label">城市</label>
25       <input type="text" class="form-control" id="city" required>
26       <div class="invalid-feedback">请输入城市名</div>
27     </div>
28     <div class="col-4">
29       <label for="address" class="form-label">详细地址</label>
30       <input type="text" class="form-control" id="address" required>
31       <div class="invalid-feedback">请输入详细地址</div>
32     </div>
33     <div class="col-12">
34       <div class="form-check">
35         <input class="form-check-input" type="checkbox" value="" id="invalidCheck"
           required>
36         <label class="form-check-label" for="invalidCheck">
37           同意使用协议
38         </label>
39         <div class="invalid-feedback">请同意后提交</div>
40       </div>
41     </div>
42     <div class="col-12">
43       <button class="btn btn-primary" type="submit">提交</button>
44     </div>
45   </form>
46   <script src="jquery-3.6.0.min.js"></script>
47   <script>
48     $(function(){
49       $('form').bind('submit', function(){
```

< 231 >

```
50        let $this = $(this);
51        if (!$this[0].checkValidity()) {
52          $this.addClass('was-validated');
53          return false;
54        }
55      })
56    })
57  </script>
```

首先在<form>标签上使用 novalidate 属性，用于阻止浏览器默认的校验行为。然后使用 jQuery 拦截表单的 submit 事件，并使用 HTML5 原生的表单校验方法 checkValidity()，如果没有通过校验则在<form>标签上增加一个 Bootstrap 定义的.was-validated 类，显示出相应的提示信息。提示信息都包含在标签<div class="invalid-feedback">……</div>中。此时在浏览器中的效果如图 14.12 所示。

图 14.12　表单校验-客户端校验

## 14.3.2　服务器端校验

客户端校验中.was-validated 类利用了伪类:valid 和:invalid 来显示提示信息。除此之外，还可以在<input>等元素上使用.is-valid和.is-invalid 类来显示提示信息。这种方式适合通过服务器端校验或者其他校验插件给出提示信息。上面例子的代码可以改为如下形式，实例文件请参考本书配套的资源文件：第 14 章\validate-server.html。

```
1   <form class="row g-3">
2     <div class="col-6">
3       <label for="phone" class="form-label">手机号码</label>
4       <input type="tel" class="form-control is-invalid" id="phone">
5       <div class="invalid-feedback">请输入手机号码</div>
6     </div>
7     <div class="col-6">
8       <label for="username" class="form-label">用户名</label>
9       <div class="input-group has-validation">
10        <span class="input-group-text">@</span>
11        <input type="text" class="form-control is-valid" id="username" value="Tom">
12        <div class="invalid-feedback">请输入用户名</div>
13      </div>
14    </div>
15    <div class="col-4">
16      <label for="province" class="form-label">省份</label>
17      <select class="form-select is-invalid" id="province">
```

< 232 >

```
18        <option selected disabled value="">请选择</option>
19        <option>...</option>
20      </select>
21      <div class="invalid-feedback">请选择省份</div>
22    </div>
23    <div class="col-4">
24      <label for="city" class="form-label">城市</label>
25      <input type="text" class="form-control is-invalid" id="city">
26      <div class="invalid-feedback">请输入城市名</div>
27    </div>
28    <div class="col-4">
29      <label for="address" class="form-label">详细地址</label>
30      <input type="text" class="form-control is-invalid" id="address">
31      <div class="invalid-feedback">请输入详细地址</div>
32    </div>
33    <div class="col-12">
34      <div class="form-check">
35        <input class="form-check-input is-invalid" type="checkbox" value="" id=
          "invalidCheck">
36        <label class="form-check-label" for="invalidCheck">
37          同意使用协议
38        </label>
39        <div class="invalid-feedback">请同意后提交</div>
40      </div>
41    </div>
42    <div class="col-12">
43      <button class="btn btn-primary" type="submit">提交</button>
44    </div>
45  </form>
```

上面的例子中去掉了<input>和<select>元素上的校验属性，并且添加了相应的.is-valid 和.is-invalid
类，在浏览器中的效果如图 14.13 所示。

图 14.13　表单校验-服务器端校验

# 14.4　动手练习：创建一个下单结账页面

在网络上购买实物商品时，都需要在下单时填写收货地址，还可以输入优惠码、选择支付方式等，

< 233 >

这是非常典型的表单应用场景。本例中，我们介绍如何制作一个电商网站的下单结账页面，页面中包含购物车中的商品信息以及输入优惠码、选择支付方式和填写收货地址的表单，PC 端的效果如图 14.14 所示。

图 14.14　PC 端的下单结账页面

PC 端是左右两栏的布局，移动端会变为竖排布局，商品信息在前，收货地址等在后。移动端效果如图 14.15 所示。

图 14.15　移动端的下单结账页面

作为练习，请读者编写代码实现上述效果。可以将前文的知识和 Bootstrap 的表单框架知识结合起来运用。实例文件请参考本书配套的资源文件：第 14 章\checkout.html。

本章小结

本章介绍了 Bootstrap 中与表单相关的样式，首先讲解了表单中各种控件样式的设置方法，包括输

< 234 >

入框、选择框、单选框与复选框、滑动条输入等；然后举例说明了内联表单、水平表单和复杂表单的布局方法；最后介绍了如何进行表单校验，以及如何运用相关知识制作一个复杂的下单结账页面。Bootstrap 能让表单的制作变得更加方便。

## 习题 14

### 一、关键词解释

表单　表单控件　输入框　下拉选择框　单选框　复选框　滑动条输入　输入组　表单验证

### 二、描述题

1. 请简单描述一下本章中介绍了 Bootstrap 的哪些控件。
2. 请简单描述一下 Bootstrap 对表单控件提供了哪些类。
3. 请简单描述一下常用的表单布局有哪几种，它们的含义分别是什么。
4. 请简单描述一下 Bootstrap 常用的表单数据校验的方式有哪些。

### 三、实操题

根据本章所讲的内容，实现题图 14.1 所示的页面效果。

- 姓名对应的输入框是一个普通的输入框；年龄对应的输入框是一个只能输入数字的输入框；所属系列对应一个下拉框，默认效果如题图 14.1 所示。
- 所属系列对应下拉框展开后的页面效果（及相关数据）如题图 14.2 所示。
- 姓名和年龄属于必填项，因此单击提交按钮后需要表单校验，效果如题图 14.3 所示。

题图 14.1　页面效果

题图 14.2　下拉框展开后的页面效果

题图 14.3　表单校验效果

< 235 >

# 第 15 章 Bootstrap 的组件库

组件是可复用的对象，通常在不同的网站或者一个网站内，会有看似不同但结构相似的内容。我们可以将它们抽取出来变成组件。组件的抽取本质上是定义一套接口，将数据和方法进行封装，便于开发人员使用。注意，需要考虑哪些是可变的，哪些是不可变的，将可变部分封装成接口，使用时能够根据需求进行定制。Bootstrap 定义了很多组件，一般颜色和大小都可以修改，不同组件还有自己特定的使用方式，有些组件还需要依赖 JavaScript 才能正常运行。本章将重点介绍 Bootstrap 常用的组件。本章思维导图如下。

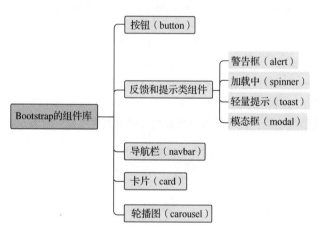

本章导读

## 15.1 按钮

知识点讲解

按钮（button）在网页中使用的频率很高，例如表单中的提交按钮、弹窗提示的确认按钮等。从需求的角度来看，按钮组件需要满足以下几点。

- 设置不同的颜色，例如编辑个人信息表单中的确认和取消这两个按钮颜色不同，有主次关系。
- 设置不同的大小，例如下载和支付按钮要醒目，尺寸较大。
- 设置不同的状态，例如表单中通过数据校验后才能单击提交按钮，否则提交按钮是禁用状态。

针对上述需求，Bootstrap 提供了相应的定制方法。按钮的基础用法是给\<button\>、\<input\>或\<a\>标签使用 btn btn-{color}类。例如不同颜色的按钮的使用方式如下，实例文件请参考本书配套的资源文件：第 15 章\btns.html。

```
1  <button type="button" class="btn btn-primary">Primary</button>
2  <button type="button" class="btn btn-secondary">Secondary</button>
3  <button type="button" class="btn btn-success">Success</button>
```

```
4    <button type="button" class="btn btn-danger">Danger</button>
5    <button type="button" class="btn btn-warning">Warning</button>
6    <button type="button" class="btn btn-info">Info</button>
7    <input type="submit" class="btn btn-light" value="Light(input)">
8    <a role="button" class="btn btn-dark">Dark(a)</a>
```

.btn 类用于给按钮设置基本的样式，而.btn-{color}类用于设置文字颜色、边框颜色和背景色。.btn-{color}的颜色体系和工具类部分介绍的颜色体系是一致的，color 的值包括 primary、secondary、success、danger、warning、info、light 和 dark 等，它们在后文中都会被使用到。此外，当鼠标指针悬停在按钮上时，背景色会略微加深，并且单击按钮后按钮四周会有阴影。在浏览器中的效果如图 15.1 所示。

图 15.1    不同颜色的按钮

要使用不同尺寸的按钮，需要在.btn .btn-{color}的基础上再增加.btn-{size}类。Bootstrap 只提供两种设置尺寸的类，即.btn-sm 和.btn-lg，举例如下：

```
1    <button type="button" class="btn btn-primary btn-sm">Primary Small</button>
2    <button type="button" class="btn btn-primary">Primary Normal</button>
3    <button type="button" class="btn btn-primary btn-lg">Primary Large</button>
```

效果如图 15.2 所示。

图 15.2    不同尺寸的按钮

对于按钮的状态，要设置为禁用状态则使用.disabled 类，要设置为激活状态则使用.active 类，例如：

```
1    <a role="button" class="btn btn-primary disabled">提交(a)</a>
2    <button type="button" class="btn btn-primary" disabled>提交</button>
3    <button type="button" class="btn btn-primary">提交</button>
4    <button type="button" class="btn btn-primary active">提交(active)</button>
```

注意，如果是<button>标签，则使用 disabled 属性就可以将其设置为禁用状态的样式，而不需要添加.disabled 类，其他标签则需要。效果如图 15.3 所示。

图 15.3    不同状态的按钮

除此之外，Bootstrap 还提供了一种无背景色但是带有边框的按钮。它的使用规则是设置.btn .btn-outline-{color}类，例如：

```
1    <button type="button" class="btn btn-outline-primary">Primary</button>
2    <button type="button" class="btn btn-outline-secondary">Secondary</button>
3    <button type="button" class="btn btn-outline-success">Success</button>
4    <button type="button" class="btn btn-outline-danger">Danger</button>
5    <button type="button" class="btn btn-outline-warning">Warning</button>
6    <button type="button" class="btn btn-outline-info">Info</button>
7    <button type="button" class="btn btn-outline-light">Light</button>
8    <button type="button" class="btn btn-outline-dark">Dark</button>
```

带边框的按钮效果如图 15.4 所示。在鼠标指针悬停在按钮上的状态下，背景色变成了边框颜色。

< 237 >

图 15.4　带边框的按钮

知识点讲解

# 15.2　反馈和提示类组件

当用户做了某种动作后或者系统需要通知用户时，网页会根据信息的重要程度和用户的使用习惯，给出不同形式的提示和相应的反馈。下面分别介绍相关的组件以及使用场景。

## 15.2.1　警告框

警告框（alert）组件能够展示任意长度的文本以及可选的关闭按钮。它适用于向用户显示警告的信息。它通常比较醒目，会始终展现，不会自动消失。用户可以单击相应按钮来关闭它。创建一个警告框需要在\<div\>元素上使用.alert .alert-{color}。如果要使用关闭按钮，则需要引入相应的 JS 文件。下面创建一个网页顶部公告，代码如下，实例文件请参考本书配套的资源文件：第 15 章\alert.html。

```
1   <div class="alert alert-warning alert-dismissible text-center">
2     <i class="bi-exclamation-circle me-2"></i>本周六晚 11 时到 12 时网站将下线进行维护，
      请安排好时间处理相关业务。
3     <button type="button" class="btn-close" data-bs-dismiss="alert"></button>
4   </div>
5   <script src="../dist/js/bootstrap.bundle.min.js"></script>
```

本例中选取了.alert-warning 来设置情景样式，在浏览器中的效果如图 15.5 所示。

图 15.5　顶部公告

使用关闭按钮时需要注意以下几点。

- 确保引入了 JS 文件。
- 添加.alert-dismissible 类，该类会使关闭按钮被放置在警告框的右侧。
- 在关闭按钮上添加 data-bs-dismiss="alert"属性，该属性会触发相关的 JavaScript 代码，单击关闭按钮后要关闭对应的警告框。

✏️ 说明

data-bs-*是 Bootstrap 自定义的属性，在很多组件中都会被用到，用于和 JavaScript 配合使用以实现特定功能。

## 15.2.2　加载中

页面局部处于等待异步数据状态或正在渲染时，合适的加载动效会有效缓解用户的焦虑。Bootstrap 的加载中（spinner）组件提供了两种类型的效果，它是用纯 CSS 代码实现的，利用了 transition 过渡属性。在\<div\>元素上使用.spinner-border 或.spinner-grow 类就能够实现加载动效，举例如下，实例文件请

< 238 >

参考本书配套的资源文件：第 15 章\spinners.html。

```
1   <div class="spinner-border" role="status">
2     <span class="visually-hidden">Loading...</span>
3   </div>
4   <div class="spinner-grow" role="status">
5     <span class="visually-hidden">Loading...</span>
6   </div>
7   <div class="spinner-border text-primary" role="status">
8     <span class="visually-hidden">Loading...</span>
9   </div>
```

注意，不同颜色的效果可以结合.text-{color}类来实现。在浏览器中的效果如图 15.6 所示。

图 15.6　加载动效

✏️ 说明

　　使用 role="status"和\<span>元素是为了使有视力障碍的人更方便地阅读网页，其适合于屏幕阅读器。Bootstrap 中的.visually-hidden 类的作用是使某个元素在视觉上被隐藏的同时，仍然能够被辅助工具（例如屏幕阅读器）识别。

## 15.2.3　轻量提示

　　轻量提示（toast）是一种不打断用户操作的提示方式，通常会出现在页面顶部、正中间或右下角等地方，一段时间后会自动消失。用户可以单击关闭按钮来取消提示，旨在模仿已被移动终端和桌面操作系统普及的推送通知。出于性能方面的考虑，轻量提示组件需要开发者自己使用 JavaScript 来初始化。下面的实例可实现在浏览器右下角给出轻量提示，代码如下，实例文件请参考本书配套的资源文件：第 15 章\toasts.html。

```
1   <div class="position-fixed bottom-0 end-0 p-3" style="z-index: 5">
2     <!-- 轻量提示 -->
3     <div class="toast" role="alert" aria-live="assertive" aria-atomic="true">
4       <div class="toast-header">
5         <img src="avatar.png" class="rounded me-2" style="width: 1.25rem;">
6         <strong class="me-auto">项目讨论</strong>
7         <small>1 分钟前</small>
8         <button type="button" class="btn-close" data-bs-dismiss="toast" aria-label=
            "Close"></button>
9       </div>
10      <div class="toast-body">
11        Tom 发来一条消息。
12      </div>
13    </div>
14  </div>
15
16  <script src="../dist/js/bootstrap.bundle.min.js"></script>
```

< 239 >

```
17  <script>
18    const list = document.querySelectorAll('.toast');
19    Array.prototype.forEach.call(list, function(a){
20      let toast = new bootstrap.Toast(a, { autohide: false });
21      toast.show()
22    })
23  </script>
```

最外层<div>用于将轻量提示定位到右下角，其使用了工具类 position-fixed bottom-0 end-0，接着才使用了轻量提示组件，它用元素<div class="toast">包裹着具体内容，包含标题（toast-header）和消息内容（toast-body）。轻量提示组件默认是隐藏的，需要使用 JavaScript 来初始化。document.querySelectorAll('.toast')表示选中所有轻量提示，然后通过迭代，使用 Bootstrap 提供的 Toast 对象来初始化。在浏览器中的效果如图 15.7 所示。

图 15.7　单个轻量提示

说明

　　document.querySelectorAll 返回一个 NodeList 对象。它不是一个数组，而是一个类似数组的对象。它仍然可以使用 forEach() 来迭代。但有些浏览器不兼容，没有实现 NodeList.forEach()。因此可以用 Array.prototype.forEach() 来规避这一问题。

多个轻量提示可以叠加起来展示，可以使用.toast-container 作为多个轻量提示的容器，例如将上述单个轻量提示的例子改写成多个轻量提示，代码如下，实例文件请参考本书配套的资源文件：第 15 章 \toasts-multi.html。

```
1   <div class="position-fixed bottom-0 end-0 p-3" style="z-index: 5">
2     <div class="toast-container">
3       <!-- 第一个轻量提示 -->
4       <div class="toast" role="alert" aria-live="assertive" aria-atomic="true">
5         <div class="toast-header">
6           <img src="avatar.png" class="rounded me-2" style="width: 1.25rem;">
7           <strong class="me-auto">项目讨论</strong>
8           <small>1 分钟前</small>
9           <button type="button" class="btn-close" data-bs-dismiss="toast"
10           aria-label="Close"></button>
11        </div>
12        <div class="toast-body">
13          Tom 发来一条消息。
14        </div>
15      </div>
16
17      <!-- 第二个轻量提示 -->
18      <div class="toast" role="alert" aria-live="assertive" aria-atomic="true">
19        ......
20      </div>
```

< 240 >

```
21    </div>
22  </div>
```

此时在浏览器中的效果如图 15.8 所示。

图 15.8　多个轻量提示

Toast 对象的构造函数接收两个参数，一个是对应的元素，另一个是可选参数，用法如下：

```
new bootstrap.Toast(element, options)
```

Toast 对象的构造函数的参数 options 有 3 个选项，具体说明如表 15.1 所示。

表 15.1　Toast 对象的构造函数的参数 options 的选项介绍

| 选项名称 | 类型 | 默认值 | 描述 |
| --- | --- | --- | --- |
| animation | 布尔型 | true | 应用淡入淡出过渡效果 |
| autohide | 布尔型 | true | 显示后自动隐藏 |
| delay | 数值型 | 5000 | 延迟隐藏时间，单位是毫秒（ms） |

这些选项可以通过数据属性或 JavaScript 对象来传递。例子中是通过 JavaScript 对象来初始化的。对于数据属性，使用 data-bs-{选项名称}属性，将其附加到 div.toast 元素上，例如：

```
1  <div class="toast" data-bs-autohide="false">
2  ......
3  </div>
```

Toast 对象有以下 3 个方法。

- show()，显示轻量提示。
- hide()，隐藏轻量提示，隐藏后可以再次显示。
- dispose()，销毁轻量提示，销毁后不能再次显示。

Toast 对象还提供了以下几个事件。

- show.bs.toast，通过 show()调用实例方法时，立即触发此事件。
- shown.bs.toast，当轻量提示对用户可见时，等 CSS 过渡动画加载完成后，将触发此事件。
- hide.bs.toast，通过 hide()调用实例方法时，立即触发此事件。
- hidden.bs.toast，当轻量提示结束向用户隐藏时，等 CSS 过渡动画加载完成后，将触发此事件。

可以利用事件来输出日志，代码如下：

```
1  let myToastEl = document.getElementById('myToast')
2  myToastEl.addEventListener('hidden.bs.toast', function () {
   // do something...
3  })
```

📝 说明

元素上的 aria-*属性是为了让屏幕阅读器正确解读网页的意图。因此，利用 Bootstrap 开发网页时建议加上这些标记属性。

< 241 >

15.2.4 模态框

使用模态框（modal）会打断用户的操作。模态框往往需要用户单击确认或关闭按钮才会消失。当需要用户处理事务，又不希望跳转页面以致打断工作流程时，可以使用模态框在当前页面中打开一个浮层来承载相应的操作。当需要一个简洁的确认框来向用户进行询问时，可以使用模态框附加相应的提示信息。

使用模态框需要引入 JS 文件，用于控制模态框的显示和隐藏，以及处理具体细节。例如创建一个确认删除模态框，代码如下，实例文件请参考本书配套的资源文件：第 15 章\modal.html。

```
1   <!-- 触发显示模态框 -->
2   <button type="button" class="btn btn-danger"data-bs-toggle="modal" data-bs-
    target="#delModal">
3     删除
4   </button>
5
6   <!-- 模态框 -->
7   <div class="modal fade" id="delModal" tabindex="-1"aria-labelledby=
    "delModalLabel" aria-hidden="true">
8     <div class="modal-dialog">
9       <div class="modal-content">
10        <div class="modal-header">
11          <h5 class="modal-title" id="delModalLabel">确认删除</h5>
12          <button type="button" class="btn-close" data-bs-dismiss="modal" aria-
            label="Close"></button>
13        </div>
14        <div class="modal-body">
15          删除后不可恢复，请谨慎操作。
16        </div>
17        <div class="modal-footer">
18          <button type="button" class="btn btn-outline-secondary" data-bs-dismiss=
            "modal">取消</button>
19          <button type="button" class="btn btn-danger">删除</button>
20        </div>
21      </div>
22    </div>
23  </div>
24
25  <script src="../dist/js/bootstrap.bundle.min.js"></script>
```

上例中涉及一个"删除"按钮，单击该按钮后会弹出确认删除模态框，效果如图 15.9 所示。

图 15.9　确认删除模态框

上例中使用了 data-bs-* 属性来触发显示和隐藏模态框。"删除"按钮上使用了两个属性

< 242 >

data-bs-toggle="modal"和 data-bs-target="#delModal"。data-bs-toggle 表示激活模态框，data-bs-target 表示指定模态框的 id。单击该按钮后会显示对应的模态框。关闭按钮和"取消"按钮使用了属性 data-bs-dismiss="modal"。单击关闭按钮或"取消"按钮后会关闭模态框。

除了数据属性，还可以通过 JavaScript 来控制模态框（利用 Bootstrap 提供的 Modal 对象），例如将上述例子改为用 JavaScript 来显示模态框，代码如下，实例文件请参考本书配套的资源文件：第 15 章\modal-js.html。

```
1   <button type="button" class="btn btn-danger" id="delBtn">删除</button>
2
3   <!--省略模态框内容-->
4
5   <script src="../dist/js/bootstrap.bundle.min.js"></script>
6   <script>
7     document.getElementById('delBtn')
8       .addEventListener('click', function() {
9         let modelEl = document.getElementById('delModal');
10        let delModal = new bootstrap.Modal(modelEl, {
11          backdrop: 'static'
12        });
13        delModal.show();
14      })
15  </script>
```

可以看出 Modal 对象和 Toast 对象的使用方式类似，其也有相应的构造函数、方法和事件。例子在中初始化模态框时，传入了 backdrop 参数，static 表示单击浮层背景时，模态框不会隐藏，而默认情况下模态框会隐藏。效果如图 15.10 所示，注意，从图 15.10 中看不出这种效果，请读者在浏览器中实际操作进行体验。

图 15.10　单击浮层背景时模态框不隐藏

Modal 对象的构造函数接收两个参数，一个是对应的元素，另一个是可选参数，用法如下：

```
new bootstrap.Modal(element, options)
```

Modal 对象的构造函数的参数 options 有 3 个选项，具体说明如表 15.2 所示。

表 15.2　Modal 对象的构造函数的参数 options 的选项介绍

| 选项名称 | 类型 | 默认值 | 描述 |
|---|---|---|---|
| backdrop | 布尔型或字符串 | True 'static' | ① 是否有浮层背景<br>② 'static'表示有浮层背景，但单击浮层背景时模态框不会隐藏 |
| keyboard | 布尔型 | true | 按 Esc 键会关闭模态框 |
| focus | 布尔型 | true | 将焦点放在模态框上 |

< 243 >

Modal 对象有以下常用方法。

- show()，显示模态框。
- hide()，隐藏模态框。
- toggle()，切换显示模态框和隐藏模态框。
- dispose()，销毁模态框。
- getInstance()，静态方法，用于获取模态框实例，例如 bootstrap.Modal.getInstance(element)。

虽然 Bootstrap 不依赖于 jQuery 框架，但它仍然可以和 jQuery 结合使用。如果 Bootstrap 在 window 对象上检测到了 jQuery，它将把所有的 Bootstrap 插件添加到 jQuery 的插件系统中，这样使用起来会非常方便。例如将前面的例子改为用 jQuery 来触发显示模态框，代码如下，效果完全一致。实例文件请参考本书配套的资源文件：第 15 章\modal-jquery.html。

```
1   <button type="button" class="btn btn-danger" id="delBtn">删除</button>
2
3   <!--省略模态框内容-->
4
5   <script src="../dist/jquery-3.6.0.min.js"></script>
6   <script src="../dist/js/bootstrap.bundle.min.js"></script>
7   <script>
8     $(function() {
9       $('#delBtn').click(function() {
10        $('#delModal').modal({ backdrop: 'static' })//设置 options 参数
11          .modal('show');                           //调用 show()方法
12      })
13    })
14  </script>
```

# 15.3 导航栏

案例讲解

导航栏（navbar）是网站必备的组成部分。用户依赖导航栏在各个页面间进行跳转。实现顶部导航栏需要用到 Bootstrap 的导航栏（navbar）组件，如果有多级菜单，则还需要用到下拉菜单（dropdown）组件。导航栏组件是响应式的，它通过折叠（collapse）组件和相应的 CSS 类来实现。下面我们结合个人博客导航栏的案例来简单介绍如何使用这些组件。个人博客导航栏在 PC 端上的效果如图 15.11 所示，它包含 Logo 和若干导航菜单，其中一个是下拉菜单，右侧还有一个搜索框。移动端的菜单会折叠起来，单击 ☰ 图标可以将其展开，如图 15.12 所示。下面我们分步实现。

图 15.11　PC 端个人博客导航栏　　　　　图 15.12　手机端个人博客导航栏

< 244 >

（1）先使用基本的导航栏组件搭建基础结构，代码如下。实例文件请参考本书配套的资源文件：第 15 章\navbar-1.html。

```
1   <nav class="navbar navbar-expand-md navbar-light bg-light">
2     <div class="container-fluid">
3       <a class="navbar-brand" href="#">Blog</a>
4       <button class="navbar-toggler" data-bs-toggle="collapse" data-bs-target=
        "#navContent">
5         <span class="navbar-toggler-icon"></span>
6       </button>
7       <div class="collapse navbar-collapse" id="navContent">
8         <ul class="navbar-nav me-auto">
9           <li class="nav-item">
10            <a class="nav-link active" href="#">首页</a>
11          </li>
12          <li class="nav-item">
13            <a class="nav-link" href="#">作品</a>
14          </li>
15          <li class="nav-item">
16            <a class="nav-link" href="#">日志</a>
17          </li>
18          <li class="nav-item">
19            <a class="nav-link" href="#">关于</a>
20          </li>
21        </ul>
22      </div>
23    </div>
24  </nav>
```

导航栏会使用以下几个关键的类。

- 导航栏需要使用.navbar，以及响应式折叠类.navbar-expand-{sm|md|lg|xl|xxl}。
- .nav-light 用于实现浅色系，后面会介绍如何变成深色系。.bg-light 是工具类，用于设置背景色。注意，文字和背景色要有一定的对比，这样便于阅读。
- 导航栏内容使用流式容器.container-fluid，当然也可以根据需要将其改成其他容器。
- .nav-brand 用于设置公司、产品、项目和网站名称。
- .navbar-nav 用于让列表以弹性盒子布局方式布局。
- .navbar-toggler 用于与折叠组件配合使用，根据响应式折叠类来显示或隐藏导航栏。本例中在 md 断点以下显示了 button，它是一个"汉堡"图标。
- .navbar-collapse 用于配合响应式折叠类以及折叠插件来显示导航内容。

在 PC 端的效果如图 15.13 所示。

图 15.13　PC 端基础的导航栏

在手机端，菜单会折叠起来，单击图标后才会展开显示，效果如图 15.14 所示。

< 245 >

图 15.14　手机端基础的导航栏

（2）将"日志"菜单改为下拉菜单，改动如下。实例文件请参考本书配套的资源文件：第 15 章\navbar-2.html。

```
1   <!--
2     <li class="nav-item">
3       <a class="nav-link" href="#">日志</a>
4     </li>
5     替换成如下结构
6   -->
7
8   <li class="nav-item dropdown">
9     <a class="nav-link dropdown-toggle" href="#" id="navbarDropdown" data-bs-
        toggle="dropdown" aria-expanded="false" role="button">
10      日志
11    </a>
12    <ul class="dropdown-menu" aria-labelledby="navbarDropdown">
13      <li><a class="dropdown-item" href="#">前端技术</a></li>
14      <li><a class="dropdown-item" href="#">工具箱</a></li>
15      <li><hr class="dropdown-divider"></li>
16      <li><a class="dropdown-item" href="#">生活点滴</a></li>
17    </ul>
18  </li>
```

.dropdown-*是与下拉菜单组件相关的类。此时在 PC 端和手机端的效果如图 15.15 所示，单击"日志"显示下拉菜单。

图 15.15　下拉菜单

下拉菜单会使用以下几个关键的类。

- .dropdown，用作下拉菜单的容器，设置元素为 position:relative。

< 246 >

- .dropdown-toggle，用于触发下拉菜单（也可以用<button>元素实现）。关键是要设置属性 data-bs-toggle="dropdown"，以让 JavaScript 能够处理相应的事件。
- .dropdown-menu，用绝对定位来显示下拉菜单。
- .dropdown-divider，用于显示分割线。

（3）加入 Logo 和搜索项，改动如下。实例文件请参考本书配套的资源文件：第 15 章\navbar-3.html。

```
1   <div class="container-fluid">
2     <a class="navbar-brand" href="#">
3       <!-- 增加 Logo -->
4       <img src="logo.jpg" class="rounded-circle" style="height:3rem;">
5       Blog
6     </a>
7     ……
8     <div class="collapse navbar-collapse" id="navContent">
9       <ul class="navbar-nav me-auto">
10        ……
11      </ul>
12
13      <!-- 增加搜索框 -->
14      <form class="d-flex">
15        <input class="form-control me-2" type="search" placeholder="" aria-label=
          "Search">
16        <button class="btn btn-outline-primary text-nowrap" type="submit">搜索
          </button>
17      </form>
18    </div>
19  </div>
```

从代码中可以看出，Logo 是在 a.navbar-brand 元素内增加了一个<img>元素，并设置了相应的高度。将搜索表单直接添加到 ul.navbar-nav 元素后面，在 PC 端和手机端的效果如图 15.16 所示。

图 15.16　完整的顶部导航栏

（4）将主题颜色改成深色系的。实例文件请参考本书配套的资源文件：第 15 章\navbar-dark.html。

```
1   <nav class="navbar navbar-expand-md navbar-dark bg-dark">
2     ……
```

< 247 >

```
3    <button class="btn btn-outline-light text-nowrap" type="submit">搜索</button>
4    ......
5    </nav>
```

这里将 navbar-light bg-light 改为了 navbar-dark bg-dark，并且将"搜索"按钮对应的代码改为了.btn-outline-light。此时在 PC 端和手机端的效果如图 15.17 所示。

图 15.17　深色系导航栏

# *15.4* 卡片

案例讲解

卡片（card）包含一组相关的图片、标题和段落文字，在网页设计中很常见，尤其在移动端极为常见，例如购物网站的商品卡片、微信公众号的消息卡片等。它有如下特点。

- 卡片能够吸引用户的眼球。卡片的空间有限，需要汇聚重要的信息。用户如果感兴趣则会进一步单击查看详细内容。
- 卡片是响应式的。卡片结构简单，便于进行响应式设计。
- 卡片方便共享。使用卡片可使读者快速并轻松地通过社交软件、邮件平台等分享内容。

Bootstrap 的卡片组件的基本用法如下，实例文件请参考本书配套的资源文件：第 15 章\card.html。

```
1    <div class="card" style="width: 20rem;">
2      <img src="images/card.jpg" class="card-img-top" alt="...">
3      <div class="card-body">
4        <h5 class="card-title">户外风景摄影课程</h5>
5        <p class="card-text">拍的不仅是风光，而是一点自由，一点无法对别人诉说的故事。</p>
6        <a href="#" class="btn btn-outline-primary btn-sm">参与学习</a>
7      </div>
8    </div>
```

上面的代码可实现一个课程卡片，用.card 作为容器，使用弹性盒子布局，默认宽度是 100%，例子中将宽度限定为 20rem。其中对于课程封面使用类.card-img-top，该类的作用是将图片顶部设置为圆角形式。另外对于文字内容使用.card-body 类进行标识，其中标题用.card-title，说明文字用.card-text。此外还有一个按钮，用到了按钮组件。在浏览器中的效果如图 15.18 所示。

< 248 >

图 15.18　课程卡片

如果希望图片在下方，则可以在 card 容器中使用工具类.flex-column-reverse，改变弹性盒子的布局方向，并且将关于图片的.card-img-top 类改为.card-img-bottom 类，将图片下方设置为圆角形式。改动如下，效果如图 15.19 所示，实例文件请参考本书配套的资源文件：第 15 章\card-bottom.html。

```
1    <div class="card flex-column-reverse" style="width: 20rem;">
2      <img src="images/card.jpg" class="card-img-bottom" alt="...">
3      <div class="card-body">
4        ......
5      </div>
6    </div>
```

图 15.19　图片在下方

对于卡片组件，还可以设置页头和页脚，举例如下，实例文件请参考本书配套的资源文件：第 15 章\card-header.html。

```
1    <div class="card" style="width: 20rem;">
2      <div class="card-header">
3        Featured
4      </div>
5      <div class="card-body">
6        <h5 class="card-title">Special title treatment</h5>
7        <p class="card-text">With supporting text below as a natural lead-in to
         additional content.</p>
8        <a href="#" class="btn btn-primary">Go somewhere</a>
9      </div>
10     <div class="card-footer text-muted">
11       2 days ago
12     </div>
13   </div>
```

< 249 >

页头（.card-header）、正文（.card-body）和页脚（.card-footer）结构很清晰，在浏览器中的效果如图 15.20 所示。

图 15.20　设置了页头和页脚的卡片

瀑布流布局是一种流行的网页布局方式，页面分为多栏，每栏中卡片的宽度相同，高度不固定，依次将卡片放入"最矮"的一栏。本例将结合栅格系统、卡片组件和 JavaScript 库 Masonry 来实现一个瀑布流布局的相册，效果如图 15.21 所示。

图 15.21　瀑布流布局的相册

（1）制作卡片，包含一张图、说明文字和拍摄时间，代码如下：

```
1   <div class="card">
2     <img src="images/1.jpg" class="card-img-top" alt="...">
3     <div class="card-body d-flex align-items-baseline">
4       <div class="card-text">眺望</div>
5       <small class="text-muted ms-auto">1 天前</small>
6     </div>
7   </div>
```

上述代码使用了卡片组件，并且结合了 flexbox 工具类来排列文字信息，效果如图 15.22 所示。

图 15.22　相册基础卡片

< 250 >

（2）使用响应式栅格系统来排列各种卡片，使 PC 端分为 4 栏、移动端分为 2 栏，代码如下：

```
1  <body class="container pt-3">
2    <div class="row">
3      <div class="col-sm-6 col-lg-3 mb-3">
4        <div class="card">
5          <img src="images/1.jpg" class="card-img-top" alt="...">
6          <div class="card-body d-flex align-items-baseline">
7            <div class="card-text">眺望</div>
8            <small class="text-muted ms-auto">1 天前</small>
9          </div>
10         </div>
11       </div>
12       <div class="col-sm-6 col-lg-3 mb-3">
13         ......
14       </div>
15       <div class="col-sm-6 col-lg-3 mb-3">
16         ......
17       </div>
18       <div class="col-sm-6 col-lg-3 mb-3">
19         ......
20       </div>
21       <!--继续添加卡片-->
22     </div>
23   </body>
```

将<body>元素设置为容器，并将每列设置为 col-sm-6 col-lg-3，小号设备（sm）上每行两张图，大号设备（lg）上每行 4 张图，在浏览器中的效果如图 15.23 所示。

图 15.23　设置栅格布局

（3）改为瀑布流布局。相册中的各图片宽、高都不同，为了尽可能地利用屏幕空间，以及使图片排列美观，将使用 JavaScript 库 Masonry 来将上述布局改为瀑布流布局。Masonry 库是专门用来制作瀑布流布局的，它的使用方法非常简单，只需要在.row 的元素上增加属性 data-masonry= '{"percent Position": true }'即可，代码如下：

```
1  <body class="container pt-3">
2    <div class="row" data-masonry='{"percentPosition": true }'>
```

< 251 >

```
3        <!--省略其他代码-->
4      </div>
5      <!--通过 CDN 引入 Masonry 库-->
6      <script src="https://unpkg.com/masonry-layout@4.2.2/dist/masonry.pkgd.min.js">
       </script>
7    </body>
```

　　通过 CDN 将 Masonry 库引入文件，也可以在下载该库后再引入。此时栅格布局就变成了瀑布流布局，效果如图 15.24 所示。

图 15.24　设置瀑布流布局

　　实例文件请参考本书配套的资源文件：第 15 章\masonry.html。

# 15.5 轮播图

案例讲解

　　轮播图（carousel）常用于网站首页进行一组图片的展示。当页面的内容展示空间不足时，可以用轮播图的形式进行轮播展示。它不仅可以展示图片，而且可以展示一组平级的内容。使用 Bootstrap 的轮播图组件，需要考虑以下 3 个方面：图文内容、切换按钮和指示器。例如制作一个网站首页的轮播图，代码如下，实例文件请参考本书配套的资源文件：第 15 章\carousel.html。

```
1    <div class="container">
2      <div id="example" class="carousel slide" data-bs-ride="carousel">
3        <!--指示器-->
4        <div class="carousel-indicators">
5          <button type="button" data-bs-target="#example" data-bs-slide-to="0"
           class="active" aria-current="true" aria-label="Slide 1"></button>
6          <button type="button" data-bs-target="#example" data-bs-slide-to="1"
           aria-label="Slide 2"></button>
7          <button type="button" data-bs-target="#example" data-bs-slide-to="2"
           aria-label="Slide 3"></button>
8        </div>
9        <!--图文内容-->
10       <div class="carousel-inner">
11         <div class="carousel-item active">
```

< 252 >

```
12          <img src="images/1.jpg" class="d-block w-100" alt="...">
13        </div>
14        <div class="carousel-item">
15          <img src="images/3.jpg" class="d-block w-100" alt="...">
16        </div>
17        <div class="carousel-item">
18          <img src="images/7.jpg" class="d-block w-100" alt="...">
19        </div>
20      </div>
21      <!--切换按钮-->
22      <button class="carousel-control-prev" type="button" data-bs-target="#example"
        data-bs-slide="prev">
23        <span class="carousel-control-prev-icon" aria-hidden="true"></span>
24        <span class="visually-hidden">Previous</span>
25      </button>
26      <button class="carousel-control-next" type="button" data-bs-target="#example"
        data-bs-slide="next">
27        <span class="carousel-control-next-icon" aria-hidden="true"></span>
28        <span class="visually-hidden">Next</span>
29      </button>
30    </div>
31 </div>
```

注意以下设置。

- 用.carousel 类标识轮播图内容，.slide 表示以滑动动画的方式切换图片，data-bs-ride="carousel" 表示自动播放。还可以设置 data-bs-interval 属性来控制切换时间，单位是( ms )，默认是 5 000ms。
- .carousel-indicators 类表示指示器，其中 data-bs-target 属性的值必须和轮播图的 id 属性的值一致。data-bs-slide-to 属性对应图片的顺序，值从 0 开始。用户单击指示器时会切换到对应的图片。
- .carousel-inner 类表示图片内容。对每个轮播内容使用.carousel-item 类，此外.active 类表示加载时页面显示当前图片。对每张图片设置类 d-block w-100，以让图片占满容器。
- .carousel-control-prev 和.carousel-control-next 表示两个切换按钮被单击后分别会显示前一张和下一张图片。

此时页面效果如图 15.21 所示。

## 本章小结

本章重点介绍了 Bootstrap 常用组件的使用方法，以及组件的适用场景。常用组件包括按钮、警告框、加载中、轻量提示、模态框、导航栏、卡片和轮播图等。限于篇幅，本章没有讲解所有的 Bootstrap 组件，读者可以在 Bootstrap 官网浏览其他组件的相关内容，它们的使用方法大同小异。

## 习题15

**一、关键词解释**

组件　按钮组件　警告框　轻量提示　模态框　响应式导航栏　卡片组件

**二、描述题**

1. 请简单描述一下设置按钮样式的类主要有哪些，它们的含义分别是什么。
2. 请简单描述一下 Bootstrap 中反馈和提示类的组件有哪些。

< 253 >

3. 请简单描述一下 Bootstrap 中响应式导航栏是如何使用的，相关的类有哪些，它们分别是什么含义。

4. 请简单描述一下 Bootstrap 中卡片组件的特点是什么，大致使用了哪些类。

5. 请简单描述一下 Bootstrap 中轮播图组件需要注意的几个设置是什么。

### 三、实操题

根据本章所讲的内容，实现如下页面效果。

- 默认页面效果如题图 15.1 所示，一个表格里面有 4 条学生信息，每条信息对应两个按钮，分别为"编辑"和"删除"。
- 单击"编辑"按钮，显示编辑模态框，模态框内可以修改当前信息；单击"提交"按钮（第 15 章的表单的实操题），显示效果如题图 15.2 所示。
- 单击"删除"按钮，显示删除模态框，提示是否确认删除，显示效果如题图 15.3 所示。

题图 15.1 默认页面效果

题图 15.2 编辑模态框并单击"提交"按钮

题图 15.3 删除模态框

< 254 >

# 第16章 综合实例二：产品着陆页

前面我们介绍了 Bootstrap 的基础知识。本章我们将综合运用这些知识来制作一个完整的产品着陆页（landing page）。本章思维导图如下。

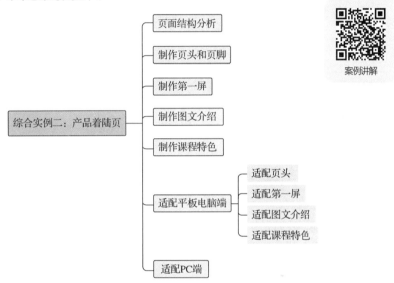

着陆页也称落地页或引导页。在网络营销中，着陆页就是指当潜在用户单击广告或者利用搜索引擎搜索后显示给用户的网页，它重在吸引用户。本章介绍的着陆页是针对云端编程课程产品的，第一屏展示产品突出的特点，紧接着用图文来介绍产品，最后总结产品特色以再次引导用户参与学习。此着陆页还需要针对手机、平板电脑、PC 这 3 种设备进行适配，效果分别如图 16.1、图 16.2、图 16.3 所示。

图 16.1　手机端效果

图 16.2　平板电脑端效果

图 16.3　PC 端效果

# 16.1 页面结构分析

在动手开发之前，我们先分析页面结构，搭建出合理的布局，以便制作响应式页面。本例中的产品着陆页可以分为 5 个部分，如图 16.4 所示。

图 16.4　页面结构示意

这 5 个部分的说明如下。

- 页头：包含 Logo，以及"登录"和"注册"按钮。
- 第一屏：包含两行文字和一个按钮，并且和页头使用同一张背景图片。
- 图文介绍：图片和相应的文字组合。从上下布局过渡到左右布局。图文介绍有两种形式，即图片在左侧或右侧，且背景色不同。

< 256 >

- 课程特色：图标、标题、文字和链接的组合。从一行 1 个课程特色过渡到一行 3 个课程特色，且每个课程特色从左右布局过渡到上下布局。
- 页脚：文字居中。

Bootstrap 遵循的原则是移动设备优先，我们先制作好移动端页面，然后逐步适配平板电脑端和 PC 端。

# 16.2 制作页头和页脚

页头和页脚一般是网站的共用部分，通常变化不大，我们先制作这两个部分。以 Bootstrap 的页面模板为基础，代码如下。实例文件请参考本书配套的资源文件：第 16 章\page-1.html。

```
1   <!doctype html>
2   <html lang="zh-CN">
3   <head>
4     <meta charset="utf-8">
5     <meta name="viewport" content="width=device-width, initial-scale=1, shrink-to-fit=no">
6     <link rel="stylesheet" href="../dist/css/bootstrap.min.css">
7     <title>云端编程</title>
8     <style>
9   body {
10    font-family: Microsoft Yahei,-apple-system,PingFang SC,Helvetica Neue,Helvetica,Arial,Hiragino Sans GB,WenQuanYi Micro Hei,sans-serif;
11  }
12  .banner {
13    width: 100%;
14    background: url(home-banner@2x.jpg) 0% 0% / cover no-repeat;
15  }
16  .logo {
17    width: 100px;
18  }
19    </style>
20  </head>
21  <body>
22
23    <div class="banner">
24      <header>
25        <img src="logo-white.svg" class="logo" alt="logo">
26        <div>登录</div>
27        <div>注册</div>
28      </header>
29    </div>
30
31    <!--图文介绍-->
32
33    <!--课程特色-->
34
35    <footer>
36      &copy;2021 前沿科技Artech All rights reserved
37    </footer>
38    <script src="../dist/js/bootstrap.bundle.min.js"></script>
39  </body>
40  </html>
```

< 257 >

此时只设置了字体、背景图片和 Logo，没有设置其他任何样式，效果如图 16.5 所示。

图 16.5　页头和页脚（未设置样式）

页头的 3 个元素可以使用弹性盒子布局。接下来我们使用 Bootstrap 的工具类来设置样式，代码如下。实例文件请参考本书配套的资源文件：第 16 章\page-2.html。

```
1   <div class="banner">
2     <header class="container px-4 py-3 d-flex">
3       <img src="logo-white.svg" class="logo" alt="logo">
4       <div class="btn btn-outline-light ms-auto">登录</div>
5       <div class="btn btn-outline-light ms-3">注册</div>
6     </header>
7   </div>
8
9   <footer class="bg-gray py-5 text-center">
10    &copy;2021 前沿科技 Artech All rights reserved
11  </footer>
```

其中除了 .bg-gray 是自定义的工具类，其他工具类都是 Bootstrap 内置的。Bootstrap 没有定义灰色背景，因此按照工具类的命名规则设置了工具类 bg-gray {background-color: #f4f4f4 !important;}，此时页面效果如图 16.6 所示。

图 16.6　页头和页脚（设置样式后）

# 16.3　制作第一屏

第一屏包含两行文字和一个按钮，并且和页头使用同一张背景图片。它没有特殊的布局，内容都是居中显示，并设置了一定的间距。用工具类即可制作出第一屏，代码如下。实例文件请参考本书配套的资源文件：第 16 章\page-3.html。

```
1   <div class="banner">
2     <header class="container px-4 py-3 d-flex">
```

< 258 >

```
3        <!--页头-->
4     </header>
5     <!--第一屏-->
6     <div class="container px-4 py-5 mt-4 text-center">
7        <h1 class="display-3 fw-normal text-white mb-3">云端编程，浏览器里边学边练</h1>
8        <p class="fs-5 mb-5 text-white">软件定义一切，网络连接时空，学习软件技术，创造未来世界。</p>
9        <a class="btn btn-outline-primary bg-body link-primary px-5 py-2 mb-2 fs-5">马上学习</a>
10    </div>
11   </div>
```

此时页面效果如图 16.7 所示。

图 16.7　移动端第一屏效果

# 16.4　制作图文介绍

对于图文介绍部分，考虑到移动端和 PC 端的布局会发生变化，故使用栅格系统来布局，移动端图片和文字都占一行，布局结构如下：

```
1   <!--图文介绍-->
2   <div class="container px-4 py-5">
3     <div class="row g-5">
4       <div class="col-12"> 图片 </div>
5       <div class="col-12"> 文字 </div>
6     </div>
7   </div>
```

其中 px-4、py-5、g-5 表示设置一定的间距。接下来我们将具体的内容填入布局结构中，代码如下：

```
1   <div class="container px-4 py-5">
2     <div class="row g-5">
```

< 259 >

```
3       <div class="col-12">
4         <img src="img-lab@2x.png" class="img-fluid">
5       </div>
6       <div class="col-12">
7         <h1 class="display-6 fw-bold mb-3">云端编程实验室</h1>
8         <p class="lead">每人拥有自己完全独立的编程实验室，内置所有基础软件及学习素材。打开浏
          览器，即刻开始编程! </p>
9         <div class="d-grid">
10          <button type="button" class="btn btn-outline-secondary">了解详情</button>
11        </div>
12      </div>
13    </div>
14  </div>
```

　　使用**.img-fluid**类让图片支持响应式布局。对于文字部分使用了工具类和按钮组件。关于第二个图文介绍，按照上述布局结构修改图片路径和文字内容即可。此外，还需要给第一个图文介绍加上灰色背景，代码如下。实例文件请参考本书配套的资源文件：第 16 章\page-4.html。

```
1   <div class="bg-gray">
2     <div class="container px-4 py-5">
3       <!--第一个图文介绍-->
4     </div>
5   </div>
6
7   <div class="container px-4 py-5">
8     <!--第二个图文介绍-->
9   </div>
```

　　这里又用到了自定义的工具类**.bg-gray**。把它放在图文介绍内容的外面是因为**.container**有一定的外边距，会导致灰色背景不能占满屏幕。此时页面效果如图 16.8 所示。

图 16.8　移动端图文介绍

< 260 >

# 16.5 制作课程特色

对于课程特色，也需要使用栅格系统来布局，以更好地支持响应式布局。布局结构如下：

```
1  <!--课程特色-->
2  <div class="container px-4">
3    <h2 class="pb-2 border-bottom">课程特色</h2>
4    <div class="row g-5 py-5">
5      <div class="col-12"> 特色 1 </div>
6      <div class="col-12"> 特色 2 </div>
7      <div class="col-12"> 特色 3 </div>
8    </div>
9  </div>
```

每个课程特色都是图标加文字的结构，针对不同尺寸的屏幕布局会有变化。使用 flexbox 能够很好地支持这种布局变化。图标部分的实现可使用 Bootstrap 的图标库，代码如下。实例文件请参考本书配套的资源文件：第 16 章\page-5.html。

```
1  <!--课程特色1-->
2  <div class="col-12 d-flex">
3    <div class="feature-icon bg-primary bg-gradient flex-shrink-0 me-3">
4      <i class="bi bi-collection"></i>
5    </div>
6    <div>
7      <h2>丰富的教学服务</h2>
8      <p>特色教学服务功能，各种配套教学服务，在线学习从未如此轻松。</p>
9      <a href="#" class="icon-link">
10       马上学习
11       <i class="bi bi-chevron-right"></i>
12     </a>
13   </div>
14 </div>
```

其中图标部分不方便使用工具类来实现，因此定义了类.feature-icon，它的设置如下：

```
1  .feature-icon {
2    display: inline-flex;
3    align-items: center;
4    justify-content: center;
5    width: 4rem;
6    height: 4rem;
7    margin-bottom: 1rem;
8    font-size: 2rem;
9    color: #fff;
10   border-radius: .75rem;
11 }
```

可以看到，使用 flexbox 可让图标在水平方向上垂直居中对齐。其他两个课程特色按照相同的方式来制作，并修改它们的图标和文字，此时页面效果如图 16.9 所示。注意，制作时要引入图标库的样式文件。实例文件请参考本书配套的资源文件：第 16 章\page.html。

至此，我们完成了移动端产品着陆页的制作，接下来就需要适配其他尺寸的屏幕了。

< 261 >

图 16.9 移动端课程特色

> **说明**
>
> 栅格系统配合工具类可以实现复杂的页面布局。通常页面的制作都需要将这两者结合使用。

# 16.6 适配平板电脑端

适配的第一步是选择合适的断点，一般平板电脑端使用 md 断点，PC 端使用 lg 断点。如果希望更精确地控制页面，则可以设置更多的断点。未适配时移动端页面在平板电脑端的效果如图 16.10 所示，本节将介绍如何对其每个部分进行适配。

图 16.10 未适配时平板电脑端的效果

< 262 >

## 16.6.1　适配页头

首先是适配页头，需要增大"登录"和"注册"按钮的内边距，这可以使用响应式工具类.px-md-4
来实现，它只对 md 断点及其以上级别的断点有效，代码如下。实例文件请参考本书配套的资源文件：
第 16 章\page-6.html。

```
1  <div class="banner">
2    <header class="container px-4 py-3 d-flex">
3      <img src="logo-white.svg" class="logo" alt="logo">
4      <div class="btn btn-outline-light px-md-4 ms-auto">登录</div>
5      <div class="btn btn-outline-light px-md-4 ms-3">注册</div>
6    </header>
7  </div>
```

此外还需要将 Logo 放大，这需要用到媒体查询。其和 md 断点的尺寸一致，具体的 CSS 设置如下：

```
1  @media (min-width: 768px) {
2    .logo {
3      width: 162px;
4    }
5  }
```

此时页面效果如图 16.11 所示。

图 16.11　平板电脑端页头效果

## 16.6.2　适配第一屏

第二步是适配第一屏，主要是调整第一行文字的字体大小。Bootstrap 没有给.display 类提供响应式
工具类，我们可以自定义一个类，命名为.display-md-6，具体设置如下：

```
1  @media (min-width: 768px) {
2    .display-md-6 {
3      font-size: 2.25rem !important;
4    }
5  }
```

📝 说明

　　我们可以约定：*-md-*类用于适配平板电脑端，其只对 md 及其以上级别的断点有效；*-lg-*类用于适配
PC 端，其只对 lg 及其以上级别的断点有效。

将自定义的.display-md-6 加到对应的<h1>元素上，其他设置不变，修改如下。实例文件请参考本
书配套的资源文件：第 16 章\page-7.html。

```
1  <!--增加 display-md-6-->
2  <h1 class="display-3 display-md-6 fw-normal text-white mb-3">云端编程，浏览器里边
   学边练</h1>
```

此时第一屏就适配好了，页面效果如图 16.12 所示。

< 263 >

图 16.12    平板电脑端第一屏效果

### 16.6.3　适配图文介绍

图文介绍部分有两处改动，一处是图片缩小了，另一处是"了解详情"按钮宽度变窄了。这些都可以使用响应式工具类来实现，修改如下。实例文件请参考本书配套的资源文件：第 16 章\page-8.html。

```
1   <div class="row g-5">
2     <div class="col-12">
3       <!--增加 w-md-50、 d-md-block、 mx-md-auto-->
4       <img src="img-screens@2x.png" class="img-fluid w-md-50 d-md-block mx-md-
        auto">
5     </div>
6     <div class="col-12">
7       <h1 class="display-6 fw-bold mb-3">双屏学习</h1>
8       <p class="lead">双屏学习，小屏视频互动，大屏实际操作，学习无障碍。打开浏览器，即刻开始
        编程! </p>
9       <!--增加 d-md-flex、 justify-content-md-start-->
10      <div class="d-grid d-md-flex justify-content-md-start">
11        <button type="button" class="btn btn-outline-secondary px-4">了解详情
          </button>
12      </div>
13    </div>
14  </div>
```

对图片增加了以下 3 个类，它们都是*-md-*类型的，不会影响移动端的效果，可以放心使用。

- .w-md-50：设置图片宽度为 50%，该类是自定义的，设置如下：

```
1   @media (min-width: 768px) {
2     .w-md-50 {
3       width: 50% !important;
4     }
5   }
```

- .d-md-block：设置 display 为 block。
- .mx-md-auto：设置 margin-left 和 margin-right 为 auto，同.d-md-block 配合使用以使图片居中显示。

此外还增加了两个类.d-md-flex 和.justify-content-md-start，使原来的网格布局变为弹性盒子布局，这样"了解详情"按钮的宽度就改变了。因为在网格布局中，元素的宽度默认为占满网格。

用同样的方法对另一个图文介绍进行修改后，页面效果如图 16.13 所示。

< 264 >

图 16.13 平板电脑端图文介绍效果

## 16.6.4 适配课程特色

课程特色的适配主要是改变栅格系统的布局，使用响应式.col-md-{number}类来实现，修改如下。实例文件请参考本书配套的资源文件：第 16 章\page-9.html。

```
1   <!--课程特色-->
2   <div class="container px-4">
3     <h2 class="pb-2 border-bottom">课程特色</h2>
4     <div class="row g-5 py-5">
5       <!--增加 col-md-4 -->
6       <div class="col-12 col-md-4 d-flex"> 特色 1 </div>
7       <div class="col-12 col-md-4 d-flex"> 特色 2 </div>
8       <div class="col-12 col-md-4 d-flex"> 特色 3 </div>
9     </div>
10  </div>
```

因为一排显示 3 个课程特色，所以增加了类.col-md-4。此时页面在平板电脑端的效果如图 16.14 所示。

图 16.14 改变栅格系统的布局效果

< 265 >

此外，还需要将图标从具体的课程特色内容的左侧移至其上方，只需要将 flexbox 的布局方向改为 column 即可，修改如下。实例文件请参考本书配套的资源文件：第 16 章\page-10.html。

```
1   <!--课程特色-->
2   <div class="container px-4">
3     <h2 class="pb-2 border-bottom">课程特色</h2>
4     <div class="row g-5 py-5">
5       <!--增加 flex-md-column -->
6       <div class="col-12 col-md-4 d-flex flex-md-column"> 特色 1 </div>
7       <div class="col-12 col-md-4 d-flex flex-md-column"> 特色 2 </div>
8       <div class="col-12 col-md-4 d-flex flex-md-column"> 特色 3 </div>
9     </div>
10  </div>
```

上述代码使用了响应式工具类.flex-md-column，页面效果如图 16.15 所示。

图 16.15　平板电脑端课程特色效果

适配平板电脑端的实例文件请参考本书配套的资源文件：第 16 章\page-md.html。

至此，我们完成了平板电脑端的适配，主要使用了响应式工具类和响应式栅格布局，并且增加的类都是.*-md-*类型的，一目了然。

# 16.7　适配 PC 端

适配 PC 端的方法和适配平板电脑端的方法基本一致，限于篇幅，不再详细介绍，直接给出修改部分的代码，增加的类都是.*-lg-*类型的，代码如下：

```
1   <div class="banner">
2     <!--增加 py-lg-4-->
3     <header class="container px-4 py-3 py-lg-4 d-flex">
4       ……
5     </header>
6     <div class="container px-4 py-5 mt-3 text-center">
7       <!--增加 display-lg-5 和 mb-lg-5-->
```

< 266 >

```
8      <h1 class="display-3 display-md-6 display-lg-5 fw-normal text-white mb-3
       mb-lg-5">
9         云端编程，浏览器里边学边练
10     </h1>
11     <!--增加 fs-lg-3-->
12     <p class="fs-5 fs-lg-3 mb-5 text-white">
13        软件定义一切，网络连接时空，学习软件技术，创造未来世界。
14     </p>
15     <!--增加 mb-lg-5-->
16     <a class="btn btn-outline-primary bg-body link-primary px-5 py-2 mb-2 mb-lg-5
       fs-5">马上学习</a>
17   </div>
18 </div>
19
20 <!--第一个图文介绍-->
21 <div class="container px-4 py-5">
22   <!--增加 align-items-lg-center-->
23   <div class="row align-items-lg-center g-5">
24     <!--增加 col-lg-6-->
25     <div class="col-12 col-lg-6">
26        <!--增加 w-lg-100-->
27        <img src="img-lab@2x.png" class="img-fluid w-md-50 w-lg-100 d-md-block
           mx-md-auto">
28     </div>
29     <!--增加 col-lg-6-->
30     <div class="col-12 col-lg-6">
31        ……
32     </div>
33   </div>
34 </div>
35
36 <!--第二个图文介绍-->
37 <div class="container px-4 py-5">
38   <!--在第一个图文介绍的设置的基础上还增加了 flex-lg-row-reverse-->
39   <div class="row flex-lg-row-reverse align-items-lg-center g-5">
40     <div class="col-12 col-lg-6">
41        <img src="img-lab@2x.png" class="img-fluid w-md-50 w-lg-100 d-md-block
           mx-md-auto">
42     </div>
43     <div class="col-12 col-lg-6">
44        ……
45     </div>
46   </div>
47 </div>
48
49 <!--课程特色不用改动-->
50
51 <!--页脚不用改动-->
```

其中有几个新增加的类是自定义的，媒体查询的尺寸和 lg 断点的一致，代码如下：

```
1  @media (min-width: 992px) {
2    .display-lg-5 {
3      font-size: 3rem !important;
```

< 267 >

```
4      }
5      .fs-lg-3 {
6        font-size: 1.75rem !important;
7      }
8      .w-lg-100 {
9        width: 100% !important;
10     }
11   }
```

此时在浏览器中的效果如图 16.16 所示。

图 16.16　适配 PC 端的效果

适配 PC 端的实例文件请参考本书配套的资源文件：第 16 章\page-lg.html。

## 本章小结

在本章中，我们一步一步地制作了一个响应式的产品着陆页。根据移动设备优先的原则，首先使用 Bootstrap 的工具类和栅格系统，快速地搭建了移动端页面。然后通过适配平板电脑端，详细介绍了使用 Bootstrap 制作响应式页面的过程。最后简单演示了 PC 端的适配。希望读者可以多加练习，制作更多的响应式页面，以熟练掌握 Bootstrap。

< 268 >

# 第 **17** 章 综合实例三：网络相册

当你出去旅游拍了很多精美照片希望放在网上与朋友分享时，当新闻工作者、摄影家拍了许多作品希望放到网上时，网络相册必不可少。而且随着数码产品的普及，越来越多的人拥有了自己的网络相册。本章以一个网络相册为例，综合介绍其整个页面的制作方法。本章思维导图如下。

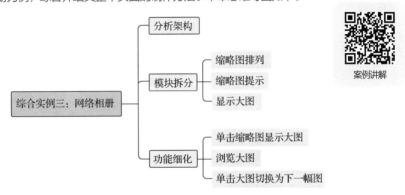

案例讲解

## **17.1** 分析架构

网络相册通常会以缩略图的形式展现所有的图片，当单击某幅缩略图时会弹出大图的浏览框。在大图浏览状态下也可以进行图片的逐一浏览。本章案例的最终效果如图 17.1 所示。

图 17.1 网络相册

（1）设计分析。

网络相册以清晰地显示图片为首要目的，而通常图片本身尺寸不一，主要有水平的和竖直的两种。可以采用正方块作为背景，将所有缩略图进行排列。当单击某幅缩略图时，在整个页面的中间弹出对话框来显示大图。要合理运用透明技巧，以给用户带来新颖的体验。

（2）功能分析。

在功能上主要考虑用户使用的方便。在缩略图浏览状态下，当用户将鼠标指针滑过缩略图时给予高亮提示；在大图浏览状态下则主要考虑能够根据用户的单击操作来显示上一幅图片和下一幅图片，并考虑水平图片与竖直图片的区别，以此来调整图片的位置。

# 17.2 模块拆分

对整个页面的设计以及功能有了很好的把握后，需要对各个模块进行拆分，分别进行设计、制作，最后再将它们组合成整个网络相册。

## 17.2.1 缩略图排列

通常网络相册的图片数量是不固定的。对于网络相册这种块状结构非常适合使用 Bootstrap 的栅格系统来布局。考虑到响应式布局，可以让网络相册在手机端一行显示两幅图片，在 PC 端一行显示 4 幅图片。HTML 结构如下所示：

```
1   <div class="container mt-3">
2     <div class="row" id="container">
3       <div class="thumb col-6 col-md-3 mb-3 d-flex justify-content-center
        align-items-center">
4         <img class="img-thumbnail" src="photo/thumb/1.jpg">
5       </div>
6       <!--省略-->
7       <div class="thumb col-6 col-md-3 mb-3 d-flex justify-content-center align-
        items-center">
8         <img class="img-thumbnail" src="photo/thumb/12.jpg">
9       </div>
10    </div>
11  </div>
```

代码中使用了工具类 d-flex justify-content-center align-items-center，它的作用是让图片在水平方向上垂直居中对齐。

图片的命名通常是有统一规则的，因此可以用 jQuery 直接生成所有图片对应的代码，而不需要手动输入，代码如下所示。这里使用了一个全局变量 iPicNum 来记录图片的数量，这样做是为了能够灵活地添加、删除图片。此外，同时定义了两个函数 getPhotoSrc()和 getPhotoThumbSrc()来获取大图地址和缩略图地址。

```
1   <script src="jquery-3.6.0.min.js"></script>
2   <script>
3   let iPicNum = 12; //图片总数量
4   let getPhotoSrc = function(num) {
5     return `photo/${num}.jpg`;
6   }
7   let getPhotoThumbSrc = function(num) {
8     return `photo/thumb/${num}.jpg`;
9   }
10  $(function(){
11    //添加图片的缩略图
```

< 270 >

```
12    let $elements = "";
13    for(let i = 1; i <= iPicNum; i++) {
14      $elements += `<div class="thumb col-6 col-md-3 mb-3 d-flex justify-
        content-center align-items-center">
15        <img class="img-thumbnail" src="${getPhotoThumbSrc(i)}">
16      </div>`;
17    }
18    $('#container').append($($elements));
19  })
20  </script>
```

不宜频繁操作 DOM，因此代码中是先将每幅图片对应的 HTML 字符串拼接到一起，再将它们附加到 DOM 中。此时页面的显示效果如图 17.2 所示。

图 17.2　缩略图排列

考虑到要使页面美观、大方，因此给每一幅缩略图都添加一个背景，并根据水平图片和竖直图片制作两种不同的背景，如图 17.3 所示。

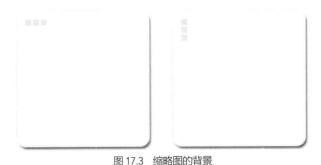

图 17.3　缩略图的背景

在 CSS 中编写两种样式代码，分别用于两种缩略图，代码如下所示：

```
1   div.ls{
2     background:url(framels.jpg) no-repeat center;    /* 水平图片的背景 */
3   }
4   div.pt{
5     background:url(framept.jpg) no-repeat center;    /* 竖直图片的背景 */
6   }
7   div.thumb {
8     height: 160px; /* 每幅图片块的大小 */
9     cursor: pointer;
```

< 271 >

```
10   }
```

在 jQuery 中通过 JavaScript 代码获取每一幅缩略图的高度、宽度，然后根据高度、宽度的比例运用不同的样式，代码如下所示：

```
1   //图片加载完成后，根据图片长度、宽度的比例（水平图片或者竖直图片）运用不同的样式
2   $(".thumb img").on("load", function() {
3     let $this = $(this);
4     if($this[0].width > $this[0].height)
5       $this.parents('.thumb').addClass("ls");
6     else
7       $this.parents('.thumb').addClass("pt");
8   })
```

通过图片的 load 事件来设置样式。只有当图片加载完成后，才能获取到图片的实际高度、宽度。此时页面的显示效果如图 17.4 所示，缩略图排列得十分整齐、美观。

图 17.4　添加背景后的缩略图排列

## 17.2.2　缩略图提示

考虑到用户浏览时的体验，当鼠标指针经过某幅缩略图时应当给予高亮提示。根据缩略图的背景，制作大小相同、颜色为天蓝色的两幅图片，如图 17.5 所示。

图 17.5　高亮提示的图片

在 CSS 中为包含缩略图的<a>标记添加 hover 伪类，代码如下所示：

```
1   div.ls:hover{
2       background:url(framels_hover.jpg) no-repeat center;
3   }
4   div.pt:hover{
5       background:url(framept_hover.jpg) no-repeat center;
6   }
```

< 272 >

这样便通过变换背景图片实现了高亮提示的效果，如图 17.6 所示。

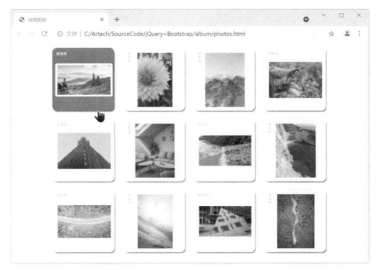

图 17.6　缩略图高亮提示

### 17.2.3　显示大图

用户在单击缩略图时会显示相应的大图。考虑到页面空间的局限性以及整体页面的友好性，我们使用 Bootstrap 的模态框来显示大图，相应的 HTML 代码如下所示：

```
1  <div id="showPhoto" class="modal fade">
2    <div class="modal-dialog modal-dialog-centered">
3      <div class="modal-content">
4        <img id="largePic" class="img-fluid">
5      </div>
6    </div>
7  </div>
```

这里将大图<img>放在模态框（注意 Bootstrap 模态框的 3 层结构 modal、modal-dialog、modal-content）中，并且使用 modal-dialog-centered 使图片垂直居中显示。另外<img>标记中没有设置图片的地址，这是因为大图的地址是根据缩略图的地址而得来的（需要动态获得）。

Bootstrap 的模态框默认是隐藏的。下面会介绍如何使用 JavaScript 实现在单击缩略图时显示大图。

# **17.3**　功能细化

在页面的各个元素都布置妥当后，便需要与用户进行交互，这里主要包括单击缩略图显示大图，以及在大图浏览状态下的浏览操作。

### 17.3.1　单击缩略图显示大图

当用户单击缩略图时弹出大图的浏览框（模态框），并且根据当前单击的缩略图的地址，得到对应的大图的地址，然后将其赋值给模态框中的图片元素，代码如下所示：

```
1  $("div.thumb:has(img)").click(function(){
```

< 273 >

```
2      //根据缩略图的地址，获取相应的大图的地址
3      let src = $(this).find("img").attr("src");
4      let num = parseInt(src.substring(src.lastIndexOf("/")+1, src.lastIndexOf
       (".jpg")));
5      let largeSrc = getPhotoSrc(num);
6      $("#largePic").attr("src", largeSrc);
7      //显示模态框
8      $("#showPhoto").modal('show');
9    });
```

调用模态框的 modal('show')方法以显示大图，此时效果如图 17.7 所示。单击图片的其余部分，模态框会自动隐藏。

图 17.7　单击缩略图显示大图

## 17.3.2　浏览大图

用户打开大图之后，往往会希望能够一直浏览大图，而不是通过关闭大图窗口来再次单击不同的缩略图以浏览其他大图。因此可以在大图窗口中添加"上一幅""下一幅"的链接，HTML 代码如下所示：

```
1    <div id="showPhoto" class="modal fade">
2      <div class="modal-dialog modal-dialog-centered">
3        <div class="modal-content">
4          <img id="largePic" class="img-fluid">
5        </div>
6      </div>
7      <!--上一个和下一个导航-->
8      <div id="navigator" class="position-fixed bottom-0 start-50 translate-middle-x
       text-white pb-3">
9        <span id="prev"><< 上一幅</span>
10       <span id="next" class="ms-3">下一幅 >></span>
11     </div>
12   </div>
```

这里利用了 Bootstrap 的工具类，采用绝对定位来控制这两个链接的位置，让它们显示在页面底部中间的位置。另外，设置了链接的鼠标指针样式，CSS 代码如下所示：

```
1    #navigator span{
2      cursor: pointer;
3    }
```

此时页面显示效果如图 17.8 所示。

< 274 >

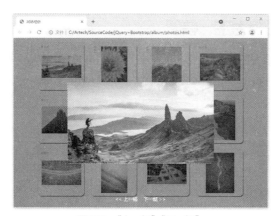

图 17.8　"上一幅" "下一幅"

为这两个链接添加相应的 jQuery 事件,同样需要根据水平图片或竖直图片来调整相应的显示位置。考虑到上一幅图和下一幅图都是通过图片的顺序号来改变图片地址的,故当前图片可以使用相同的方法来改变图片地址,代码如下所示:

```
1    //单击"上一幅"
2    $("#prev").click(function(){ changePic(false); });
3    //单击"下一幅"
4    $("#next").click(function(){ changePic(true); });
5
6    let changePic = function(next){
7      let currentSrc = $("#largePic").attr("src");
8      //当前图片的顺序号
9      let currentNum = parseInt(currentSrc.substring(currentSrc.lastIndexOf("/")+1,
         currentSrc.lastIndexOf(".jpg")));
10     let num = currentNum;
11     if(next) {
12       num = (currentNum == iPicNum)?1:(currentNum+1);
13     } else {
14       num = (currentNum == 1)?iPicNum:(currentNum-1);
15     }
16     let src = getPhotoSrc(num);
17     $("#largePic").attr("src", src);
18   };
```

这里还要注意一些边界条件:第一幅图的上一幅图是最后一幅图,最后一幅图的下一幅图是第一幅图。这样单击这两个链接便可以在大图浏览状态下查看所有图片了,如图 17.9 所示。

图 17.9　在大图浏览状态下查看所有图片

< 275 >

### 17.3.3 单击大图切换为下一幅图

另外，很多时候用户喜欢直接在大图上单击以切换为下一幅图，因此通常设置为单击大图即浏览下一幅图。这里只需要利用 jQuery 的触发事件功能，当用户单击大图时触发"下一幅"的相应事件即可，而不需要再重复编写代码，代码如下所示：

```
1    //单击大图，同样显示下一幅
2    $("#largePic").click(function(){
3      $("#next").click();
4    });
```

这样单击大图时便可以轻松浏览下一幅图了，如图 17.10 所示。

图 17.10　单击大图换切为下一幅图

至此，我们完成了网络相册的制作。当整个页面制作完成后通常还需要进行相关的测试，以发现可能存在的问题。例如修改图片的数量，即修改 iPicNum 的值，多加一些图片；在各种浏览器中测试等。本章实例文件请参考本书配套的资源文件：第 17 章\photos.html。

## 本章小结

本章综合运用 jQuery 的选择器、操作 DOM 和事件的功能，逐步实现了一个网络相册。在制作网络相册的过程中，还运用了 CSS 的定位来排列图片。这体现出了在网页开发中 HTML、CSS、JavaScript 是三位一体的，它们各司其职：HTML 负责"结构"，CSS 负责"表现"，JavaScript 负责"行为"。这样非常有利于结构、表现、行为三者分离，更有利于帮助开发者厘清开发思路，代码结构也会更加清晰、易懂，代码也会更易于修改、维护。

< 276 >